Stéphane Etrillard (Hrsg.)

Verantwortung tragen

VERANTWORTUNG TRAGEN

Impulse für Führungs- und Zukunftsbewusstsein

Reihe Expertenwissen (Band 1)

Herausgegeben von

Stéphane Etrillard

Die Autoren und der Verlag haben dieses Werk mit höchster Sorgfalt erstellt. Dennoch ist eine Haftung des Verlags oder der Autoren ausgeschlossen. Die im Buch wiedergegebenen Aussagen spiegeln die Meinung der Autoren wider und müssen nicht zwingend mit den Ansichten des Verlags übereinstimmen.

Der Verlag und seine Autoren sind für Reaktionen, Hinweise oder Meinungen dankbar. Bitte wenden Sie sich diesbezüglich an verlag@goldegg-verlag.com.

Der Goldegg Verlag achtet bei seinen Büchern und Magazinen auf nachhaltiges Produzieren. Goldegg Bücher sind umweltfreundlich produziert und orientieren sich in Materialien, Herstellungsorten, Arbeitsbedingungen und Produktionsformen an den Bedürfnissen von Gesellschaft und Umwelt.

Hinweis: Aus Gründen der besseren Lesbarkeit wird auf die gleichzeitige Verwendung männlicher und weiblicher Sprachformen verzichtet. Sämtliche Personenbezeichnungen gelten gleichermaßen für beiderlei Geschlecht.

ISBN: 978-3-99060-117-4

© 2019 Goldegg Verlag GmbH
Friedrichstraße 191 • D-10117 Berlin
Telefon: +49 800 505 43 76-0

Goldegg Verlag GmbH, Österreich
Mommsengasse 4/2 • A-1040 Wien
Telefon: +43 1 505 43 76-0

E-Mail: office@goldegg-verlag.com
www.goldegg-verlag.com

Layout, Satz und Herstellung: Goldegg Verlag GmbH, Wien
Printed in the EU

Inhalt

Vorwort

Verantwortung ist etwas, das uns alle angeht. Zugleich ist sie eine etwas kryptische Sache, die bei näherer Betrachtung einige Überraschungen bereithält. Zwar übernehmen wir alle in vielfältiger Weise Verantwortung, doch was genau es mit diesem recht abstrakten Begriff auf sich hat und welche Rolle er für uns selbst spielt, fragen wir uns selten. Klar ist, das Thema Verantwortung kann sehr theoretisch und philosophisch betrachtet werden; wie wir mit Verantwortung umgehen, hat jedoch ganz praktische Auswirkungen auf alle Bereiche des Lebens – auf geschäftliche ebenso wie auf private.

Wer den Begriff Verantwortung hört oder liest, denkt meist zunächst an moralische Aspekte. Doch der Begriff geht weit darüber hinaus. Natürlich hat er eine ethische Komponente, doch ebenso eine soziale, sogar eine historische und vor allem eine ganz persönliche. Mit dem Verantwortungsbewusstsein sind viele Aspekte unseres Lebens sehr eng verknüpft. Und genau dieses Bewusstsein geht uns häufig verloren oder ist wenig ausgeprägt.

»Verantwortlich ist man nicht nur für das, was man tut, sondern auch für das, was man nicht tut«, schrieb einst der chinesische Philosoph Laotse und weist damit darauf hin, dass Verantwortung vor allem ein sehr persönliches Thema ist. Eines, das über unseren geschäftlichen und beruflichen Erfolg ebenso entscheidet wie über unsere eigene Zufriedenheit. Das Zitat von Laotse deutet darauf hin, dass Verantwortung viel mit Klarheit zu tun hat. Klarheit darüber, was wir machen und was nicht, über die Gründe dafür und welche Entscheidungen wir treffen (oder eben nicht). Verantwortung und Selbstbestimmung gehen deshalb Hand in Hand; ohne Eigenverantwortung kann es keine Selbstbestimmung geben, genau genommen nicht einmal wahre Entscheidungsfreiheit.

Deshalb bedeutet Verantwortung niemals eine Einschränkung, vielmehr erhöht sie unsere Handlungsspielräume, eben weil wir mit dem Bewusstsein für die eigene Verantwortung bewusste – und damit eben auch gute, zu uns passende – Entscheidungen treffen können. Wer sich seiner Verantwortung bewusst ist, erkennt damit die Vielzahl der eigenen Optionen, kann aus ihnen wählen und sie dazu nutzen, etwas in Bewegung zu setzen und das Geschehen gezielt zu beeinflussen.

Im alltäglichen Sprachgebrauch verwenden wir das Wort Verantwortung oft in zweierlei Sinne: Verantwortung steht für Einfluss, sogar Macht, Handlungsfreiheit und Entscheidungsbefugnis. Gleichzeitig schwingt die ethische Komponente mit: Hier geht es um Pflichten, darum, integer zu sein, gerecht zu handeln und die Folgen des eigenen Handelns abzuschätzen – und auch dafür die Verantwortung zu übernehmen. Das alles ist in einem Begriff vereint, was den Begriff so spannend, so vielschichtig aber auch so schwer fassbar macht. Letztlich zeigt er uns die große Vielfalt unserer verschiedenen Handlungs- und Entscheidungsmöglichkeiten auf. Es liegt immer wieder an uns, aus einer schier unendlichen Vielzahl an Optionen diejenige auszuwählen, die wir vor uns selbst und anderen verantworten können und wollen. Gäbe es all diese Alternativen und Optionen nicht, könnten Personen auch moralisch kaum für etwas verantwortlich gemacht werden.

Verantwortung führt uns daher immer wieder unsere eigenen Einflussmöglichkeiten vor Augen. Gerade in Zeiten des Wandels, der vielfachen Verunsicherung und Desorientierung ist die Bereitschaft, bewusst Verantwortung zu übernehmen, von großer Bedeutung. Verantwortungsbewusste Menschen sind diejenigen, die Orientierung geben, die Entscheidungen treffen, für die sie einstehen, und die sich über die Folgen ihrer Handlungen im Klaren sind. Solche Menschen stehen hoch im Kurs. Jeder Mensch weiß Verantwortungsbereitschaft zu schätzen und fühlt sich von ihr angezogen. Verantwortungsvolle Menschen sind gefragt und werden häufig bewundert – und das nicht ohne Grund.

Jeder hat die Wahl, Verantwortung zu übernehmen oder sie von sich zu weisen. Ersteres ist jedoch eindeutig die bessere Wahl. Denn Verantwortung zu übernehmen verleiht uns die Kraft, das Geschehen zu steuern und den Kurs selbst zu bestimmen.

Vielfach tragen wir bereits sehr viel Verantwortung, nur sind wir uns selten wirklich bewusst, wofür genau überhaupt. Es lohnt sich, an dieser Stelle anzusetzen und sich einmal zu vergegenwärtigen, was wir selbst alles zu verantworten haben, wo wir Verantwortung übernehmen und wie sehr dies auch das Bild beeinflusst, das sich andere von uns machen. Sie werden sehen, dieses Thema betrifft Ihr gesamtes Leben. Das jedoch ist alles andere als eine Bürde, es zeigt vielmehr, welchen Einfluss wir selbst auf unser Leben und unsere Handlungen haben, wie groß unser Gestaltungsspielraum sein kann. Diesen Einfluss, diese Gestaltungsmacht können wir nutzen und gezielt einsetzen, wenn wir unsere Verantwortung annehmen.

Natürlich kann niemand für alles auf der Welt und alles um ihn herum Verantwortung übernehmen. Doch darum geht es auch nicht. Verantwortung zu übernehmen heißt eben auch, klar zu erkennen, was in unserer Verantwortung liegt und was nicht. Das bedeutet einerseits: die eigenen Verantwortlichkeiten sehen, als persönliche Aufgabe akzeptieren, sich ihnen stellen und ihre Wirkungsmacht nutzen. Andererseits hat der eigene Verantwortungsbereich auch Grenzen, die wir ebenfalls erkennen, akzeptieren und mit denen wir angemessen umgehen müssen. Da gibt es zum Beispiel die Verantwortungs- und Wirkungsbereiche unserer Mitmenschen, die es in vielen Fällen zu respektieren gilt. Da gibt es eigene Kompetenz- und Wissensgrenzen oder auch geografische und zeitliche Begrenzungen. Und es gibt persönliche Grenzen: Gesundheit, Wertvorstellungen, Prioritäten, Familienleben, Ziele, Wünsche, Zufriedenheit und vieles mehr. Es liegt auch in unserer Verantwortung, Grenzen wie diese zu kennen und zu beachten.

Ambitionierte Ziele erreichen wir nur, wenn wir uns über unseren Verantwortungsbereich im Klaren sind. Veränderungen können wir nur gestalten, wenn wir eigenverantwortlich handeln. Und auf das Geschehen um uns herum können wir nur adäquat reagieren, wenn wir unsere Handlungsoptionen wahrnehmen. Nehmen wir nun noch die ethische und die soziale Komponente hinzu, zeigt sich die ganze Bandbreite der Verantwortung und es wird offensichtlich, dass jeder von uns gut beraten ist, sich einmal näher mit diesem unermesslich wichtigen Thema zu befassen. Denn am Ende profitieren vor allem wir selbst davon.

Im Alltag wird Verantwortung auf sehr unterschiedliche Weise gelebt. Und insbesondere das Berufsleben hält viele eindrückliche Beispiele bereit, um den Facettenreichtum des Themas Verantwortung zu illustrieren. Was diese Beispiele auch zeigen, sind die unmittelbaren Auswirkungen praktizierter oder eben vernachlässigter Verantwortung.

In diesem Sammelband geben 26 Autorinnen und Autoren aus ganz unterschiedlichen Berufen und Branchen ihre persönlichen Antworten zum Thema und vervollständigen so das Bild von einer Verantwortung, die uns alle angeht. Sie werden überrascht sein, in wie vielfältiger Weise Verantwortung in unserem Leben gegenwärtig ist und wie sehr sie unsere berufliche Situation und damit auch den geschäftlichen Erfolg beeinflusst.

Die 26 Beiträge beleuchten das Thema von völlig unterschiedlichen Seiten. In allen Fällen zeigt sich nicht nur die große Bedeutung des Themas, sondern auch, dass es sich dabei um überaus aktuelle Fragestellungen und Herausforderungen handelt, die in Zukunft noch an Relevanz zunehmen werden. Alle Beiträge haben gemeinsam, dass sie im positiven Sinne unser Verantwortungsbewusstsein wecken und stärken wollen. Denn am Ende liegt die Verantwortung für alles, was Sie machen oder unterlassen, bei Ihnen selbst.

In diesem Sinne wünsche ich Ihnen einen inspirierenden Lesegenuss!

Ihr *Stéphane Etrillard*

Der Kunde steht an erster Stelle

DANA ARZANI

Wenn der Kunde nicht mehr kommt, kann man nicht mehr auf ihn eingehen: Verändertes Kundenverhalten und neue Rahmenbedingungen rücken die Kundenorientierung in den Fokus unternehmerischen Denkens und Handelns. Wer die Verantwortung für die Zukunft seines Unternehmens ernst nimmt, setzt auf eine persönliche, wertschätzende Kundenbeziehung – und den Kunden an die erste Stelle. Alles andere führt ins Abseits oder ins Aus.

Warum Kundenorientierung in Unternehmen wichtig ist

Der Kunde steht an erster Stelle – natürlich auch bei Ihnen! Woher ich das weiß? »Kunde« und »an erster Stelle« gehören zusammen: Wenn »der Kunde« thematisiert wird, taucht über kurz oder lang die »erste Stelle« auf, an die er gehört. In einigen Bereichen, z.B. Finanzen oder Gesundheit, steht häufig »der Mensch im Mittelpunkt«, was auf dasselbe hinausläuft, denn jeder Mensch ist auch Kunde und der Mittelpunkt ist der Platz, an dem es ihm am besten geht. Wenn Sie also Kunden haben, dann stehen die ganz sicher bei Ihnen an erster Stelle!

Lässt man eine Suchmaschine nach diesem Thema suchen, erhält man mehrere Millionen Ergebnisse. Wie bei dem Suchbegriff »gesunde Ernährung«, da werden ebenfalls millionenfach Informationen präsentiert, die interessierte Menschen alle schon kennen, die wenigsten allerdings umsetzen. Kann es tatsächlich zur Kundenorientierung noch etwas geben, das man nicht schon tausendmal gehört hat? Fast alle Unternehmen behaupten, dass der Kunde bei ihnen an erster Stelle steht, die Mehrheit der Kunden hingegen hat keineswegs diesen Eindruck. Da sollten nun sofort die Alarmglocken schrillen, denn wir haben es heute mit sehr gut informierten und selbstbewussten Kunden zu tun. Diese Kunden finden schnell eine Alternative zu einem Geschäftspartner, dessen Wertschätzung nicht so ausfällt, wie sie es erwarten oder der ihre Probleme nicht löst.

Sind Unternehmen darauf vorbereitet? Haben sie dem etwas entgegenzusetzen? Sind sie in der Lage, ihre Kunden zu halten oder Ersatz-Kunden zu finden? Kundenorientierung ist ein Thema, das ständig in den Fokus unternehmerischen Denkens und Handelns gehört, das nicht ignoriert, nicht verdrängt und auch nicht vernachlässigt werden darf. Lassen Sie sich für dieses Thema sensibilisieren, auch wenn Sie meinen, bereits alles über den richtigen Umgang mit Kunden zu wissen. Den Kunden an die erste Stelle zu setzen macht Spaß, wenn Sie bereit sind, neue Schritte auszuprobieren und *etwas tun wollen*. Wenn Sie durch diesen Beitrag Lust dazu bekommen haben, hat er seinen Zweck erfüllt. So wie auch Informationen zur gesunden Ernährung durchaus nützlich sind, wenn man sie im Alltag tatsächlich umsetzt.

Die erste Stelle ist oft noch zu haben

Lassen Sie uns mit einer Definition einsteigen, die deutlich macht, dass dieses Thema wirklich alle angeht:

Ein Kunde ist allgemein in der Wirtschaft und speziell im Marketing eine Person, ein Unternehmen oder eine Organisation (Wirtschaftssubjekt), die bzw. das als Nachfrager ein Geschäft mit einer Gegenpartei abschließt. Ein solches Geschäft ist beispielsweise ein Kauf, eine Miete oder ein Leasing, eine Dienstleistung oder ein Werk. Meist zahlt der Kunde dafür Geld. Die Leistung kann aber auch unentgeltlich oder in Form eines gegenseitigen Tauschgeschäftes erfolgen. (Wikipedia, Stand: 02–04–2018).

Ziel jeder unternehmerischen Tätigkeit ist der Absatz der geschaffenen Leistungen, der Verkauf von Produkten genauso wie der Abschluss von Verträgen. Der Kunde ist nicht immer ein Endverbraucher, aber da wir *ausnahmslos alle auch Endverbraucher* sind, konzentriere ich mich auf den Kunden in dieser Rolle.

Wo der Kunde stehen soll und wo er tatsächlich steht, das wird von Unternehmen und Betroffenen unterschiedlich wahrgenommen, was Untersuchungen immer wieder bestätigen. Während Unternehmen fest davon überzeugt sind, dass der Kunde nicht nur an erster Stelle stehen soll, sondern dies auch weitgehend umgesetzt wird, finden die Kunden zwar durchaus, dass sie an die erste Stelle gehören, dass die Realität aber leider ganz anders aussieht. Ich finde, es ist an der Zeit, diesen Widerspruch aufzulösen.

Was Kunden kennen

Für mich ist es die zentrale Herausforderung im Unternehmen, den Kunden an die erste Stelle zu setzen. Das finde ich wichtiger als Einkaufstrategien, Lieferantenkonditionen und Mitarbeiterprovisionen. Schöne Leitsätze der Firmenphilosophie reichen dafür nicht. Schon gar nicht, wenn es sich dabei eher um Lippenbekenntnisse handelt, denn der Kunde will erleben, dass er an erster Stelle steht. In der Verantwortung des Unternehmens und seiner Führungskräfte liegt es, für die entsprechende Einstellung und das daraus folgende Verhalten gegenüber dem Kunden zu sorgen – und zwar unternehmensweit. Denn wer keine Kunden (mehr) hat, wird vom Markt verschwinden und das zu Recht! Ohne Kunden geht gar nichts.

Kundenalltag

Bestimmt haben auch Sie schon einmal etwas gekauft, von dem sich im Nachhinein herausgestellt hat, dass es nicht so ganz das war, was Sie gesucht oder gebraucht haben: Die eleganten Schuhe zum dunklen Anzug für die Silberhochzeit des Lieblingsonkels waren von Anfang an zu eng, sie wurden während der Feier leider auch nicht weiter und stehen seitdem im Schrank. Die Trommelreibe mit Kurbel, mit der Sie künftig statt mit einer einfachen Edelstahlreibe den Parmesan reiben werden, muss vor jedem Benutzen, auch für die kleine Menge auf der Pasta, zusammengesetzt und zum Spülen wieder auseinandergenommen werden. Zwei relativ harmlose Fehlkäufe: der erste wohl eine Folge von Zeitdruck, der zweite hatte vermutlich eher damit zu tun, dass an so kleine Anschaffungen nicht viele Gedanken verschwendet werden.

Im Allgemeinen aber wissen Kunden heute recht genau, was sie wollen. Sie informieren sich gründlich, bevor sie etwas kaufen und nutzen alle verfügbaren Informationen, besonders die im Internet. Dort kaufen sie auch immer häufiger, weil es so bequem ist, weil Qualität und Preis stimmen und die bestellten Produkte direkt nach Hause geliefert werden.

Durch Recherche in den Kundenbewertungen und Vergleichsportalen finden sie leicht den besten Anbieter, bei dem nicht nur der Preis, sondern auch die Konditionen passen, in erster Linie Versandkosten, Umtauschbedingungen und Lieferzeit.

Kommen die Kunden aber mit all ihrem Wissen doch in die Läden und Geschäfte des Einzelhandels, werden sie oft als anspruchsvoll, selbstbewusst und fordernd empfunden, als extrem preisbewusst oder sogar als ausgesprochene Schnäppchenjäger. Für diese ist der Preis das wichtigste, oft sogar das einzige Kriterium dafür, dass sie etwas kaufen. Damit gehen sie weit über das hinaus, was als sinnvolle Preis-Leistung-Debatte bei preisbewussten Kunden zu jedem Verkaufsgespräch gehört. Schnäppchenjäger wollen oft zusätzlich einen Service genießen, der online nicht realisierbar ist. Die Versuchung ist groß, froh zu sein, wenn sie wieder gehen – auch wenn sie nichts gekauft haben. Verständlich, dass man sich andere Kunden wünscht, aber die Lösung liegt nach meiner Einschätzung eher darin, mit diesen Kunden anders umzugehen.

Digitalisierung als Chance

Zusätzlich zu den Kunden, die vor allem online unterwegs sind und denen, die das eher vermeiden, gibt es die große Gruppe der situativen Käufer: sie informieren sich mal hier mal da, kaufen auch mal hier mal da, und oft entscheiden sie sich spontan und zufällig für das Eine oder das Andere. In Erinnerung bleiben ihnen gute Erfahrungen, und hier bietet sich ein weites Feld, mit Kundenorientierung zu punkten.

Zum Glück sind nicht alle Kunden Internet-Fans, viele haben keine Lust dazu, finden es anstrengend, dort einzukaufen oder sind davon schlicht genervt. Quer durch alle Alters- und Gesellschaftsschichten gibt es Menschen, die sich vom Recherchieren und Einkaufen im Internet überfordert fühlen, verloren im schier unendlichen Netz mit seinen Angeboten, Bewertungen und Preisvergleichen. Die Digitalisierung der Einkaufswelt funktioniert ja vor allem bei den eher banalen Abläufen so hervorragend und oft sogar besser als menschliche Interaktion. Große oder teure Anschaffungen zeigen sich dagegen als komplexe Herausforderungen, die nicht unbedingt Kauflust auslösen. Dann finden Kunden doch den Weg zu Mitarbeitern, die auf ihre individuellen Bedürfnisse eingehen, die eine persönliche Beratung auf Augenhöhe und eine echte Entscheidungshilfe bieten. Die Anforderungen an die Beratungsleistung der Verkäufer sind dementsprechend hoch, aber gerade darin liegt die Chance, zufriedene, begeisterte Stammkunden zu gewinnen.

Kunden, die begeistert die Vorteile des persönlichen Kauferlebnisses wiederentdeckt haben, sind besonders treu und loyal!

Früher war alles – anders

Die Einkaufswelt im Jahr 2018 hat nicht mehr viel mit dem zu tun, was wir von früher kennen. Weil die Veränderungen so rasant erfolgen, gilt das selbst für junge Leser in den Zwanzigern. Doch je älter die Menschen sind, mit denen man über dieses Thema spricht, desto gravierender empfinden sie den Wandel. Wie Opa vom Krieg erzählen sie von Zeiten, in denen man nur in *einen* Laden gehen musste und dort alles bekommen hat, was man im Alltag brauchte. Man konnte anschreiben lassen, wenn man seinen Geldbeutel vergessen hatte – oder dieser am Ende des Monats mal wieder leer war.

Skeptisch waren sie, als Supermärkte und Discounter eröffnet wurden, haben aber schnell gelernt, die Vielfalt des Angebots und die günstigen Preise zu schätzen.

Ein Schaufensterbummel »in der Stadt« war noch bis in die 80er Jahre eine beliebte Sonntagsbeschäftigung und ein Versprechen, das man zu den Öffnungszeiten einlösen würde und worauf man sich bis dahin freute. Bald hieß das »Shoppen« und war etwas anderes als ein »Bummel«, denn anschauen reichte nicht, kaufen gehörte nun unbedingt dazu. Erweiterte Ladenöffnungszeiten, zunächst der Versandhandel, später der Online-Handel sind Zeichen des Wandels in der Einkaufswelt. Heute steht mit dem gesamten E-Commerce ein Riesenangebot an Waren und Dienstleistungen weltweit, an allen Tagen und rund um die Uhr zur Verfügung. Einkaufen ist unkompliziert und bequem, schnelle Lieferung, problemloser Umtausch, kulanter Service und insgesamt günstige Konditionen machen diese Variante ausgesprochen attraktiv. Das Internet präsentiert eine enorme Anbietervielfalt, dieselben oder vergleichbare Produkte gibt es bei vielen Händlern und man sucht sich den aus, bei dem alles passt. Den passenden Online-Shop zu finden ist nicht schwer: Social Media, Vernetzung, Bewertungssysteme und Vergleichsportale sorgen für so große Transparenz, dass individuelle Kundenentscheidungen auf der Grundlage solider Informationen gefällt werden können.

Unternehmer, was nun?

Die Kunden blicken im 21. Jahrhundert häufiger auf Bildschirme oder Displays von mobilen Geräten, als in ein Schaufenster und die Umsätze im Internet steigen seit Jahren. Das führt zu sorgenvollen Mienen bei allen, die Leistungen oder Produkte verkaufen wollen. Unternehmer suchen nach Mitteln und Wegen, ihre Kunden zu halten und die zu ersetzen, die trotzdem verschwinden. Das Internet bietet Kunden mit seinen umfassenden Auskünften und Berichten optimale und folgenschwere Möglichkeiten, jedes Unternehmen mit seinen Mitbewerbern zu vergleichen: Es gibt immer einen, der günstigere Preise hat, bessere Produkte, freundlichere und kompetentere Mitarbeiter, einen besseren Service. Daraus entsteht ein großer Erfolgsdruck, der auf Unternehmens- und Geschäftsleitungen lastet.

Zwar ist Führungskräften die Schlüsselfunktion von Kundenorientierung und Kundenbindung zumeist bewusst, doch empfinden sie es eher als Zwang, hier aktiv zu werden. Statt also ihre Mitarbeiter in Sachen Kundenorientierung zu motivieren, ihr Engagement zu fördern und zu belohnen, geben sie oft den Druck, den sie selbst empfinden, an ihre Mitarbeiter weiter. Dann stecken alle in einem engen Korsett von Verhaltensvorschriften und versuchen, einen erfolgversprechenden Umgang mit den Kunden zu erzwingen. Kundenorientierung entsteht und funktioniert aber nur in einer Atmosphäre von Kompetenz, Souveränität und Eigenverantwortung sowie Begeisterung für das, was man tut.

Was Kunden wollen

Kunden wünschen sich Verständnis, Empathie und faire Beratung. Sie wollen, dass Mitarbeiter im Verkauf Interesse an der Gesamtsituation zeigen und ihnen Lösungen für ihre Anliegen oder ihre Probleme bieten. Ein Verkaufsverhalten, bei dem es offensichtlich nur darum geht, möglichst schnell einen Verkauf durchzuziehen, ignoriert die Erwartungen der Kunden. Das ist nicht neu, doch noch nie war es so leicht wie heute, wirtschaftliche Wunschpartner zu finden.

Ein erfolgreiches Unternehmen ist in der Lage, schnell und angemessen auf Veränderungen zu reagieren. Das gelingt, wenn die Verantwortlichen ständig prüfen, ob und wo im eigenen Unternehmen Handlungsbedarf besteht und sie dort umgehend angemessene Strategien und Strukturen entwickeln, zum Beispiel für den professionellen und begeisternden Umgang mit dem Kunden.

Bei Veränderungen rechtzeitig gestaltend einzugreifen, ist wesentlich effektiver, als erst dann zu reagieren, wenn die Folgen nicht mehr ignoriert werden können. Die Kundenorientierung entscheidet über die Zukunftsfähigkeit von Unternehmen und ist der Schlüssel zur erfolgreichen Positionierung auf dem Markt. Alles was Führungskräfte und Mitarbeiter dafür brauchen, ist Professionalität und Kompetenz im Kundenkontakt. Und das können sie lernen, handelt es sich dabei doch um die Soft Skills im Verkauf.

Entwickeln Sie Veränderungen stets gemeinsam mit allen Mitarbeitern. Ein verbesserter Umgang im direkten Kontakt mit den Kunden kann seine positive Wirkung nur dann voll entfalten, wenn die Mitarbeiter in allen Abteilungen des Unternehmens dazu beitragen, zum Beispiel beim Benachrichtigen über eine Lieferverzögerung oder beim Bearbeiten von Reklamationen und Beschwerden. Bauen Sie deshalb unternehmensweit Strukturen auf, die den optimalen Kundenkontakt unterstützen und fördern.

Meine Empfehlung: Machen Sie Ihr Unternehmen fit für die konsequente Kundenorientierung!

Perspektivwechsel

Die Erwartungen der Kunden zum Ausgangspunkt einer professionellen Kundenorientierung zu machen, ist eine ebenso einfache wie kluge Idee. Versuchen Sie es doch einmal mit einem Perspektivwechsel und stellen Sie sich die Frage, wie es Ihnen geht, wenn Sie als Kunde unterwegs sind. Wie begegnen Ihnen Mitarbeiter aus dem Verkauf, der Service- oder der Reklamationsabteilung? Haben Sie den Eindruck, dass Sie als Kunde an erster Stelle stehen? Wenn heute in empirischen Untersuchungen etwa die Hälfte der Befragten angibt, dass sie sich bei Beratung und Service Verbesserungen wünschen, ist damit bereits die zentrale Aufgabe der Kundenorientierung definiert.

Immer noch erleben Kunden Situationen wie folgende, und sie passieren Männern bei Business Socken genauso wie Frauen bei Strumpfhosen: Im Warenhaus einer Großstadt kaufen sie seit vielen Jahren immer wieder Strümpfe, meistens von derselben Marke. Ab und zu schauen sie, ob es neue und vielleicht sogar bessere Produkte gibt, zum Beispiel aus anderem Material. Etwa fünfzehn Minuten durchsuchen sie völlig »unbehelligt« das vielfältige Angebot, bleiben doch bei der bewährten Sorte und gehen damit in Richtung Kasse.

Eine Verkäuferin stellt sich ihnen in den Weg und drängt ihnen die Präsentation vermeintlicher Alternativen auf. Als sie einsieht, dass sie die Kundenentscheidung nicht verändern kann, versieht sie noch schnell jede Packung mit einem Aufkleber ihrer Verkäuferinnen-Nummer – für die Provision, schon klar. Die aber hätten die Kunden verdient, die alles ganz allein geschafft haben.

Hier stimmen weder die Vergütungsvereinbarungen des Unternehmens, noch das Verhalten der Mitarbeiterin. Hätte die provisionsorientierte Verkäuferin in Gedanken einen Rollentausch durchgespielt, wäre ihr – sicherlich? hoffentlich? – klar geworden, dass Kundenorientierung anders geht.

Beobachten Sie Ihre Kunden, reden Sie mit ihnen, fragen Sie sie nach ihren Vorstellungen und nehmen Sie diese ernst. Riskieren Sie einen Blick über Ihren Tellerrand und achten Sie auch auf die Methoden Ihrer Mitbewerber. Suchen Sie nach Möglichkeiten, sich von ihnen abzuheben, indem Sie besser werden als sie. Manchmal reicht es auch, das zu übernehmen, was Ihnen gut gefällt, wenn Sie es an Ihre Situation und die Verhältnisse in Ihrem Unternehmen anpassen. Machen Sie die Kunden zu Ihren Partnern und tun Sie alles dafür, dass die Kunden Sie genauso schätzen, wie Sie die Kunden.

Fangen Sie jetzt an!

Es reicht ganz sicher nicht, ein bisschen netter zu den Kunden zu sein und ansonsten weiterzumachen wie bisher. Der Perspektivwechsel ist der Einstieg in die Entwicklung einer Einkaufswelt, in der Kunden sich wohlfühlen, in der ihnen Wertschätzung, Freundlichkeit, Offenheit und echtes Interesse an ihren Bedürfnissen entgegengebracht wird. Ihre Verwirklichung wird nicht von heute auf morgen möglich sein, wichtig ist, dass Sie damit anfangen!

Analysieren Sie gründlich und so exakt wie möglich, was Kundenorientierung in Ihrem Unternehmen aktuell bedeutet – und was sie bedeuten sollte. Vielleicht kommt Ihr Weltbild ein wenig ins Wanken, vielleicht müssen Sie sogar eine richtige Kehrtwende hinlegen. Ihre Mitarbeiter sind dabei Ihre Mitstreiter, also sorgen Sie dafür, dass Sie sich auch so fühlen! Schaffen Sie eine professionelle, kooperative Atmosphäre mit der gemeinsamen Verantwortung für das Wohl des Kunden. Überwinden Sie mit Ihrem Team die Auseinandersetzungen über Zuständigkeiten und die Angst vor Fehlern.

Schulung und Training bringen Sie auf Ihrem Weg zur optimalen Kundenorientierung schnell voran, aber auch wenn Sie sich mit kleinen Schritten auf den Weg machen, kommen Sie diesem Ziel kontinuierlich näher. Einen guten Einstieg bietet dafür das Beschwerdemanagement, in dem immer Verbesserungen möglich sind. Ein erstes Ziel könnte sein, Reklamationen ab sofort so zu regeln, dass sie für alle Beteiligten ein gutes Ende nehmen und Ihre Kunden sich gut und anständig behandelt wissen. Mit dieser Zielformulierung gelangen Sie zu allen relevanten Punkten: vom Verhalten im direkten Kundenkontakt über den Handlungsspielraum der Mitarbeiter zu der Qualität der CRM-Systeme und der Unterstützung durch das Backoffice. Überprüfen Sie schrittweise an allen Kundenkontaktpunkten, wie dort die Kundenorientierung gelingt. Ihre Optimierung erfordert langfristig vielleicht weitgehende oder sogar umwälzende Veränderungen und eine unternehmensweite Anpassung aller Prozesse und Strukturen. Finden Sie *Ihren Weg* in die Kundenorientierung und bleiben Sie dran!

Ihre Verantwortung: Weitermachen!

Wenn Inhaber oder Führungskräfte die Verantwortung für die Zukunft ihres Unternehmens ernst nehmen, sollten sie konsequent auf eine persönliche, wertschätzende Kundenbeziehung setzen. So können sie nicht nur die Unternehmensposition behaupten, sondern sogar den Premium-Bereich erobern. Ihre persönliche Vorbildfunktion können sie dabei gar nicht hoch genug einschätzen und es gehört zu ihrer Verantwortung, ihre Haltung zur Kundenorientierung konstant vorzuleben.

Unternehmen, die ganz auf Kundenorientierung setzen, sehen Veränderungen als willkommene Herausforderungen, die sie zur rechten Zeit annehmen und in ihre Zielstrategien integrieren. Wer zu spät kommt, den bestraft der Kunde: wenn er nicht mehr kommt, kann man nicht mehr auf ihn eingehen. Der Kunde muss an erster Stelle stehen, alles andere führt ins Abseits oder ins Aus. Die Verantwortung von Unternehmern und Führungskräften liegt genau darin, dafür zu sorgen, dass theoretisch und praktisch der Kunde an erster Stelle steht. Ohne Wenn und Aber.

Gelingt es Ihnen, dies bei allen unternehmerischen Zielen und Entscheidungen und bei jedem Kundenkontakt zu berücksichtigen, werden Sie mit Ihrem Business erfolgreich sein. Wie erfolgreich, erkennen Sie an der Reaktion Ihrer Kunden. Gäbe es dafür ein Messverfahren, wäre die Skala nach oben offen! Wenn beim Kundenkontakt alles stimmt und Erwartungen sogar übertroffen werden, dann nenne ich das einen SPARKLE® Moment. Glauben Sie mir, so ein Moment ist jede Mühe wert!

DANA ARZANI

Dana Arzani ist seit über 20 Jahren leidenschaftliche Unternehmerin. 2011 gründete sie ihr Beratungs- und Trainingsunternehmen und teilt seitdem ihren Erfahrungsschatz mit anderen Unternehmern. Ihr Know-how und eigene Konzepte wie STEP 4 SPARKLE® ermöglichen es Unternehmen, den Kundenkontakt so zu gestalten, dass er ihren Unternehmenserfolg auch in Zukunft sichert. Über ihre eigenen Erlebnisse als Kundin schreibt sie regelmäßig in ihrem Blog und lädt damit zum konsequenten Perspektivwechsel ein.

Dana Arzani lebt mit ihrem Mann und ihren zwei Kindern in der Nähe von Nürnberg. Sie interessiert sich für Architektur und Design und kocht gerne für Familie und Freunde.
www.dana-arzani.de

Welche Leader wollen wir morgen?

DR. ANKE ELISABETH BALLMANN

In einem Bildungssystem, das längst nicht mehr dem aktuellen Wissensstand der Lehr- und Lernforschung und der Neurobiologie entspricht, können Kinder nicht auf die Herausforderungen der Zukunft vorbereitet werden. Der Moment für einen pädagogischen Zeitenwandel ist gekommen. In den Bildungsinstitutionen der Zukunft erkennen und entwickeln Kinder ihre individuellen Talente. Erzieher und Lehrer nehmen eine Coaching-Rolle ein, begleiten den angeborenen Lerneifer von Kindern und fördern individuell. Damit aus Kindern verantwortungsvolle (Führungs-)Persönlichkeiten werden, brauchen sie Vorbilder und Möglichkeiten zur Selbstbildung.

Verantwortung übernehmen für die persönliche und soziale Entwicklung unserer Kinder

Paul besucht seit drei Tagen die erste Klasse. Beim Abendessen erklärt er seinen Eltern, dass er entschieden hat, ab sofort nicht mehr hinzugehen. Er sagt, jeder habe ihm vor seinem Schuleintritt versprochen, es sei dort sehr aufregend – er würde viel lernen und bald lesen, schreiben und rechnen können. Nun hat er sich das angeschaut – und es gefällt ihm nicht. »Ich muss den ganzen Tag Buchstaben ausmalen und Dreiecke ausschneiden, da lerne ich doch nichts«, entrüstet sich Paul. »Und die ganze Zeit soll ich ruhig sein und darf nichts erzählen, sonst schimpft die Lehrerin. Mir ist voll langweilig, ich gehe da morgen nicht mehr hin!«, schließt er trotzig und legt lautstark seine Gabel ab. Seine Eltern starren ihn bestürzt an. Was ist aus ihrem noch vor einigen Tagen hoch motivierten Sohn geworden? Diesen Eltern schwant in diesem Moment, dass die nächsten Jahre für sie alle nicht einfach werden würden. Denn falls Paul sich entschließt, Abitur zu machen, wird er noch viele 100.000 Stunden die Schulbank drücken. Mit hoffentlich mehr Elan und Enthusiasmus, aber das wird nicht nur von ihm abhängen.

Unser Schulsystem ist nicht zeitgemäss

Dieses Szenario kommt der Realität bedrückend nahe. Werden Kinder gefragt, warum sie in die Schule gehen, lautet die erschütternde Antwort oft: »Weil ich muss.« Viel zu viele Kinder gehen nicht gerne zur Schule, einige langweilen sich wegen Unterforderung, andere haben Angst, nicht zu genügen. Kurz, den meisten Kindern ist die Freude am Lernen schon in der ersten Klasse vergangen. Warum ist das so? Ein Hauptgrund ist sicher die Tatsache, dass viele Lehrer den Kindern weder richtig zuhören, noch die Interessen und Fähigkeiten des einzelnen Kindes erkennen oder im Unterricht berücksichtigen. Das ist im Schulsystem, so, wie es heute ausgerichtet ist, nicht vorgesehen.

Das ist fatal, denn wenn die in Kindern angeborene Lust und Freude am Lernen nicht begrüßt, sondern bereits in diesem frühen Stadium ihres schulischen Weges verdorben wird, werden sie später kaum freiwillig weiterlernen und daraus resultierend keinen oder wenig Erfolg im Beruf haben. Sicher wird das Gros der Kinder die Schule mit einer abgeschlossenen Ausbildung verlassen. Doch sind diese zukünftigen Schulabgänger aus jenem Holz geschnitzt, das inspirierende Leader hervorbringt, sei es nun im Business oder in der Poliktik? Mit hoher Wahrscheinlichkeit nicht. Unser Schulsystem ist einfach nicht mehr zeitgemäss für die Herausforderungen der Zukunft!

Das Schulsystem in seinen derzeitgen Strukturen ist Ende des 19. Jahrhunderts entstanden. Damals waren Schulen militärisch organisiert und wurden ähnlich gebaut wie Kasernen. Das Ziel der schulischen Bildung war die Produktion von braven Staatsbürgern, die fachlich so ausgebildet waren, dass sie ihre Aufgaben erledigen konnten. Es war nicht erwünscht, dass junge Menschen in der Schule dazu angestiftet wurden, kritische Fragen zu stellen oder gar kreativ und innovativ zu denken – sie sollten funktionieren. Und auf genau diesem System basiert die Mehrzahl unserer heutigen Regelschulen noch immer.

In den 60er Jahren wurden im schulichen Bereich zwar einige Relikte aus dem Preußentum über Bord geworfen – Lehrer dürfen seit damals keine Schüler mehr schlagen –, doch die starren Grundstrukturen, die darauf beruhen, dass Kinder gehorchen, bestimmte Aufgaben erfüllen und nur dahingehend bewertet und verglichen werden, sind bis heute erhalten.

Das Leben besteht nicht aus Fächern

Spannend ist, dass zur gleichen Zeit auch die Reformpädagogik entstand, deren Vertreter, zum Beispiel Maria Montessori, schon damals klar sagten, dass das aktuelle Schulsystem nicht kindgerecht sei. Diese reformierte Pädagogik, die *für* Kinder gedacht war und sich an den kindlichen Bedürfnissen orientiert, konnte und kann sich bis heute leider nicht flächendeckend durchsetzen. So bewegen wir uns immer noch in unserem derzeitigen Schulsystem, das Bildung verhindert, anstatt sie zu fördern. Es macht aus von Natur aus hochsozialen, wissbegierigen Individuen angepasste Mitläufer, deren Gehirne mit nutzlosen Fakten gefüllt werden, die mit dem echten Leben wenig zu tun haben.

So wissen laut Richard David Precht 87% aller Germanistikstudenten nicht, zu welcher Wortgruppe das Wort »manche« (es ist ein Pronomen) gehört –aber Kinder in der fünften Klasse werden damit traktiert. Das macht wenig Sinn. Ebenso sinnentleert ist, dass Kinder in Regelschulen verbissen auf den Tag des nächsten Tests hinlernen. Nachdem das Wissen abgefragt wurde, verabschiedet sich dieser Stoff sofort aus den Köpfen, denn es hat kein verankertes Lernen stattgefunden. Das kurzfristig Gelernte ist ohne Bedeutung für die meisten Schüler, denn dieses Wissen ist mit anderen Informationsebenen nicht vernetzt und deshalb sofort wieder vergessen. Das traurige Fazit: In unseren Schulen werden Kinder nach wie vor in Fächern unterrichtet, doch das Leben besteht nicht aus Fächern.

Die Zeiten rufen nach Aufbruch und Veränderung

Wir befinden uns heute an einem Punkt, an dem wir uns überlegen müssen, ob wir den momentanen Stand der Wissensvermittlung beibehalten wollen. Der Moment für einen schulischen Zeitenwandel scheint unwiderruflich gekommen zu sein. Wir können es jetzt ändern. Wir können die Verantwortung übernehmen – das Know-how ist da, das Geld ist da und die Kinder sind da! Was, außer Bequemlichkeit und vielleicht Feigheit, hält uns auf?

Es geht nun dringlich um unsere Zukunft und die unserer Kinder. Denn Bildung ist der machtvolle Schlüssel zu einer friedlichen Welt, zu Fortschritt und Wohlstand. Wir brauchen gebildete Menschen! Zahlreiche herausfordernde Aufgaben von morgen warten auf die Kinder von heute. Und wir lassen sie in unseren veralteten Bildungseinrichtungen »verkommen«. Vergessen wir niemals: Die Kinder, die jetzt geboren werden, regieren, operieren und pflegen uns in spätestens 30 Jahren. Precht behauptet, dass 60 Prozent aller Berufe, die es in 20 bis 30 Jahren geben wird, heute noch nicht einmal erfunden sind und dass es immer mehr hoch anspruchvolle Dienstleistungen geben wird. Kinder werden in unseren Schulen nicht auf diese für sie ungewisse Zukunft vorbereitet, sie lernen nicht, wie man kreativ Probleme löst, wie man im Team arbeitet, wie man mit Konflikten umgeht, wie man wirksam kommuniziert, wie man erfolgreich sich selbst und andere führt und sich engagiert. Was Kinder massenhaft lernen, ist, wie man es schafft, sich von Ferien zu Ferien durchzuhangeln.

Ganzheitliche Bildung mit vielen verschiedenen Facetten wird auf der Grundlage des aktuellen Bildungssystems nicht gefördert, sie wird unterdrückt. Kinder werden noch immer wie Objekte behandelt, die eine ganz bestimmte Form annehmen sollen, doch wer wird in Zukunft ausgebildeten Einheitsbrei brauchen?

Bildung in einer veränderten Welt

Es geht also um die Zukunft unserer Gesellschaft und – globaler gedacht – geht es beim Thema Bildung auch um die Zukunft der Erde. Denn wir können z. B. beim Klimawandel nicht in Ländern denken, genauso wenig wie wir bei Bildung in Fächern denken können.

Eines steht fest: Es ist vollkommen unverantwortlich gegenüber unseren Kindern und ihren Familien, wenn wir sie weiterhin durch vollständig marode Bildungsinstitutionen zerren. Das macht alle unglücklich, die Kinder, die Eltern und die Lehrer. Es muss sich also dringend etwas ändern. Doch wie sollen Menschen, die selbst durch dieses Bildungssystem gegangen sind und nichts anderes kennen, dieses verändern? Das ist paradox und wird nicht so einfach umzusetzen sein. Es sind hohe Reflexion und intensives Umdenken erforderlich, damit Menschen, denen kreatives Denken und Handeln weitgehend aberzogen wurde, einer neuen Generation als kreative Vorbilder dienen können. Strukturen in Köpfen ändern sich nur schwer, das weiß man aus der Neurobiologie – und behäbige Verwaltungsapparate ändern sich wahrscheinlich noch viel langsamer.

Es ist schwer, aber es ist möglich! Im Prinzip geht es um eine neue Identifikation von Inhalten innerhalb des Bildungssystems. Um Inspiration statt um Autorität, um Unterstützung statt um Fehlersuche, um Sinnfindung statt um mechanisches Erledigen, um das Entdecken und Leben von Werten und nicht um die blinde Übernahme der Werte anderer, nur, weil es sie schon immer gab. Wir brauchen also eine gute Portion Mut und Offenheit, um uns auf diese neuen Bildungswege zu begeben. Das beginnt schon bei der Rolle der Eltern. Sie sollten ihren Kindern noch mehr vertrauen und ihnen viel zutrauen, sie ermutigen, statt sie zu dressieren. Durch diese Haltung werden Kinder in ihrer Persönlichkeit und in ihren Bedürfnissen ernst genommen, man vermittelt ihnen, dass man an sie glaubt »Du kannst das, probier es doch mal ...«

Wer aber übernimmt die Verantwortung für diese dringend notwendige Veränderung? Gerald Hüther benutzt in diesem Zusammenhang gerne den Spruch: »Wenn du den Sumpf austrocknen willst, darfst du nicht die Frösche fragen«, und ermutigt Menschen damit, sich selbst auf den Weg zu machen und vor Ort Bildungsinstitutionen zu transformieren. Dass das klappen kann, zeigt die Initiative »Schule im Aufbruch«, die 2012 von ihm gegründet wurde und die zu erhöhter Potenzialentfaltung führen soll. Das Ziel sind Schulen, die die angeborene Begeisterung und Kreativität von Kindern und Jugendlichen erhalten und fördern.

Die kindgerechte Schule der Zukunft

Wie sieht sie aus, die ideale Schule kommender Zeiten? In der Schule der Zukunft lernen Kinder gerne, leicht, freudvoll und fiebern nicht schon dem nächsten Ferienbeginn entgegen. Innerhalb dieses neuen Systems erarbeiten sich Kinder Inhalte, Fähigkeiten und Fertigkeiten gemeinsam. Die Lehrer verstehen sich als Coaches, sie trichtern den Kindern Wissen nicht auf die bisher übliche Art und Weise ein, sondern sie gestalten lernfreundliche Bedingungen und schaffen jene Rahmen, in denen Kinder mit verschiedenen soziokulturellen Hintergründen zu leistungsfähigen Teams heranwachsen. In kindgerechten und lernfreundlichen Schulen gibt es keine minutengenaue Unterrichtsplanung, es geht nicht mehr um die präzise und eingetaktete Erfüllung von Lehrplanvorgaben. Im Mittelpunkt steht die individuelle Förderung von speziellen Potenzialen, die Ermutigung, den eigenen Entdeckergeist zu leben und vor allem das intelligente, nachhaltige Lernen.

Kinder – natürlich begabte und selbständige Lerner

Zum Lernen brauchen Kinder niemanden, sie lernen aus sich heraus, weil Kinder geborene Lerner sind und es für sie ein vollkommen natürlicher Vorgang ist, so wie jeder

Atemzug, den sie automatisch tun. Atmen und Lernen – beides geht ganz ohne Zutun von außen. Die Lunge braucht Sauerstoff, das Gehirn braucht Möglichkeiten.

Sugata Mitra (Professor of Educational Technology an der Newcastle University) wurde bekannt durch seine »Hole in the Wall" Experimente. In einigen Studien konnte er nachweisen, dass Kinder ohne Lehrer und ohne Schule extrem gute und höchst engagierte Lerner sind. In einer Umgebung, die Neugierde und Interesse weckt, eignen sich Kinder selbst Wissen an und bringen es anderen Kindern bei. Für seine Experimente hat Mitra in einer Maueröffnung in einem indischen Slum einen Computer mit Internetzugang installiert, der von den Kindern des Slums frei benutzt werden konnte. Er brachte außerdem eine versteckte Kamera an, um zu beobachten, wie die Kinder mit diesem Computer – sie hatten zuvor noch nie einen gesehen – ohne Anweisung zurechtkämen. Obwohl sie keinerlei Vorkenntnisse besaßen, sah er, wie sie lernten, ihn anzuschalten, zu nutzen, mit dem Internet zu verbinden und sich diese Kenntnisse dann gegenseitig beibrachten. Innerhalb weniger Wochen fanden sie sich im Internet zurecht, konnten Musik und Videospiele herunterladen. Das »Hole in the Wall" Projekt wurde in weiteren abgelegenen Orten in ganz Indien und in verschiedenen afrikanischen Ländern wiederholt. Die Ergebnisse zeigten jedes Mal, dass Kinder eigenständig lernen können, wie man Computer bedient. Jene Kinder brachten sich selbst ausreichend Englisch bei, um E-Mail- und Chat-Programme, sowie Suchmaschinen zu nutzen. Nach neun Monaten hatten sie ohne Intervention eines Lehrers in etwa das Niveau einer einfachen Bürokraft in westlichen Ländern erreicht.

Mitras Beobachtungen über die Fähigkeit zum selbständigen Lernen von Kindern bestätigen, was sämtliche Reformpädagogen seit jeher behaupten. Die Rolle von Pädagogen, oder besser, die Rolle von Lernbegleitern, besteht darin, zu beobachten und wenn nötig, zu helfen, aber ansonsten so wenig wie möglich einzugreifen. Potenziale werden im Austausch mit anderen entfaltet, deshalb orientieren sich moderne und reformfreudige Kitas und Schulen auch nicht an Einzelkämpfern, denn um sich selbst zu entdecken und zu entwickeln, brauchen Menschen ein Gegenüber.

Vom Erziehenden zum Coach

In der Schule der Zukunft sollten nicht nur Lehrer unterrichten, sondern auch Experten aus verschiedenen Gebieten, denn von ihnen können Kinder Begeisterung lernen. Im Deutschunterricht könnte ein Autor vom Schreiben eines Buches berichten, ein echter Physiker, der von seinem Alltag erzählt ist viel spannender, als ein vielleicht farbloser und trockener Physiklehrer. Und wenn ein Mathematiker, statt Formeln vorzubeten, davon schwärmt, wie viel Schönheit in Mathematik steckt und, dass man dabei toll ausrechnen kann, wie viel Kilo Lippenstift Frauen im Laufe ihres Lebens verspeisen, dann könnte es sein, dass Mathematik eine vollkommen neue und nützliche Bedeutung in der Welt mancher Kinder bekommt. Dazu braucht es aber eine neue, andersdenkende Generation von Lehrern.

Sehen wir uns einmal an, wie es mit den Lehrern aussieht. Warum sie so werden, wie sie sind. Die meisten Lehrer studieren gleich nach dem Abitur entweder eine bestimmte Fächerkombination oder ein bestimmtes Lehramt. Nach Abschluss ihres Studiums arbeiten sie sofort wieder in Schulen. Genau hier wird es schwierig: Der übliche Weg ist Schule – Uni – Schule, die Lebensbereiche sind, milde gesagt, übersichtlich, und ihre Ausbildung bereitet Lehrer oft nicht auf den Alltag in der Schule vor.

Im Idealfall sind Lehrer Coaches und Mentoren für Kinder. Dafür müssen sie nicht die Besten ihres Studienjahres sein, denn jedem ist wohl klar, dass gute Noten absolut nichts mit guten Pädagogen zu tun haben. Gute Noten zeigen nur, dass man vorformuliertes Wissen in abgewandelter Form wiedergeben kann, das war´s auch schon. Über die Persönlichkeit sagen Noten nichts aus, doch um genau die geht es bei einem der wichtigsten Berufe, die es heute gibt!

Wir benötigen sicher keine Bewertungssysteme im Sinne von Noten, die im schlimmsten Fall verhindern, dass ein begnadeter Pädagoge nicht Lehrer werden kann, weil ein numerus clausus ihm den Zugang zu einem Studium verwehrt. Eine Alternative wäre der Einsatz von zu absolvierenden Eignungstests vor Aufnahme des Studiums. Ähnlich der Vorgangsweise bei der Auswahl von Berufspiloten durch Airlines, die im Vorfeld die physische und psychische Eignung im Detail feststellen lassen. In Deutschland wird die Eignung zum Beruf des Lehrers bedauerlicherweise nicht überprüft, wobei es in einigen Bundesländern Angebote für freiwillige Eignungstests gibt. Freiwillig – das sagt alles.

Lehrer brauchen für die wirksame Ausübung ihres Berufes viele spezifische Eigenschaften. Sie müssen souverän sein und Perspektiven wechseln können, sie sollen Empathie und Kommunikationsfähigkeiten mitbringen. Sie müssen planen können und resilient und flexibel agieren. Vor allem sollten Pädagogen psychisch gesund sein. Gute Pädagogen sind Leader, keine Lehrer, sie geben Kindern Möglichkeiten und keine Befehle. Sie wirken unterstützend und nicht drohend. Gute Pädagogen bauen Beziehungen zu Kindern auf, weil sie wissen, dass Beziehung vor Bildung kommt. Die Besten der Besten unter den Lehrern sind nicht nur Pädagogen, sondern auch exzellente Coaches.

Um all das leisten zu können, brauchen Pädagogen selbst eine permanente Persönlichkeitsentwicklung, wie auch Vorbilder und Mentoren. Niemand kommt alleine dahin, wo exzellente Pädagogen ansetzen müssen, um unsere Leader von morgen auf ihre Führungsrollen vorzubereiten. Doch welche Erzieher und Lehrer lassen sich schon selbst coachen? Welcher Erzieher und welcher Lehrer beschäftigt sich dauerhaft mit seiner eigenen Persönlichkeitsentwicklung?

Die bestehenden Ausbildungen für Erzieher und Lehrer sind vollkommen veraltet und Lichtjahre davon entfernt, für eine Pädagogik zu qualifizieren, die dem aktuellen Stand der Lehr-Lernforschung und der Neurobiologie entspricht. Der Schwerpunkt einer Ausbildung für Pädagogen muss auf dem Entfaltungspotenzial der Kinder liegen, also genau das Gegenteil dessen, was heute gelehrt wird. Ist das erst einmal umgesetzt, wird es nur Gewinner geben! Oder fast nur Gewinner, denn die Nachhilfeindustrie mit einem Umsatz von etwa 900 (!) Millionen Euro pro Jahr würde definitiv beachtliche Umsatzrückgänge zu verbuchen haben.

Passende Bildung für zukünftige Leader-Persönlichkeiten

Kreativität, Entdeckerfreude, Begeisterung und Lust am Lernen dürfen nun nicht länger vergeudet werden! Im Gegenteil – wir müssen dafür sorgen, dass Kinder von Anfang ihrer schulischen Laufbahn an gecoacht werden und nicht weiterhin bloß stupide belehrt. Die Aufgabe von Bildungsinstitutionen ist es sicher *nicht,* Kinder alle gleich zu machen, sondern sie auf ein Leben vorzubereiten, in dem sie ihre individuellen Fähigkeiten voll und ganz zur Geltung bringen können. Ein Leben, in dem sie Leader ihres eigenen Lebens sind und nicht blind einem selbst ernannten Leader kritiklos hinterherlaufen.

In einigen Jahren werden alle Berufe, die man automatisieren kann, mit Sicherheit von Computern und Robotern erledigt werden. Wenn Menschen versuchen, sich mit dem, was diese Computer dann leisten können, zu messen, haben sie schon verloren. Manche Berufe jedoch werden wohl nie von Maschinen übernommen werden, und das sind genau jene Bereiche, in denen wir Menschen uns auszeichnen können. Es ist höchste Zeit, eine Form der Bildung zu ermöglichen, die diese zukünftigen Erfordernisse unterstützt!

Denn Bildung ist das, was Teil der Persönlichkeit eines Menschen geworden ist, nicht das, was man auswendig gelernt und wieder vergessen hat. Bildung kann man nicht machen und auch nicht präzise messen. Aber man kann einen Rahmen schaffen, in dem sinnvolle Bildung möglich wird. Bildung ist viel mehr als Ausbildung oder die Vermittlung von Kulturtechniken und Fakten. Zur Bildung gehört Herzensbildung, eine gute Beziehung zu sich selbst und seinem eigenen Körper. Lernen geschieht nun einmal nicht nur mit dem Kopf, sondern vor allem auch mit dem Körper, und dazu gehört Bewegung. Stillsitzen war noch nie die optimale Form, um einen Geist wach zu halten, wird aber in nahezu allen Schulklassen quer durch Deutschland praktiziert. Wer sich als Heranwachsender viele prägende Jahre lang den ganzen Schultag über nicht frei bewegen kann, denkt auch nicht mehr frei, breit und weit, sondern eng und angepasst.

Starken Individuen gehört die Zukunft

Wir brauchen in der Zukunft aber keine angepassten Menschen, wir brauchen Individuen, die bereit und fähig sind, Know-how, Talente, Fähigkeiten und Fertigkeiten in unsere Gesellschaft einzubringen – und zwar zum Wohle aller. Wir brauchen Führungskräfte und zukünftige Leader, die sich selbst führen können, um andere zu führen. Wir brauchen Menschen, die bereit sind, für sich und andere Verantwortung zu übernehmen und zwar in dem Sinne, dass sie anderen helfen, sich selbst zu helfen.

All das ist nicht wirklich neu. Alexander von Humboldt forderte schon vor über 200 Jahren, dass Bildung immer auch Anleitung zur Selbstbildung sein müsse. Humboldt wollte, dass Kinder Lernen lernen. Das erklärte Ziel war es also schon vor langer Zeit, dass Kinder sich ihre Begeisterung, ihre Entdeckerfreude und ihre Lust am Lernen erhalten dürfen. Was also haben wir 200 Jahre lang gemacht? Wir wissen doch schon lange, was unsere Kinder wirklich brauchen. Sich ihren wunderschönen, angeborenen Wissensdurst erhalten und ausleben dürfen, entdecken, probieren und vorankommen. Es muss sich dabei auch niemand Sorgen machen, dass Kinder auf diese neue Weise des Unterrichtens nicht mehr lesen, schreiben und rechnen lernen, denn das werden sie – nur eben auf ihre Art und in ihrem Tempo.

Wenn wir es schaffen, das Bildungssystem in diesen Punkten zu reformieren, wird aus den überdisziplinierten, linearen Schulen von heute ein Ort des freudvollen Lernens in Leichtigkeit und Freiheit. Wen wir das schaffen, brauchen wir uns um die Leader von morgen keine Sorgen zu machen. Und vor alllem, wenn wir das schaffen, gehen Kinder wie Paul auch noch am vierten Tag begeistert zur Schule.

Literatur

Hüther, Gerald (2018): Würde. Was uns stark macht – als Einzelne und als Gesellschaft. Knaus.

Juul, Jesper (2013): Schulinfarkt. Was wir tun können, damit es Kindern, Eltern und Lehrern besser geht. Kösel.

Juul, Jesper (2017): Wem gehören unsere Kinder. Dem Staat, den Eltern oder sich selbst?. Beltz.

Precht, Richard David (2015): Anna, die Schule und der liebe Gott. Der Verrat des Bildungssystems an unseren Kindern. Goldmann.

Roth, Gerhard (2015): Bildung braucht Persönlichkeit. Wie lernen gelingt. Klett-Cotta.

Spitzer, Manfred (2010): Medizin für die Bildung. Ein Weg aus der Krise. Spektrum Akademischer Verlag.

ANKE ELISABETH BALLMANN

Dr. Anke Elisabeth Ballmann ist Trainerin, Coach und Vortragsrednerin. Die Expertin für kindgerechte Pädagogik studierte Psychologie, Soziologie und Pädagogik an der Ludwig-Maximilians-Universität in München und wurde an der Friedrich-Alexander-Universität in Nürnberg promoviert. Seit 25 Jahren setzt sie sich für Kinder und deren kindgerechtes Leben und Lernen ein. Sie hat auf ihrem beruflichen Weg bisher 15.000 Stunden mit Kindern und Eltern gearbeitet und 17.500 Stunden Weiterbildungen, Supervisionen und Coachings mit Pädagogen und Pädagoginnen durchgeführt. 2007 gründete sie das Institut für Kindgerechte Pädagogik »Lernmeer«. Mit ihrem Weiterbildungsangebot unterstützt sie zukünftige Pädagogen und Pädagoginnen dabei, sich jene Fähigkeiten anzueignen, die diese für ihre Arbeit mit Kindern brauchen. www.lernmeer.de

Führungskunst neu gedacht – Verantwortung ist Macht

SABINE BELEY

Verantwortung ist Ausdruck der eigenen Macht. Immer dort, wo wir uns drücken und nicht bereit sind, Verantwortung zu übernehmen, haben wir unsere Macht noch abgegeben. An wen auch immer. Oft ist es uns nicht einmal bewusst. Es ist egal, welchen Lebensbereich es betrifft. Wir können stets neu entscheiden. Macht oder Ohnmacht. In diesem Beitrag erfahren Sie, warum Verantwortung immer bei Ihnen selbst beginnt und wie Sie sich Ihrer eigenen Macht wieder bewusst werden und diese verantwortlich zum Wohle aller nutzen.

Mensch in Not

Wie hoch ist die Zahl der Führungskräfte, die mit dem, was sie tun, hundertprozentig zufrieden sind? Und wie hoch ist die Zahl derer, die sich wirklich sicher in ihrer Führungsrolle fühlen? Welche Rückmeldungen bekommen Führungskräfte von ihren Mitarbeitern? Und falls Sie Mitarbeiter sind, frage ich Sie, wie gut fühlen Sie sich geführt? Gehen Sie gern zur Arbeit und bringen Sie wirklich all Ihr Potenzial ein? Aktuelle Studien belegen, dass deutsche Arbeitnehmer mit ihren Chefs immer unzufriedener werden. Schenkt man den Berichten und Studien Glauben, dann kommt man schnell zu dem Schluss, dass eine nie dagewesene Unsicherheit auf allen Führungsebenen herrscht. Doch was passiert, wenn die Unternehmenskapitäne, die Orientierung geben sollen, selbst nicht wissen, wie sie das Schiff am besten steuern können?

Egal in welcher Position Sie momentan sind, ist die vielleicht entscheidende Frage, mit welchem Gefühl Sie am Ende des Arbeitstages nach Hause gehen. Fühlen Sie sich gut? Konnten Sie Sinn stiften, mit dem, was Sie getan haben? Ich gehe noch weiter und frage Sie: Hat Ihnen die Arbeit heute Spaß gemacht? Mit meiner Frage meine ich nicht Spaß im Sinne einer einzigartigen Party, sondern ob Sie mit Freude dabei waren.

Wenn ich in meiner Arbeit als Coach mit Unternehmern und Führungskräften spreche und ihnen diese Frage stelle, höre ich oft, dass ihnen die Arbeit alles andere als Freude bereitet. Viele sind sogar irritiert, wie ich überhaupt darauf komme, dass Arbeit Spaß machen könne. In diesem Umfeld? Dabei haben die meisten irgendwann einmal ihren Job angetreten, weil sie dachten, die Arbeit würde ihnen Spaß machen. Wie ist das bei Ihnen?

Eine Klientin, Führungskraft in der mittleren Ebene, erzählte mir während eines Coaching-Gesprächs, dass sie eigentlich ein fröhlicher Mensch ist und auch gerne mal mit ihren Mitarbeitern scherzt und lacht. Nun sei es aber so, dass ihr übergeordneter Chef sein Büro gleich nebenan habe und er jemand sei, der eher mit einem »Stock im Allerwertesten rumlaufe« und Arbeit als eine ernste Angelegenheit sieht. Er habe sich schon unwirsch über das Gelächter aus dem Nachbarzimmer beschwert. Das veranlasste meine Klientin dazu, sich noch mehr, als sie es ohnehin schon getan hatte, zurückzunehmen und nicht auch noch durch Lachen am Arbeitsplatz aufzufallen. Sie war froh, dass sie diese Führungsposition überhaupt bekommen hatte und wollte lieber nicht riskieren, dass man sie ihr wieder wegnähme. Die Klientin war übrigens zu mir ins Coaching gekommen, nachdem sie ein halbes Jahr mit der Diagnose Burnout krankgeschrieben war und nun langsam versuchte, wieder ins Berufsleben einzusteigen. Sie hatte die Verantwortung für sich selbst und das, was sie ausmacht, abgegeben. Sie ging einen Kompromiss nach dem anderen ein. Das hatte natürlich auch massive Auswirkungen auf ihr Team und ihr gesamtes Leben.

Ist dies ein Einzelfall? Nein, keineswegs. Ich höre immer wieder ähnliche Geschichten, in denen Menschen ihre Verantwortung abgegeben haben und ich bin mir sicher, Sie kennen noch mehr und haben vieles auf die ein oder andere Art und Weise schon am eigenen Leib erfahren.

Sie haben die Wahl

Manch einem gefällt das nicht, wenn ich es zu ihm sage: »Du hast die Wahl.« Ich höre dann tausend Gründe, warum das nicht stimme und dass die Umstände es gar nicht zuließen, etwas zu verändern oder dass jemand anderes schuld sei. Die Schuldfrage zu stellen ist ein offensichtliches Zeichen, dass wir uns jenseits unserer Macht befinden. Solange wir jemand anderen für unser eigenes Wohlergehen verantwortlich machen, sind wir quasi handlungsunfähig.

Mir fallen sofort viele Bereiche ein, in denen Menschen gern ihre Verantwortung abgeben. Ein paar Beispiele sollen das breite Spektrum verdeutlichen:

- Politik – Es wird gemeckert, was das Zeug hält, aber nur wenige sind bereit, sich zu engagieren.
- Unternehmen – Trotz massiver Unzufriedenheit wird lieber Dienst nach Vorschrift gemacht, als konsequent zu sein und im schlimmsten Fall zu kündigen. Das betrifft alle Ebenen im Unternehmen.
- Eltern – Eine schlechte Kindheit muss das ganze Leben halten, damit man für jeden persönlichen Missstand eine Erklärung hat.
- Partner – Wenn doch nur der/die Partner/in anders wäre, dann hätte, könnte, würde ...
- Gesundheit – Großes Thema. Hier wird oft jede Verantwortung einfach abgegeben und stattdessen werden Medikamente genommen, die teilweise massive Nebenwirkungen haben. Bloß nicht die eigene Lebensweise überdenken und ändern.
- Medien – Die Informationslawine, die uns ununterbrochen überrollt, wird viel zu wenig hinterfragt und viel zu selten ausgeschaltet. Wir müssen ständig »on« sein, damit wir uns nicht »out« fühlen.

Dabei haben wir immer die Wahl. Wir entscheiden, wie wir eine Sache sehen und an sie herangehen wollen. Wir entscheiden, ob wir akzeptieren und uns unserem vermeintlichen Schicksal ergeben oder ob wir mutig neue Wege suchen und unser Leben so gestalten, wie es gut für uns ist. Wir könnten viel öfter »nein« sagen und uns trauen, anders zu sein, indem wir anfangen, uns auf uns selbst zu besinnen.

Es ist immer wieder erstaunlich zu sehen, wie bereitwillig Menschen Verantwortung für andere übernehmen wollen, und dabei selbst nicht mit sich im Reinen sind. Sie tun nach außen alles, um sich nicht um sich selbst kümmern zu müssen und wundern sich dann, wenn sie irgendwann völlig ausgebrannt am Boden liegen. Dann waren wieder die anderen bzw. die Umstände daran Schuld und der Teufelskreislauf beginnt von neuem.

Die wichtigste Kompetenz, die nicht nur eine Führungskraft, sondern jeder Mensch braucht, wird in keinem Studium und keiner Ausbildung oder Schule gelehrt: die Selbstführung. Nur wer sich selbst gut führt, ist auch in der Lage, die komplette Verantwortung für sich und andere zu übernehmen. Natürlich gibt es in diesem Bereich auch viele Tools und Anregungen. Doch diese beschäftigen sich vorrangig mit der Außenwirkung und laufen deshalb langfristig ins Leere. Stellen Sie sich ein Samenkorn vor. In seinem Innersten ist bereits alles angelegt, um eine einzigartige Pflanze zu werden. So ist es auch mit uns Menschen. In unserem Inneren finden wir alles, was wir brauchen, um unser individuelles Wesen voll zu entfalten. Doch was machen wir? Wir doktern an unserer äußeren Größe herum und wundern uns, wenn wir immer wieder feststellen, dass wir uns innen oft ohnmächtig statt mächtig fühlen. Das gilt nicht nur für Menschen in Angestelltenverhältnissen, sondern ebenso für Vorstände,

Politiker und Unternehmer, nur wird darüber nicht öffentlich gesprochen. Übertragene Macht ist nach außen gerichtet und bringt den Leuten soziale Anerkennung, Ruhm und Reichtum, aber keinen inneren Frieden. Sie ist nicht mit der inneren natürlichen Macht eines jeden Menschen gleichzusetzen. Das Gegenteil ist der Fall, oft fühlen sich die Betroffenen einsam und leer. Um uns selbst wieder mit unserer Macht zu verbinden, müssen wir also aufhören, im Außen zu suchen und uns in unser Inneres begeben.

Barriere im Weg

Die Theorie ist vielen klar und leuchtet ein. Entwicklung geht immer von innen nach außen. Die Frage ist, warum sich so viele Menschen scheuen, diesen Weg tatsächlich zu gehen. Wie ist das bei Ihnen? Was sind Ihre Befürchtungen, die Sie vielleicht zurzeit noch daran hindern, die volle Verantwortung für sich zu übernehmen? Von meinen Klienten höre oft, dass der stärkste Hinderungsgrund die eigene Angst ist. Sie befürchten, dass wenn sie sich den Mist ihres Lebens der letzten Jahre ansähen, sie sich 30 Jahre lang nur ärgern würden über den Blödsinn, den sie gemacht haben und wütend auf sich selbst, Gott und die Welt wären. Sie haben Angst vor den eigenen Emotionen und möchten sie lieber im Verborgenen schlummern lassen. Ignoranz heißt in diesem Fall aber nicht, dass die unterdrückten Emotionen sich nicht bemerkbar machen. Meist geschieht das dann durch körperliche Beschwerden. Was glauben Sie, wie frei Sie wären, wenn nach 30 Minuten heulen, die Tränen plötzlich versiegen und Sie zur Ruhe kommen würden? Emotionen wollen erkannt und angenommen werden. Dann haben sie ihren Job getan und können transformiert werden. Jeder, der es selbst erfahren hat, weiß, wovon ich spreche.

Hundertprozentigkeit

Der Schlüssel zur Macht liegt in einem einfachen und konsequenten Ja. Wenn Sie bereit sind, die hundertprozentige Verantwortung für sich selbst zu übernehmen, kann die Reise in Ihre Freiheit beginnen. Jeder kann das für sich entscheiden. Es ist völlig unabhängig, wo Sie herkommen oder welche berufliche Stellung Sie gerade haben. Es ist eine Entscheidung, die Ihr bisheriges Leben auf den Kopf stellen und so manches neu ordnen wird. Sie macht nur Sinn, wenn Sie wirklich entschlossen sind, alles dafür zu tun. Alles andere sind faule Kompromisse. Der Grund, warum viele Menschen diese Entscheidung nicht treffen, ist, dass sie den Preis nicht zahlen wollen. Es ist ihnen zu anstrengend, diszipliniert daran zu arbeiten und dranzubleiben, sich auch unbequeme Wahrheiten anzuschauen und Schritt für Schritt ihre Baustellen aufzuräumen. Sie warten lieber weiter darauf, dass ihnen jemand zeigt, wie sie auf Knopfdruck am besten vom Sofa aus und mit Leichtigkeit alles bekommen, was sie sich wünschen.

Verantwortungsprinzip Entscheidung. Wenn Sie Erfolg haben möchten, lege ich Ihnen ans Herz: Lernen Sie aus Ihren Fehlern! Voraussetzung dafür ist, dass Sie sich zugestehen, Fehler machen zu dürfen. Es ist keineswegs verpönt, sondern hilfreich. Große Erfinder haben eine Menge Fehlversuche gemacht, um am Ende etwas Neues zu kreieren, das funktioniert. Seien Sie also großzügig mit sich.

Fehler sind erlaubt:

- ENTSCHEIDEN – MACHEN – FEHLER – ENTSCHEIDEN – MACHEN – ERFOLG
- ENTSCHEIDEN – MACHEN – FEHLER – ENTSCHEIDEN – MACHEN – ERFOLG

Dieser Prozess braucht einen klugen Mix aus Ruhe, Bewusstheit, Entscheidung und Tun. Entscheiden Sie sich immer in einem Moment der Ruhe und halten Sie daran fest, wenn Sie schwanken. Viele Menschen scheuen sich vor Entscheidungen und denken, wenn sie sich nicht entscheiden, können sie nichts falsch machen. Das stimmt nicht. *Man kann sich nicht nicht entscheiden.* Denn jede nicht getroffene Entscheidung, ist trotzdem eine Entscheidung. Seien Sie also mutig und treffen Sie bewusst Ihre Entscheidungen! Es ist immer besser, aktiv zu werden, als passiv im Strudel der alten Gewohnheiten zu verharren.

Verantwortungsprinzip Wahrheit. Warum sind so viele Menschen orientierungslos und lassen sich in alle möglichen Richtungen treiben? Zum einen, weil so viele Botschaften auf uns einströmen und sie sich von allem Möglichen zerstreuen lassen. Zum anderen, weil sie ihren inneren Ruf vergessen haben. Als Kinder hörten ihn alle. Die Gründe dafür sind vielfältig und würden den Rahmen dieses Beitrages sprengen. Wie ist es bei Ihnen? Sind Sie in Kontakt mit Ihrer eigenen Wahrheit? Oder sind Sie Meister im Verdrängen und Ignorieren?

Viele Leute denken, sie müssten funktionieren, weil es von ihnen so erwartet wird. Und gleichzeitig erwarten sie es auch von sich selbst. Mit diesem Anspruch setzen sie sich massiv unter Druck. Solange alles läuft, ist das kein Problem. Wenn ihnen aber doch einmal die Kontrolle entgleitet und sie merken, dass sie über einen längeren Zeitraum absolut am Limit sind, geraten sie in einen Teufelskreislauf. Um vor sich selbst – und natürlich erst recht vor den anderen – die Überzeugung aufrecht zu erhalten, dass Sie alles schaffen können, leisten Sie noch mehr als sonst, arbeiten noch länger und noch härter. Über kurz oder lang kann das nur schiefgehen. Hier hilft nur, ehrlich zu sich selbst zu sein und »Stopp« zu sagen.

Eine gute Maßnahme zur eigenen Wahrheitsfindung ist eine Bestandsaufnahme. Machen Sie sich bewusst, wo Sie gerade stehen. Untersuchen Sie dabei alle wichtigen Lebensbereiche. Die großen fünf sind Gesundheit, Finanzen, Beziehungen, Persönlichkeit und Beruf (Sinn des Lebens). *Wer sind Sie, wenn Sie keine Rolle mehr spielen, sondern einfach nur Sie selbst sind.* Schauen Sie es sich genau an. Es macht absolut keinen Sinn, sich dabei etwas vorzumachen. Es würde Ihnen nur schaden, anstatt Sie näher zu sich zu bringen. Die Suche nach unserer eigenen Wahrheit kann manchmal enttäuschend sein. Aber sie rüttelt wach und weckt unsere innersten Kräfte. Und genau diese brauchen wir, damit wir unser Leben so führen, dass es unserem Wesen und unseren Werten entspricht. Wir fühlen uns wohler und glücklicher, wenn wir begreifen, dass wir selbst Schöpfer unseres Lebens sind.

Verantwortungsprinzip Klarheit. Warum fällt es vielen Menschen so schwer, sich klar zu positionieren? Weil sie zum einen ihr Warum nicht kennen und daraus folgend auch keine klare Mission für ihr Leben aufgestellt haben. Die alles entscheidende Frage ist relativ schlicht und einfach. Was will ich im tiefsten Inneren schon mein ganzes Leben lang? Ich erlebe immer wieder, wie schwer sich viele mit dieser Frage tun. Und auch ich selbst habe erst wieder neu lernen müssen, meinem inneren Gefühl zu vertrauen und auf mein Herz zu hören. In unserer verkopften Gesellschaft haben es die meisten Menschen verlernt, ihren natürlichen Instinkten und vor allem ihrem Herzen zu vertrauen.

Es klingt für manche, vielleicht auch für Sie, immer noch ein bisschen verrückt, wenn ich von Klarheit spreche und gleichzeitig dazu aufrufe, der Stimme des Herzens zu folgen. Ein Widerspruch oder esoterisches Gelaber? Klarheit impliziert doch die Vermutung, dass man diese ausschließlich durch Denken erreicht. Weit gefehlt. Inzwischen ist es wissenschaftlich bewiesen. *Das Herz besitzt das stärkste und umfassendste rhythmische, elektrische Feld des menschlichen Körpers. Es ist vierzig- bis sechzigmal stärker als das Feld, das vom Gehirn ausgeht. Das magnetische Feld des Herzens ist schätzungsweise fünftausendmal stärker als das des Gehirns. Über dieses Feld sendet das Herz laufend info-energetische Signale aus. Die Impulse durchdringen jede Zelle des menschlichen Körpers und sind an der Verarbeitung von Gefühlen und dem Erkennen und Wahrnehmen des Gehirns beteiligt. Der Neurokardiologie Dr. J. Armour vom HeartMath Institut in Boulder Kalifornien, entwickelte das Konzept eines funktionellen »Herzgehirns«. Seinen Untersuchungen zufolge besitzt das Herz ein eigenes intrinsisches Nervensystem und beeinflusst die höheren Gehirnzentren, die Wahrnehmung, Emotionen und Lernfähigkeit.*

Was heißt das jetzt für unsere Klarheit? Wir haben beides – Gehirn und Herz. Und wir dürfen getrost auch beides benutzen, um herauszufinden, was uns antreibt und wofür wir stehen. Die Klarheit ist unser Kompass auf unserem Weg zu mehr Verantwortung.

Nur wenn wir wissen, wo wir hinwollen und warum, können wir auch dementsprechend unsere Richtung wählen.

Verantwortungsprinzip Liebe. Liebe ist die stärkste Kraft. Uns Menschen eint das tiefe Bedürfnis nach Liebe. Jeder sehnt sich danach. Als Kinder waren wir abhängig von dieser Liebe und haben alles dafür getan, um so viel wie möglich davon zu bekommen. Dafür passten wir uns an und übernahmen Vorstellungen und Glaubenssätze unserer Eltern, später die unserer Lehrer usw. Damit entfernten wir uns von uns selbst und glaubten irgendwann, dass wir so, wie wir sind, nicht okay sind. Das Ergebnis ist, dass die meisten Erwachsenen sich selbst nicht wirklich lieben und ständig mit ihrer Selbstoptimierung beschäftigt sind, die sich überwiegend auf die äußeren Faktoren beschränkt. Wenn wir jedoch voll und ganz die Verantwortung für uns selbst übernehmen wollen, ist unsere wichtigste Entwicklungsaufgabe, uns selbst lieben zu lernen.

Das bedarf einer intensiven inneren Arbeit. Durch bewusste Wahrnehmung und Selbstreflexion gelangen wir zu immer tieferen Einsichten und Erkenntnissen. Unsere Fähigkeit zu lieben wurzelt in uns selbst. Sich selbst lieben hat nichts mit Egoismus zu tun. Es ist viel mehr die Basis, auf der alles Weitere wächst. Erst wenn wir uns selbst lieben, können wir auch andere Menschen wahrhaftig und aufrichtig lieben. Richten Sie Ihren Fokus auf sich selbst. Lernen Sie sich selbst wahrzunehmen. Fühlen und spüren Sie, was Sie denken, fühlen und welche Bedürfnisse Sie haben. Lernen Sie sich mit allem, was und wie Sie sind, anzunehmen und bedingungslos zu lieben.

Vielleicht sind Sie als Kind viel zu wenig geliebt worden und haben schmerzhaft erfahren, Sie seien nicht richtig, so wie Sie waren. Damit sind Sie kein Einzelfall. Solche Erfahrungen schreiben sich tief ein und prägen ein Leben lang unser Denken, Fühlen und Handeln, bis wir uns entscheiden und beginnen, selbst Verantwortung für uns zu übernehmen, auf allen Ebenen. Sie können jederzeit beschließen, sich von Ihren alten destruktiven Überzeugungen und Glaubenssätzen zu trennen und neu zu denken und zu fühlen. Wer sind Sie, wenn Sie sich selbst lieben? Welche wunderbaren Seiten Ihrer Persönlichkeit dürfen dann gelebt werden? Welche tiefe Beziehung führen Sie dann mit sich selbst? Welche tiefen bereichernden Beziehungen haben Sie mit anderen, wenn Sie frei sind, weil Sie den anderen nicht mehr brauchen, um sich selbst zu bestätigen?

Um die volle Verantwortung für uns selbst zu übernehmen, müssen wir uns unserer Gedanken und Gefühle bewusst werden. Diese Prozesse laufen entsprechend unserer bisherigen Programmierung automatisch. Nur ein Bruchteil davon ist uns bewusst. Durch Selbstbeobachtung, Meditation und Reflexion können wir hier vieles ändern. Ebenso wichtig sind unsere Gefühle. Erlauben Sie sich alles zu fühlen? Nehmen Sie all Ihre Gefühle überhaupt wahr? Nicht nur die positiven, sondern auch die, die Sie nicht mögen? Erlauben Sie sich Angst, Ablehnung, Neid, Wut, Missgunst, Gier und Hass zu fühlen oder kämpfen Sie dagegen an? Jeder Kampf, ob bewusst oder unbewusst, kostet unendlich Kraft und Sie verschwenden Lebensenergie und Zeit. Und ändern nichts. Wenn Sie Ihr emotionales Herz öffnen und sich erlauben, alles zu fühlen, dann werden Sie frei. Wenn alles sein darf und Sie nichts mehr in sich ablehnen, dann entspannen Sie sich. Die negativen Gefühle lösen sich und können sich wandeln, weil Sie ihre Botschaft verstanden haben. Sie spüren inneren Frieden und kommen bei sich an. Sie sind in Ihrer Verantwortung und damit auch in Ihrer natürlichen Macht. Mit dieser Haltung können Sie sicher das Leben meistern und anderen als Vorbild dienen. Es ist ein Prozess der kontinuierlichen Entwicklung Ihrer Persönlichkeit. Ich freue mich, wenn ich Sie inspirieren und ermutigen konnte, sich Ihren nächsten Herausforderungen zu stellen. Sie wissen ja, Leben ist Bewegung und das, was wir daraus machen.

Quellenverzeichnis:

HeartMath Institut, Forschungsberichte, ISBN 978–3-932098–61, 1. Auflage

SABINE BELEY

Sabine Beley ist Führungsvisionärin und Business-Coach im deutschsprachigen Raum. Ihre Mission ist, eine neue Welt der Führung zu prägen. Der Mensch muss wieder im Mittelpunkt der Führung stehen. Dafür plädiert und arbeitet sie. Die gefragte Vordenkerin und Vortragsrednerin gilt als Expertin für Führungskunst. Ihr einzigartiges Know-how hat sie in den letzten 20 Jahren in der Begleitung und Arbeit mit über 15.000 Menschen unterschiedlichster Couleur erworben und entwickelt. Sie fordert von  Führungspersönlichkeiten, den eigenen Status Quo immer wieder in Frage zu stellen und sich glasklar zu positionieren. Ihre größte Kompetenz ist, Menschen dahin zu begleiten, dass sie souverän führen und ihre Exzellenz leben. Ihr Anspruch sind Spitzenführungskräfte, die mit Visionen, Herz und Überzeugungskraft auch im Sturm der Führung sicher navigieren.

www.sabinebeley.com

Was wäre die Welt ohne Musik?

CHRISTINA BOOS

Stell dir vor, die Welt wäre ohne Musik – was würdest du vermissen? Was vermittelt uns Musik? Welche Werte können wir daraus ziehen?

Aus meiner über 40-jährigen Coaching und Konzerttätigkeit möchte Anregungen stiften, um über die Werte der Musik für uns und unser Leben nachzudenken und dabei auch über das Verantwortungsbewusstsein, das wir ausbilden im Umgang mit Musik. Gleichzeitig, wie sinnvoll zudem ein verantwortungsbewusster Umgang damit, den Nutzen für uns selbst stiften könnte.

Die Musik wirkt ganzheitlich kompakt. Sie hilft nicht nur unsere Stimmung zu vertiefen, indem sie unsere Emotionen in Schwingung versetzt, sondern sie kann das Potenzial des Menschen harmonisch ausbilden, kultivieren.

Der passionierte Umgang mit Musik gibt dem Menschen Flügel, um mit seinen Fähigkeiten freier zu jonglieren, und an die Decke seiner Möglichkeiten anzustoßen.

In der hochwertigen Vermittlung von Musik sehe ich eine lebenswichtige Basis für die kreative Lebendigkeit der gesamten Gesellschaft im Frühling des digitalen Zeitalters. Dies ist ein unverzichtbarer Wert für ein gelungenes, gesellschaftliches Zusammenspiel.

Vom Geräusch zur Kunstform Musik

> *»Alles, was uns umgibt ist Musik.«*
> JOHN CAGE AVANT-GARDE KOMPONIST

Nach den klassischen Harmonieregeln des abendländischen Musiklebens, ist das Geräusch eines landenden Düsenjets über unserem Dach, morgens um 4:30 Uhr sicherlich keine Musik in unseren Ohren. Doch: was bewirkt das Geräusch in uns? Was löst es aus? Freuen wir uns, weil wir damit womöglich eine langersehnte Fernreise assoziieren? Oder ärgern wir uns, weil wir uns zu früh unseres Schlafes beraubt fühlen?

Wenn ich »Yesterday« von den Beatles höre, entspricht der Song schon eher dem, was ein Musiker unter einer Komposition mit den tonalen Zusammenhängen versteht.

Und, was löst er in uns aus? Werden wir nachdenklich, weil wir wissen, dass der Song ein Andenken an die verstorbene Mutter des Komponisten ist?

Wir erkennen schnell: Es ist die Wahrnehmung unserer Sinne, welche uns Gefühle vermittelt: Vom Banalen zum Kultivierten; vom Kitsch bis zur Ekstase, alles ist da. Musik vertieft unsere Emotionen. Sie transferiert uns in ungeahnte Welten. Sie wurde, seitdem es Menschen gibt, eingesetzt von Menschen. Forschungsergebnisse belegen, dass Musik wahrscheinlich vor der Sprache, oder zumindest mit der Sprache gleichzeitig von Menschen genutzt wurde. Alles begann auf Stöcken und Steinen für rhythmische Tänze zum Balzen (so Charles Darwin), feiern und Signale geben. Später mit selbstgeschnitzten Flöten zu melodischen Klängen. Die Musik wurde nicht nur für soziale und kommunikative Funktionen genutzt, sie stellte auch den Transfer zwischen Göttern und Ahnen in frühester Zeit dar, durch rituelle, kultisch-religiöse Gewohnheiten der einzelnen Kulturen. Im Stadium der Hochkulturen löste der Mensch die Musik als »Kunstmusik« von ihrem religiösen Charakter.

Die europäische Entwicklungsgeschichte begann in der Antike wesentliche Prägungen für die Renaissance der Neuzeit zu manifestieren. Hier können wir kunstvoll erleben, wie in der Mythologie Orpheus die Menschen mit seinen Gesängen verzaubert. Er ist ein Magier der sinnesberauschenden Affekte der Musik. Doch leider bewirkt diese Fähigkeit tragische Grenzerfahrungen. Er verliert seine Liebe und ringt darum, seine Frau zurückzubekommen, indem er sich selbst in das Reich des Todes begibt. Hades, der Gott der Unterwelt, ist selbst ergriffen von seinem wunderbaren Gesang. Er lässt sich auf einen Deal ein, dem Orpheus nicht widerstehen kann und er verliert seine Geliebte auf ewig an das Totenreich des Hades. Orpheus, der mit seiner einzigartigen Gabe der Musik die Welt verzaubern kann, muss sich dem Verlust der Liebe und der Unüberwindbarkeit des Todes beugen. Seinem Wirken werden Grenzen gesetzt, denn seine Sehnsucht und seine Angst, das heißt seine Gefühle, die über alles geliebte Frau wieder zubekommen sind viel stärker, als das Bewusstsein dafür, die Verantwortung zu tragen, um alles so auszuführen, damit er sie für sich retten kann. Wir erfahren hier in dieser tragischen Geschichte, dass es noch etwas gibt, was sich in der Antike nicht transferieren ließ.

Die Entwicklung der Musikgeschichte ging im Laufe der folgenden Epochen weiter. Im mathematisch-philosophischen 18. Jahrhundert angelangt, erleben wir wieder einen Kulminationspunkt. Der taubstumm geborene französische Physiker Claude Sauveur begründet 1700 die musikalische Akustik. Johann Sebastian Bach komponiert als erblindeter 1750 seine vollkommenste Komposition: Die Kunst der Fuge.

1800 beginnt Ludwig van Beethoven als rettungslos Ertaubter mit seinem Spätwerk eine Verinnerlichung des Klanges, die die »Musik zur Sprache der Geister emporhebt« so Hermann Scherchen. Bis in die Moderne des 20. Jahrhunderts werden die Auswirkungen sich auf das Schaffen der Komponisten prägend auswirken. Wir gelangen hier auf eine Stufe der Gleichung von Mathematik, physikalisch berechneter Schwingungen der Töne und Harmonien, sowie einer Verbindung von geistig-emotionaler und ideeller Philosophie der musikalischen Aussage.

Die Musik ist also der Spiegel des kultur- und geistesgeschichtlichen Standes ihrer Zeit. Sie spiegelt das menschliche Denken und Fühlen des aktuellen Daseins wider. Zudem sind Ausnahmekomponisten wie Bach und Beethoven hervorgegangen, Visionäre, die ihre Schatten weit vorauswarfen in die Zukunft.

Vom Wesen der Musik

»Schläft ein Lied in allen Dingen, die da träumen fort und fort.
Und die Welt hebt an zu singen, triffst Du nur das Zauberwort.«
JOSEPH VON EICHENDORFF

Musik ist Kraft, eine spirituelle Kraft, die sich auf den Menschen auswirkt. So richtig klar wurde mir das erst, als ich am Ende meiner Studienzeit ein Seminar bei einem Professor besuchte, der bekannt dafür war, dass er am liebsten nicht über Musik sprach. Er scheute sich davor, denn er wollte das Gefühl des Gesamtkonzeptes der Musik nicht verlieren. Dafür lehrte er seine Studenten Verantwortung für ihr Wissen zu übernehmen und selbst-verantwortlich mit Inhalten, der Gestaltung und den Vortrag der Interpretationen umzugehen. Das hatte auf mich eine inspirierende Wirkung, denn ich durfte selbst nach dem Sinn der Interpretation forschen, ausprobieren und Stellung beziehen. Die Arbeit mit ihm war, das Gesamtkonzept umzusetzen, und ihn als äußerst kompetenten Ratgeber an der Seite zu haben. Es war die Meisterklasse und ihrer absolut würdig. Warum?

Musik ist eine komplexe, universelle Sprache. Durch ihre emotionale und intensive Berührung öffnet sie die Wahrnehmung für etwas, was dem Sprechen und Nachdenken verschlossen bleibt. Hierdurch vereint sie sämtliche Lebensbereiche des Menschen: Das Denken auf der mentalen Ebene, das Fühlen auf der emotionalen Ebene und das Wollen wozu wir uns mit unserem Körper auf einer physischen Ebene zur

Umsetzung auseinandersetzen sollten. Alle diese Lebensbereiche werden energetisch und durch das Unterbewusstsein tief beeinflusst, durch den verantwortungsbewussten, richtigen – also den gepflegten – Umgang mit der Musik.

Sie ist, wie alles was beständig ist, ein Gleichnis aus mathematisch-physikalisch berechenbaren Schwingungen zu festgelegten Tönen, Zusammenklängen, Melodien und Rhythmen. Zudem sind ihre Werke einer formalen Gestaltung – ähnlich einer architektonischen Planung –, ausgehend vom kleinsten Motiv bis zu Großformen wie der klassischen Sonate und Sinfonie, zugeordnet.

Doch die Musik berührt noch mehr. Sie verbindet als Gleichnis Oben und Unten, als Unten und Oben. Dies klingt für dich jetzt vielleicht wie ein Rätsel, das es zu lösen gilt. Warum sind Künstler also Rätsellöser? Die Essenz der Musik ist der Spiegel des Lebens, nicht nur der äußeren Welt. Rudolf Steiner drückt es in seinem Werk *Das Wesen des Musikalischen und das Tonerlebnis im Menschen* folgendermaßen aus: »Wenn der Mensch Musik hört, fühlt er sich wohl, weil seine Töne übereinstimmen mit dem, was er in der Welt seiner geistigen Heimat erlebt hat.«

Was die Musik im Menschen bewirkt

»Im Wesen der Musik liegt es Freude zu bereiten.«
ARISTOTELES

Musik geht ans Herz, jedoch findet die eigentliche Verarbeitung im Gehirn statt.

Die Regionen für die Musikverarbeitung verteilen sich über das gesamte Gehirn. Um Geräusche wahrnehmen zu können, besitzen wir den sogenannten auditiven Cortex, das Hörzentrum der Gehirnrinde. Es werden jedoch beim Hören von Musik noch weitere Bereiche des Gehirns aktiviert, die während des Hörens von Musikstücken die Aufgabe haben, Töne, Klangfarben, Rhythmen oder einzelne Instrumente zu unterscheiden. Der linken Gehirnhälfte kommt dabei die Anforderung zu, Musik zu analysieren und Komponenten abzugrenzen. Die Regionen der linken Gehirnhälfte, die sonst die Sprachverarbeitung tätigen, weisen beim Musikhören eine besonders hohe Tätigkeit auf. In der rechten Gehirnhälfte wird die Musik als Ganzes verarbeitet. Der Klang der Musik wird mit der dazugehörigen motorischen Aktivität verbunden.

Musik transferiert und formt Hirnstrukturen. Bei Musikern ist der sogenannte Balken, der beide Gehirnhälften verbindet, wesentlich dicker, besonders, wenn vor dem siebten Lebensjahr Musikunterricht an einem Instrument erteilt wurde. Zudem vermehren sich an manchen Teilen der Großhirnrinde die grauen Substanzen, sodass deutlich größere Nervenzellen und eine intensivere Verschaltung stattfinden.

Das limbische System des Gehirns steht für unsere Emotionen. Hier werden unsere Gefühle für die Musik ausgelöst, die uns oft schon beeinflussen, bevor wir uns ihrer bewusst werden. Musik und Sex werden über die gleichen Hirnareale angeregt. So ist es nicht verwunderlich – und wissenschaftlich inzwischen bestätigt –, dass Musik einen wesentlichen Einfluss auf das Entwicklungsstadium des Gehirns eines Kleinkindes nimmt. Auch haben kanadische Wissenschaftler erkannt, dass die positiven Veränderungen des Gehirns durch Betätigung mit Musik, vornehmlich mit Klavierspiel, einen Einfluss auf Alterserscheinungen haben können und wie ein Jungbrunnen wirken. Intelligenz, soziale Kompetenzen sowie motorische Verbesserungen finden in einem harmonischen Entwicklungsschub ihren Auftrieb. Als Dünger erfahren sie Freude und Passion, die, wie die Gehirnforschung auch inzwischen erkannt hat, den Cocktail zum erfüllten Lernen wesentlich beschleunigen können – vorausgesetzt eine fachkundige Führung legt eine entwicklungsfähige Basis an.

Wie Klänge uns verändern

In der Therapie setzen Fachkundige Musik gerne da ein, wo mit Worten nichts mehr zu erreichen ist. Auch im alltäglichen Leben wissen wir um die unterschiedliche Wirkung der verschiedenen Musikstile auf unser Befinden: So beschreiben Foren zumindest, dass Lady Gaga leistungssteigernd wirkt und Bach gegen Depressionen gut sei. Musik geht nicht nur auf die Ohren, sie beeinflusst Körper und Geist messbar. Beethoven wirkt nicht wie ACDC. Bei aggressiver Musik schütten Nebenniere und Hypophyse Adrenalin aus. Noradrenalin durchflutet uns bei eher sanften Melodien und kann das Aussenden von Stresshormonen beeinflussen. In der Medizin greifen Experten schon mal zu Klängen, die Betaendorphine als Reaktion von Klängen hervorrufen, um Menschen den Stress einer OP zu mildern. Auch das Musiktempo hat Einfluss auf unseren Antrieb, die Laune, Herzkrankheiten, Immunsystem, Meditation, Ängsten, zur Entschleunigung u.a.

Im täglichen Umgang mit meinen Klienten kann ich immer wieder staunend beobachten, wie die selbst gewählten Musikstücke, auch wenn sie eventuell schier unüberwindbar schwierig am Anfang scheinen, den Menschen wachsen und reifen lassen an seinem neuen »Lieblingsstück«. Wenn wir zusammen vertrauensvoll die vielen kleinen notwendigen Schritte gehen, wachsen wir irgendwann in unsere Aufgabe hinein und können sie uns erfolgreich zu eigen machen. Das Beste für uns ist das, was uns wahrhaftig erfüllt.

Verantwortung für das kulturelle Dasein

Was verstehen wir unter Kultur und warum ist es so wesentlich für unser Leben, dass wir die Kultur mittragen? Oft frage ich meine jüngere Kundschaft, was denn Kultur für sie sei. Die meisten schauen mich mit fragenden Augen an. Wenn ich ihnen dann erkläre, dass dieser Begriff aus dem lateinischen Wort »*cultivare*« stammt, und seine Sinngebung mit entwickeln und etwas auf die höhere Stufe zu bringen zu tun hat, beginnen sie zu begreifen, dass unser Lebenssinn auf Pflegen, Bebauen und Verantwortung beruht. Cultivare wurde in der Antike neben dem Landbau auch auf die Verehrung der Götter bezogen.

Hier stoßen wir nun auf die Achtsamkeit und die Einstellung, mit der wir uns an unsere Entwicklung begeben. Zu kultivieren gibt es die Fähigkeiten, das Stück zu erlernen. Eine wirklich runde Entwicklung werden wir jedoch nur erreichen können, wenn wir »den Göttern huldigen«, das heißt in dem Augenblick, in welchem ich mir bewusst werde, welch wunderbares Glück es ist, dass ich den Weg zur Musik gefunden habe und die Dankbarkeit, dies zu erlernen mich durchströmt, wird der Weg erfolgreich werden. Die Erfüllung unseres Lernens und Arbeitens mit der achtsamen Einstellung ist eine wesentliche Voraussetzung. Im Anschluss hier eine Zusammenstellung einiger Denkansätze für unsere Zeit, mit denen ich Anregung geben möchte zum verantwortlichen Umgang, nicht nur hinsichtlich der Musik und der Kunst:

- Warum ist es essentiell wichtig, die Kultur zu achten?
- Welche Verantwortung tragen wir für unsere persönliche Kultivierung?
- Eigene kulturelle Traditionen und Inhalte zu pflegen bedeutet zunächst einmal, sich mit ihnen zu beschäftigen und dadurch neue Kenntnisse zu gewinnen.
- Erst wenn ich Inhalte kenne, kann ich mir ein Bild von ihnen machen.
- Fremdes zugänglich machen: Vieles, was uns begegnet, kennen wir nicht wirklich. Da das Leben schnelllebig ist, rauschen diese Dinge an uns vorbei.
- Vieles verflacht zu Vorurteilen, anstatt zu Kenntnissen.
- Was wir nicht kennen, können wir nicht beurteilen, daher auch nicht in uns aufnehmen, folglich keine Verantwortung dafür tragen.

Es ist »neuzeitliches Denken«, sich der Inhalte, mit denen wir uns beschäftigen anzunehmen und zu begreifen, womit wir es tatsächlich zu tun haben. Wie will ich etwas beurteilen, wenn ich keine Ahnung von der Sache habe?

In unserer Konsumgesellschaft ist es normal, Dinge, die wir gerne haben wollen, einfach zu kaufen. Oft reicht das Geld nicht dafür, sich die Wünsche zu erfüllen, welche Frau/Mann schon länger mit in seinem Hinterkopf sprich Unterbewusstsein »spazieren« führt. Nun, was können wir machen? Füttern wir weiterhin unsere heimlichen Sehnsüchte mit einer gewissen Unzufriedenheit und lassen sie still und heimlich unbefriedigt? Fragen wir uns, was es überhaupt für Wünsche sind? Schauen wir sie uns bei Gelegenheit in Ruhe an und überlegen, ob sie zu unserem Leben passen und nötig sind? Treffen wir die Entscheidung und fragen uns, ob es überhaupt *unsere* Wünsche sind oder nur suggerierte? Wenn der Mensch sich mit Musik beschäftigt und vor allem, wenn er ein Instrument gut spielen lernt, kann er Fähigkeiten der Reflektion, der Spiegelung und der Veränderung stärken, ausbauen und sich so eine Möglichkeit zum eigenen, realen Wahrnehmen schaffen. Hieraus kann dann auch wiederum ein gesunder Ansatz zur Annahme von Selbst-Verantwortung entstehen. Schließlich macht es Sinn, dort Verantwortung in meinem Leben zu tragen, wo ich mich auch verantwortlich fühlen will. Musik ist eine wunderbare Meisterin des Selbst-Coachings, wenn es mir wichtig ist, mich persönlich weiterzuentwickeln und ich mich zu diesem Schritt entschieden habe.

Bewusstwerdung ist der erste Schritt zum selbstständigen Denken. Hieraus kann sich dann das Interesse entwickeln, Dinge besser zu hinterfragen. Hieraus wiederum folgt die Sinngebung: Brauche ich die Schuhe für das, was mir wichtig ist? Oder wurde mir das Bild dieser Schuhe suggeriert durch irgendeine Assoziation? Was ist das Wichtigste in meinem Leben? Wofür lebe ich? Welchen Sinn möchte ich meinem Leben geben? Warum?

In der Vergangenheit wurde den Menschen das Denken vorenthalten. Die persönliche Meinung an den Knotenpunkten war nicht erwünscht. Die Gesellschaft hatte zu funktionieren. Menschen wurden für Funktionen eingesetzt und durch Strategien gelenkt.

Um herauszufinden, was für dich und dein Leben wichtig ist, stell dir folgende Fragen:

- Was könnte sich heute ändern?
- Was ist nötig, um ein Leben kultiviert zu führen?
- Wer ist zuständig für meine inneren Werte?
- Bedarf es der freiwilligen Aneignung von Tugenden, um meinem Leben einen selbstgewählten Inhalt zu geben?

- Was ist wichtiger: Meine Erkenntnisse über das Leben oder meine kurzfristigen Befriedigungen, auf die ich meine, ein Anrecht zu haben, weil der Nachbar sie auch zu haben scheint?
- Wollen wir Inhalte erwerben und uns mit Sinngebung erfüllen?
- Wie wertvoll ist mir meine Zukunft?

Musik und Lebenskunst und der Ausblick auf die nahe und weitere Zukunft

Die existentielle Lebenskunst möchte den Menschen das Denken zu einem selbstbestimmten Leben vermitteln. Sie sieht hierin ihre tiefere Sinngebung. Dem Denken die richtige Richtung zu geben, liegt einzig und allein in unserer persönlichen Entscheidung. Hier hat die Musik die Funktion eines unausweichlichen Spiegels, denn sie reflektiert uns in jedem Augenblick aufrichtig. Wer sich regelmäßig mit Musik beschäftigt, vor allem mit klassischer Musik, entwickelt und vertieft viele Fähigkeiten, um sein Leben feiner und gehaltvoller zu lenken. Es wächst eine Vertrauensbasis zu sich selbst und Mut, in der selbstgewählten Aufgabe erfolgreich zu werden.

Je mehr die Persönlichkeit durch die Gewohnheit des Umgangs mit der Musik vertraut ist, desto besser kennt sie die Besonderheiten ihres Seins und desto souveräner entwickelt sie sich.

Um tiefer hineingehen zu können, was wir durch Musik zu erleben wünschen, kommt es darauf an, eine sensible, rein auf unsere Persönlichkeit individuell abgesteckte Wahl treffen zu können. Umgekehrt entscheiden wir in unserer Persönlichkeitsentwicklung, welche der vielen Attribute und Fähigkeiten wir hervorheben können, damit unser Leben einen tiefen, bleibenden Eindruck hinterlässt.

Verwandlung durch Musik ist komplex, da sie viele Ebenen gleichzeitig anspricht. Je hochwertiger sie ist, desto harmonischer und prägender werden sich die beiden Ebenen miteinander verbinden können.

So ist der Mensch das Werk und erhält durch die philosophische Auseinandersetzung mit sich und der Musik das Attribut zum Kunstwerk.

Ausblick

Warum liebt der Mensch Musik? Warum gelingt es durch die Beschäftigung mit Musik, dass sich Menschen wieder zentrieren können und ihre Batterien aufladen, sprich ihr Leben entschleunigen?

Warum ist es wichtig, dass wir die Wurzeln unserer Kultur nicht aufgeben, sondern sie in unser Bewusstsein aufnehmen und pflegen?

Warum ist die Transzendenz zur eigenen kulturellen Kreativität im Frühling der Digitalisierung die wichtigste Herausforderung, um Menschen ein erfülltes, flexibles Leben zu ermöglichen?

Fragen über Fragen, die dich bestimmt zum Nachdenken anregen. Nimm dir dafür ruhig Zeit und lass den Alltag einfach an dir vorbeizischen. Unsere Lebenszeit ist begrenzt und das macht die Spannung aus, die positiv angewandt zum Nachdenken anregen könnte. Zum Anregen, um sich zu fragen, was wirklich wichtig ist und wofür wir angetreten sind. Mit Musik als Energieträgerin, wirst du dein Leben bestimmt glücklicher verbringen!

Literaturverzeichnis

Alexandra Kerz-Welzel: Die Transzendenz der Gefühle. St. Ingbert: Röhrig Universitätsverlag 2001.

Leonard Bernstein: Musik – die offene Frage. München: Goldmann Verlag München 1981.

Christoph Drösser: Let´s rock! Warum hat der Mensch die Musik erfunden?. Zeit Online, 25. 6. 2009. www.zeit.de/2009/27/Entstehung-Musik (Stand: 22. 8. 2018).

Daniel J. Levitin: Der Musik-Instinkt. Heidelberg: Springer- Verlag 2009.

Ferruccio Busoni: Ästhetik der Tonkunst. Frankfurt am Main: Insel Verlag 1974.

Gerald Hüther: Mit Freude lernen. Göttingen: Vandenhoeck und Ruprecht 2016.

Insel Verlag 1983.

Joachim Ernst Berendt: Nada Brahma. Die Welt ist Klang. Frankfurt am Main:

Michel Sogny: La Musique en questions. Paris: Edition Michel de Maule 2009.

Pforzheimer Zeitung: Die Macht der Töne und ihre Wirkung auf den Menschen PZ-news. de

Rudolf Steiner: Das Wesen des Musikalischen und das Tonerlebnis im Menschen. Dornach/Schweiz: Rudolf Steiner Nachlassverwaltung 1991, S.18.

Stéphane Etrillard: Erfolgreiche Rhetorik für gute Gespräche. Paderborn: Junfermann Verlag 2007.

Walther Dahms: Die Offenbarung der Musik. München: Verlag der Nietzsche-Gesellschaft im Musarion-Verlag (antiquarisch).

Werner Dürr: Hermann Hesse. Vom Wesen der Musik in der Dichtung. Stuttgart: Silberburg-Verlag 1957.

www.griechischemythologie.comwww.wikipedia/orpheus

Yehudi Menuhin: Kunst als Hoffnung für die Menschheit. München: R.Piper GmbH&Co. KG 1986.

CHRISTINA BOOS

Christina Boos gilt als Expertin für internationales Klaviercoaching. Die Pionierin in ihrem Metier bringt Menschen überdurchschnittlich schnell auf einen profunden Weg des Klavierspielens. Hinter dieser exzellenten Dienstleistung steckt die Meisterschaft klassischer Klavierkunst. Die ausgebildete Konzertpianistin hat bei einigen der besten europäischen Klavierprofessoren die unterschiedlichen Interpretationstraditionen und Möglichkeiten studiert und sich zu Eigen gemacht. Christina Boos verfügt über eine 42-jährige Erfahrung und über weit mehr als 10.000 Stunden Erfahrung als Klavier-Coach. Um auch im speziellen »Lernblockaden-Coaching« Kreativität zu fördern und psychische Blockaden zu lösen, nutzt sie die Transformationsmöglichkeiten der Musik. Im Lebenskunst-Mentoring begleitet sie Menschen, um sie anzuleiten, ihr Leben existenziell, selbstmächtig und schöner zu gestalten. Sie hilft ihnen, durch die Auseinandersetzung mit Klaviermusik zu einem Leben nach ihrer eigenen Wahl zu finden. Seit 2001 verbindet sie eine erfolgreiche Zusammenarbeit mit der Royal Academy of Music (ABRSM) in London. Als Konzertveranstalterin der noch jungen *Klavierbegegnungen* bietet sie eine eigene Konzertreihe an. Sie vermittelt und organisiert Hauskonzerte an Firmen und Privatiers. Christina Boos steht für die Vertiefung des europäischen Kulturgutes. Sie sieht in der hochwertigen Vermittlung klassischer Klaviermusik, eine lebenswichtige Basis für die kreative Lebendigkeit der gesamten Gesellschaft.

www.klavierbegegnungen.de

Verantwortung heißt Antworten finden

STÉPHANE ETRILLARD

Große Teile des Geschehens können wir nicht beeinflussen, sie liegen außerhalb unseres Verantwortungsbereichs. Dennoch haben wir Handlungsspielräume: Im Begriff Verantwortung steckt eben auch der Begriff antworten. Die Frage ist also, wie wir auf das Geschehen antworten.

Es kommt darauf an, wie wir auf das Geschehen antworten

Ein schönes Gedankenspiel ist es, die Zeit im Geiste einmal um einige Jahrzehnte vorzuspulen und sich von dort aus rückblickend zu fragen, wer man überhaupt gewesen sein und was man getan haben will. Daraus ergibt sich eine ganz neue Perspektive, die allerdings auch etwas schonungslos ist. Denn meistens überlegen wir lediglich, was wir in Zukunft gern einmal machen würden, könnten und sollten – und stellen dann nach einiger Zeit ernüchtert fest, davon wieder einmal nicht allzu viel umgesetzt zu haben. Also nehmen wir uns schnell etwas Neues vor und setzen uns die gleichen Ziele noch einmal oder nehmen andere Ziele ins Visier. So können mitunter Jahre vergehen, ohne dass wir nennenswerte Fortschritte erreichen.

Deshalb ist es eine gute Idee, die Sache einmal anders anzugehen: Der Rückblick mit der Frage »Was will ich getan haben?« hat etwas Endgültiges, denn hier sind keine Ausreden mehr möglich. Wir stellen uns heute schon den Rückblick vor. Und in der Zukunft können wir nicht mehr ändern, was dann längst Vergangenheit gewesen sein wird. Damit kommen wir also in der Gegenwart an, im Jetzt, das uns alle Möglichkeiten bietet, das zu tun, was wir einmal getan haben wollen. Jetzt können wir noch alles ändern und die Weichen so stellen, dass wir in Zukunft wirklich dort stehen, wo wir hinwollen. Und das sollten wir unbedingt tun. Denn fragt man beispielsweise ältere

Menschen, bedauert rückblickend kaum jemand, was er oder sie getan hat, sondern vielmehr die Dinge, die sie eben nicht getan haben.

Die einzige Möglichkeit, dieses spätere Bedauern abzuwenden, besteht darin, heute den sicheren Hafen zu verlassen und zu handeln. Denn hier und jetzt entscheidet sich, wer wir einmal gewesen sein und was wir einmal getan haben werden. Und das ist eine Frage der Verantwortung. Wenn Sie keine Verantwortung dafür übernehmen, was Sie unternehmen und was nicht – wer soll es denn dann tun?

Jede Verantwortung beginnt mit der Selbstverantwortung

Wir alle haben es, zumindest bis zu einem gewissen Grad, selbst in Hand, unseren eigenen Weg zu wählen – im Großen wie im Kleinen. Wer seinen Weg bewusst, gezielt und selbstbestimmt wählen will, braucht dafür vor allem Eigenverantwortung. Nur sind nicht alle Menschen bereit, diese Verantwortung für sich selbst zu übernehmen. Eigenverantwortung scheint schwieriger zu sein, als die Verantwortung abzugeben, sich auf andere zu verlassen oder einfach abzuwarten, was geschieht. Wir können es uns natürlich in der Verantwortungslosigkeit bequem machen, was auf Dauer jedoch ganz sicher nicht befriedigend ist. Oder man entscheidet sich für den Weg der Eigenverantwortung. Diese Entscheidung hat jedoch zur Folge, dass man aus eigenem Antrieb aktiv werden muss, obendrein brauchen wir eine klare Vorstellung davon, wohin der Weg überhaupt führen soll. Das erfordert Selbstreflexion. Nicht jeder fühlt sich dem gewachsen.

Viele Menschen brauchen erst einen Impuls von außen, um aktiv zu werden. Andere scheuen sich davor, die teils weitreichenden Konsequenzen einer selbstbestimmten und eigenverantwortlichen Lebensführung zu tragen. Und wieder andere halten diese Art der Lebensführung für zu anstrengend und arrangieren sich lieber mit dem, was sie haben. Das ist legitim und es gibt keinen Grund, andere für ihre Lebensführung zu verurteilen. Doch ist es immer nützlich, sich selbst alle Optionen zumindest vor Augen zu führen.

Vielfach ist die Entscheidung für oder gegen einen Lebensweg jedoch nicht bewusst gefallen. Frei entscheiden können wir ohnehin nur dann, wenn wir ein Bewusstsein dafür haben, ob wir einen Weg aus eigenem Wissen gewählt haben, eine Entscheidung tatsächlich aus uns selbst heraus getroffen haben oder ob das eine wie das andere auf unbewussten Zufällen beruht. Wo keine bewusste Entscheidung getroffen wurde, bleibt letztlich die Eigenverantwortung auf der Strecke. Nicht wenige Menschen sehen darin auch positive Seiten. Beispielsweise im Beruf merken viele Menschen, dass sie sich wohler fühlen, wenn sie selbst weniger Verantwortung übernehmen müssen, und dass sie stattdessen lieber Anweisungen befolgen und in einem klar definierten Rahmen handeln. Für Unternehmen sind auch diese Menschen sehr wichtig, was häufig vergessen wird. Wer sich von zu viel Eigenverantwortung gestresst fühlt, kann natürlich die Ursachen dafür hinterfragen und an seiner Persönlichkeit arbeiten, doch hat das seine Grenzen. – Tatsächlich ist es nicht jedermanns Sache, viel Verantwortung zu tragen, eine Führungsposition einzunehmen oder beruflich den Schritt in die Selbstständigkeit zu gehen (womit immer ein hohes Maß an Eigenverantwortung verbunden ist). Hier kann es klüger und auch richtiger sein, einen anderen, weniger verantwortungsvollen Weg einzuschlagen. Verantwortungsbereitschaft lässt sich niemals gegen einen inneren Widerstand aufzwingen.

Verantwortungsbereitschaft ist ein Attraktivitätsmerkmal

Verantwortung gilt als ein komplexes Thema mit vielen Facetten. Dabei ist manchmal gar nicht eindeutig klar, was denn Verantwortung genau ist. Wir wissen jedoch, dass sämtliche Systeme (wie unsere Gesellschaft, Unternehmen, Familien und Partnerschaften) nur funktionieren, wenn jemand Verantwortung übernimmt. Mehr noch: Die Verantwortungsbereitschaft muss derart gewiss sein, dass andere darin vertrauen können, dass sie auch weiterhin übernommen wird. Hierbei geht es längst nicht immer um die ganz großen Fragen, sondern eher noch um die vielen kleinen Belange des Alltags. Es geht darum, dass jemand eine Zusage einhält, sich an Vereinbarungen hält und sich insgesamt als zuverlässig erweist. Ein Mindestmaß an Verantwortungsbereitschaft ist damit schlichtweg erforderlich. Denn wo diese nicht vorausgesetzt werden kann, herrscht Gleichgültigkeit, was bedeuten würde, dass man sich auf nichts und niemand mehr verlassen kann. Jedes System würde daher zusammenbrechen, wenn nicht ein Mindestmaß an Verantwortungsbereitschaft vorausgesetzt werden kann.

Verantwortung steht daher in direktem Zusammenhang mit dem etwas unbeliebten Begriff der Moral und weist weit in unsere Vergangenheit zurück, nämlich bis zum Beginn des gesellschaftlichen Zusammenlebens. Ohne dass der Moralbegriff überhaupt bekannt war, fühlten sich schon unsere frühesten Vorfahren zumindest ihren Nächsten verpflichtet. Sie übernahmen gegenseitige Verantwortung. Von dieser Verantwortungsbereitschaft hing letztlich das Überleben ab. Damit waren die moralischen Standards geboren, die für uns heute noch gelten. Wer nicht völlig verantwortungslos ist, fühlt sich auch heute gegenüber der Familie, Freunden, Arbeitskollegen und Verwandten verpflichtet, was zugleich das Funktionieren der gesellschaftlichen Systeme sichert.

Da nun nicht jeder über das nötige, moralisch vorgegebene Mindestmaß hinaus bereit ist, selbst Verantwortung zu übernehmen, gewinnt die Verantwortungsbereitschaft einen hohen Stellenwert. Die Verantwortungsbereitschaft war und ist deshalb eines der ältesten und wichtigsten Attraktivitätsmerkmale. Wir schätzen Verantwortungsbereitschaft und fühlen uns von ihr angezogen. Verantwortungsvolle, zuverlässige und entsprechend souverän auftretende Menschen sind gefragt und werden häufig bewundert. Das gilt nicht nur für einzelne Menschen, sondern auch für ganze soziale Systeme wie beispielsweise Unternehmen. Nicht umsonst versuchen viele Unternehmen sich als besonders verantwortungsbewusst zu positionieren. Das fördert das Image, erhöht die Attraktivität des Unternehmens für Mitarbeiter und Kunden und ist somit letztlich gut für das Geschäft. Allerdings gelingt dies nur, wenn die Verantwortungsbereitschaft authentisch ist. Wer nur so tut als ob, wird damit – ob als Einzelner oder als Unternehmen – nichts gewinnen, sondern vor allem Schaden anrichten. Verantwortungsbereitschaft kann sich also niemand einfach so auf die Fahnen schreiben, sie muss vielmehr den Tatsachen entsprechen – dann trägt sie ganz erheblich zur Attraktivität bei.

Wohl jeder wünscht sich einen verantwortungsvollen Partner, einen ebensolchen Arbeitgeber oder ganz generell verantwortungsbewusste Menschen im eigenen Umfeld. Gleichzeitig fällt es vielen schwer, selbst die Maßstäbe zu erfüllen, die sie bei anderen ansetzen.

Auf das Geschehen antworten

Verantwortung zu übernehmen bedeutet zunächst, in die Zukunft zu sehen und die Folgen des eigenen Handelns oder Nichthandelns möglichst zutreffend einzuschätzen und sich die Konsequenz bewusst zu machen. Das heißt auch, dass eine klare Entscheidung für oder gegen etwas erforderlich ist, um diese Zukunft selbstbestimmt zu gestalten. Entscheiden bedeutet, dass die Möglichkeit besteht, zwischen mehreren Alternativen zu wählen. Genau an dieser Stelle zeigen sich auch die Grenzen der eigenen Verantwortung. Denn wo die Möglichkeit zu wählen nicht besteht, entfällt auch jede Verantwortung.

Selbst wenn wir wollten: Niemand kann Verantwortung für alles und jeden übernehmen. Viele Dinge entziehen sich dem eigenen Verantwortungsbereich – wir können an dem unmittelbaren Geschehen selbst nichts ändern. Denn das Leben ist überaus komplex und manchmal sind die Ursachen für etwas unbekannt, sodass wir keinen Einfluss darauf nehmen können. Deshalb ist es auch eine wichtige Erkenntnis, dass wir nicht für alles, was geschieht (oder nicht geschieht) verantwortlich sind. Dieser Punkt ist von besonderer Bedeutung: Große Teile des Geschehens können wir nicht beeinflussen, sie liegen außerhalb unserer eigenen Verantwortung. Dennoch behalten wir Handlungsspielräume: Im Begriff Verantwortung steckt eben auch das antworten. Die Frage ist also, wie wir auf das Geschehen antworten.

Wo uns Entscheidungen abgenommen werden und uns das Geschehen vor vollendete Fakten stellt, die wir nicht selbst beeinflussen können, sind wir gefragt, die passenden Antworten und die angemessene Umgangsweise zu finden. Für sehr vieles sind wir zwar nicht verantwortlich, unsere Aufgabe bleibt es jedoch, damit möglichst konstruktiv umzugehen.

Verantwortung zu übernehmen heißt deshalb nicht nur, das Geschehen, das wir selbst beeinflussen können, auch tatsächlich gezielt mitzubestimmen – vielmehr geht es auch darum, immer wieder die passenden Antworten zu finden auf das Geschehen um uns herum, auf das wir keinen Einfluss haben.

Verantwortung heißt Freiheit

Verantwortungsbewusstsein zeigt sich insbesondere in schwierigen Zeiten, dann, wenn wir nicht mehr alles selbst steuern können, in Krisensituation oder wenn etwas Schwerwiegendes geschieht, das außerhalb unseres Einflussbereichs liegt. Natürlich haben wir nicht alles selbst in der Hand, was uns während des Lebens widerfährt, doch können wir angemessen darauf antworten. Selbst- oder Eigenverantwortung heißt nichts anderes als: für das eigene Verhalten und Handeln gerade zu stehen und die Verantwortung dafür zu übernehmen. Wer sich beispielsweise ein Ziel setzt, jedoch ständig von äußeren Ereignissen davon abgehalten wird, den Weg zum Ziel zu gehen, kann sich natürlich sagen, dass es nicht in seiner Verantwortung liegt, dass ausgerechnet jetzt dieses oder jenes geschehen ist.

Verantwortung kann als eine Selbstverpflichtung angesehen werden, mit den Ereignissen umzugehen, bevor oder nachdem sie geschehen sind. Wenn wir die Verantwortung nicht übernehmen, übergeben wir sie an jemanden oder an etwas anderes: Wir sind abhängig von den Taten und Entscheidungen anderer oder von Zufällen, vom Schicksal oder wie immer wir es nennen wollen. Deshalb spricht alles für die Eigenverantwortung. Denn auch wenn wir keine Macht über einzelne Ereignisse haben, kommt letztlich immer der Punkt, wo die weiteren Konsequenzen stark davon abhängen, wie wir auf ein Geschehen antworten. Das heißt letztlich auch: Für die Eigenverantwortung gibt es keine Ausrede.

Doch ist (Eigen-)Verantwortung keine lästige Pflicht, sie bedeutet in erster Linie Freiheit. In dem Moment, wo wir Verantwortung übernehmen und unser Leben selbst in die Hand nehmen, sind wir den Situationen nicht mehr hilflos ausgeliefert. Vielmehr eröffnen sich immer wieder neue Wege und Optionen, für oder gegen die wir uns selbst frei entscheiden können. Erst wenn wir Verantwortung übernehmen, können wir auch etwas ändern und sogar in schwierigen Situationen die notwendigen Entscheidungen selbst treffen und uns so wichtige Handlungsspielräume erobern.

Unabhängigkeit durch Selbstbestimmung

Der tiefere Sinn der Eigenverantwortung liegt letztlich in der Selbstbestimmung. In unserem Leben kommen wir fortwährend in Situationen, in denen Entscheidungen anstehen, die für uns selbst und auch für andere wichtig sind. An solchen Wegpunkten angelangt, kommen verständlicherweise leicht Zweifel auf, in welche Richtung wir gehen sollen. Nur zu gern berufen wir uns dann auf Erfahrungswerte, oder wir wünschen uns einen unfehlbaren Ratgeber, der uns die nötige Orientierung verschafft und uns zu der optimalen Lösung verhilft. Allerdings wird damit die Verantwortung in andere Hände gelegt und die Selbstbestimmung aufgegeben. Obendrein ist es alles andere als gewiss, dass fremde Einflüsse tatsächlich zu einer guten Lösung führen. Beides, Erfahrungswerte und Impulse von außen, kann zwar durchaus hilfreich sein, doch nur, um den eigenen Horizont zu erweitern und die Anzahl der Handlungsalternativen weiter zu vergrößern. Der einzige gültige Maßstab, an dem wir uns messen, sind und bleiben letztlich immer wir selbst. Niemand kann sich und sein Selbst von den eigenen Entscheidungen abtrennen. Und selbst dann, wenn wir uns dafür entscheiden, beispielsweise auf einen Rat zu hören, haben wir letztlich die Entscheidung getroffen, einen anderen für uns entscheiden zu lassen. Die Verantwortung fällt immer wieder auf uns selbst zurück, also können wir uns auch gleich dafür entscheiden, die Verantwortung selbst zu übernehmen.

In letzter Konsequenz können immer nur Sie persönlich entscheiden, ganz gleich wie die Entscheidung ausfällt und welche Einflüsse dazu beigetragen haben. Bei jeder Entscheidung und allem, was Sie tun, stehen immer Sie persönlich im Zentrum des Geschehens. Wer mit diesem Wissen und auf dieser Grundlage lebt und entscheidet, übernimmt die Verantwortung für das eigene Dasein. Auch wenn sich viele Menschen genau davor fürchten, ist dies gleichzeitig doch die Grundlage für ein sinnstiftendes Lebensgefühl und oft auch für mehr Erfolg. Denn so sind wir nicht mehr von Rahmenbedingungen, guten oder schlechten Umständen und den Ansichten anderer abhängig. Wir haben vielmehr die Möglichkeit, all dies bewusst wahrzunehmen, um dann selbstbestimmt aus unserem Inneren heraus zu entscheiden. Ist dann der Moment gekommen, an dem Sie sich rückblickend fragen, was Sie in Ihrem Leben getan haben wollen, wird die Antwort lauten: Das, wofür Sie sich selbst entschieden haben. Und das ist die beste aller Antworten.

STÉPHANE ETRILLARD

Stéphane Etrillard ist international tätiger Keynote-Speaker und zählt zu den meistgefragten Business-Coaches im deutschsprachigen Raum. Der mehrsprachige Business-Philosoph und Vortragsredner gilt als Experte für »Unternehmer-Souveränität« und lebt in der Kulturmetropole Berlin, wenn er sich nicht frische Inspiration für seinen Unternehmeralltag und seine Kunden in Sydney, in Kalifornien, in New York, Paris oder Tel Aviv holt. In seiner Freizeit beschäftigt er sich leidenschaftlich mit Philosophie, Literatur und Klaviermusik und lernt mit großer Begeisterung das Klavierspielen. Sein einzigartiges Know-how ist seit bald 25 Jahren in der Beobachtung und Begleitung von mehreren Tausend Unternehmern, Experten, Künstlern, Führungs- und Nachwuchskräften aus unterschiedlichsten Branchen entstanden. Mit seinen Privatissima und Masterclasses im Bereich Rhetorik, Dialektik und Selbstvermarktung verhilft er seinen Kunden zu mehr Souveränität in allen Lebenslagen. Zu seinen Klienten zählen Vorstände, Top-Manager, mittelständische Unternehmer, Solopreneure, Künstler Freiberufler, Experten und Politiker. Er ist Autor zahlreicher Bücher, darunter *Prinzip Souveränität und Unternehmer-Souveränität*.
www.etrillard.com

Verantwortung für Innovationen

SIMON GORSKI

»Zur Verantwortung gezogen werden« vs. »Verantwortung übernehmen«

Innovationen haben unbestritten das Potenzial, etwas voranzubringen und zu verbessern. Dennoch, wer Erfindungen entwickelt und als Innovationen am Markt positionieren möchte, muss die Verantwortung für das übernehmen, was daraus entsteht. Diesen Satz werden die meisten Menschen unterschreiben. Dabei ist der Begriff der Verantwortung im Rahmen eines Entwicklungsprojektes schwer in einem Satz zu beschreiben. Meistens bedeutet ein Innovationsprojekt, dass man versuchen muss, Antworten auf Fragen zu liefern, die man noch gar nicht kannte, als das Projekt begann.

Gerade in Unternehmen gibt es heute zwei klar voneinander abgegrenzte Verantwortungsbegriffe. Auf der einen Seite steht das »zur Verantwortung gezogen werden". Das ist eine reaktive Handlung, die einer Bestrafung auf Basis eines Fehlers gleichkommt. Ein Fehler, der als solcher deswegen identifiziert werden kann, weil er gegen Moral, Gesetze oder Regelwerke verstößt. Der zur Verantwortung Gezogene hat sich die Hände schmutzig gemacht. Er ist erwischt worden bei seinem Fehler. Hierfür benötigt man dann aber auch ein Regelwerk, das definiert, ob es sich um einen Fehler handelt oder eben nicht. Da im Falle der Innovationen ein Regelwerk überhaupt erst dann entstehen kann, wenn die Innovation schon auf dem Markt ist, kann es sich bei diesem Regelwerk nicht um ein Kontrollinstrument handeln, mit dem man Verantwortungsbewusstsein im Entwicklungsprozess fördern kann. Im Gegenteil: In sich trägt es sogar den Freispruch von Verantwortung. Denn bis die Regel aufgestellt wird, ist ja alles egal – oder zumindest legal.

Dem gegenüber steht das »Übernehmen von Verantwortung«. Darunter verstehen wir eine proaktive Haltung auf Basis einer wertebasierten Grundhaltung. Sie können nur Verantwortung übernehmen, wenn Sie zuvor eine Grundhaltung anerkannt und ihr zugestimmt haben. Diese Grundhaltung äußert sich bei Unternehmen häufig in Form von formulierten Werten und ihrer individuellen Unternehmensvision. Derjenige, der Verantwortung übernimmt, muss nicht mehr zur Verantwortung gezogen werden, denn er hat bereits Verantwortung übernommen.

Betrachten wir die Wirtschaftsskandale der Jahre 2017 und 2018 in Deutschland, so sehen wir darüber hinaus, dass es einen starken Drang der Öffentlichkeit gibt, ein einzelnes Individuum zu identifizieren, das die Verantwortung zu tragen hat. Der Pranger ist unbesetzt und hat Platz für genau eine Person. Dies wirft eine interessante Fragestellung nach Verantwortlichkeiten auf. Wer sollte zum Beispiel zur Verantwortung gezogen werden, wenn das Höchstgewicht eines Aufzugs überschritten wurde und er aus Sicherheitsgründen nicht startet? Derjenige, der als Letzter eingetreten ist? Derjenige, der am sportlichsten ist und spielend die Treppe nehmen könnte? Derjenige, der das meiste Gewicht auf die Waage bringt und somit den größten Anteil an der Überlast hat? Sie werden an dieser Stelle keine Chance haben, mit dem Finger auf eine bestimmte Person zu zeigen, und wir sollten uns frei machen von der inneren Unruhe, nicht den einen Schuldigen gefunden zu haben. Anstatt nach Schuldigen zu suchen, müsste es das Ziel sein, eine wertebasierte Entscheidung zu treffen. Wer sollte Ihrer Meinung nach, basierend auf Ihren Werten, den Aufzug verlassen?

Die »goldene« Vergangenheit

Da es bei der Betrachtung des Verantwortungsbegriffs im Rahmen von Innovationen einen engen Zusammenhang mit der Wahrnehmung von Unternehmern und Unternehmen gibt, lohnt sich hier ein Blick in die Vergangenheit. Früher war es möglich, neue Produkte relativ simpel auf dem lokalen Markt zu platzieren. Gerade in unserem Kulturkreis war ein neues Produkt dabei meist eine technisch orientierte Lösung eines zuvor identifizierten Problems. Beispielsweise hat die Erfindung der Waschmaschine uns ermöglicht, nicht mehr von Hand waschen und unsere Hände in ätzende Lauge tauchen zu müssen. Wir befanden uns zu damaliger Zeit in einem Markt, in dem wir »in Produkte gegossene Lösungen« gekauft haben. Im Rahmen des Markteintritts hat der Kunde dann entschieden, ob eine Erfindung zu einer Innovation wurde oder nicht. Ökologische und gesellschaftliche Folgen waren aufgrund unbegrenzter Rohstoffe, nicht ausreichend globalisierter Kommunikationsmöglichkeiten und/oder unantastbarer geopolitischer Machtpositionen vernachlässigbar. Von wenigen Ausnahmen abgesehen, konnten ebenso ergonomische und ästhetische Konsumentenbedürfnisse häufig als nachrangig betrachtet werden.

Jeder Unternehmer hatte somit die Möglichkeit, sich den Raum auszuwählen, der bestmöglich zu seinen Moralvorstellungen passte. Er war in der Lage, das Risiko, zur Verantwortung gezogen zu werden, zu minimieren. Doch das änderte sich bald. Mit zunehmender Beschleunigung von Produktions- und Modellzyklen sowie der zunehmenden Vernetzung der Welt im Rahmen von Globalisierungsprozessen wurde es wesentlich schwieriger, unverantwortliches Handeln zu verbergen. Heute ist es letztlich nicht mehr möglich, unentdeckt Raubbau an der Natur und weit entfernten Nationen zu betreiben, ohne dass es jemand auf dieser Seite der Welt mitbekommt. Aus der vergangenen Zeit resultiert das noch heute weit verbreitete Bild des Unternehmers als jemand, der sich auf Kosten anderer bereichert. Es bringt wenig, diesem Bild die durchaus zutreffenden Tatsachen gegenüberzustellen, dass ein rechtschaffender Unternehmer auch das Hauptrisiko jeder Unternehmung trägt, meist die Erstinvestition alleine stemmen muss und letztendlich Arbeitsplätze schafft und somit einen bedeutenden Anteil an der Entwicklung einer Gesellschaft mitträgt.

Dennoch gerät dieses veraltete Bild allmählich ins Bröckeln. Denn längst haben viele Unternehmer erkannt, dass ein verantwortliches Handeln die eigene Reputation erheblich stärkt und die Bereitschaft, Verantwortung zu übernehmen, ein nicht zu unterschätzender Wettbewerbsfaktor geworden ist.

Risiko, Kreativität und Schnelligkeit

Mit dem Aufstieg von China, Indien und anderen Ländern als globalen Produktionsstandorten wurden europäische Unternehmen zunehmend kostenseitig unter Druck gesetzt. Als Antwort auf diese Bedrohung und die sich immer schneller verändernde Welt sind Innovationen das allgemein anerkannte Heilmittel. Ihnen zur Seite gestellt werden Markenpositionierungen und Trendanalysen mit dem Ziel, die Kundenbindung zu erhöhen (vorzugsweise im Premiumbereich) oder Produktionsstandorte ins Ausland zu verlegen, um Kosten zu sparen.

Wenn sich heutzutage ein etabliertes Unternehmen entschließt, an einem neuen Produkt oder einer neuen Dienstleistung zu arbeiten – am besten noch mit einem neuen Geschäftsmodell –, dann geht es auf der menschlichen Seite heiß her. Dabei wird häufig aus den Augen verloren, dass es zu allererst eine Menge Mut, Kreativität und Risikobereitschaft erfordert, neue Denkansätze zu verfolgen beziehungsweise damit auch die eigene Komfortzone zu verlassen. Viel zu häufig drehen sich die Gespräche primär um die Themenblöcke Kosten, Patentfähigkeit und Geschwindigkeit. Der Innovator wird sich einem kritischen Dialog zu stellen haben und benötigt eine schier unglaubliche Überzeugungsarbeit und ein immenses Durchhaltevermögen, um potenzielle Partner oder Kollegen von innovativen Ideen und von seiner Vision zu überzeugen. Dabei ist es ein Grundbedürfnis der Gesprächspartner im Unternehmen, den Status quo zu sichern und aufrechtzuerhalten – sich also nicht der innovativen Idee zuzuwenden. Im beruflichen Alltag betrifft das häufig die Mehrheit der Menschen. Der Innovator befindet sich also in der Situation, dass niemand etwas ändern will und jeder gleichzeitig vorhat, innovativer, also schneller, besser und kostengünstiger zu sein. Da die Menschen die Beständigkeit der Veränderung vorziehen, sträuben sie sich innerlich gegen jede Form der Innovation, der Veränderung. Schon der 1883 geborene Ökonom Joseph A. Schumpeter bezeichnete Innovationen als »schöpferische Zerstörung«. Auch wenn jeder einsieht, dass Innovationen erzeugt werden müssen, so bleiben sie doch das Unbekannte, das Verändernde, vor dem man Angst hat.

Dem gegenüber steht, dass heutzutage Innovationen für viele Unternehmen das Zentrum all ihrer Bestrebungen sind. Sie werden als Antwort auf alle Fragestellung und Krisen betrachtet, die unser Wirtschaftssystem regelmäßig hervorruft. Sei es beispielsweise die Verbesserung der eigenen Marktposition oder die Verringerung des Einsatzes von Ressourcen. Sie werden kaum ein Unternehmen finden, das sich nicht selbst in irgendeiner Weise als innovativ bezeichnet. Da aber bereits heute circa neunzig Prozent aller Innovationen im Bereich neuer Produkte und Geschäftsmodelle ausschließlich aus der Rekombination von existierenden, bereits bestehenden Lösungsansätzen bestehen, handelt es sich dabei tatsächlich nur selten um den nächsten großen Innovationssprung.

Verantwortung für die Schaffung von Innovationen

Aus Sicht des Unternehmens gibt es also zwei Formen von Verantwortung im Zusammenhang mit Innovationen. Einerseits gibt es hier die Verantwortung, dass innerhalb des Unternehmens überhaupt neue Innovationen entstehen, um den eigenen Fortbestand zu sichern. Auf der anderen Seite steht die Verantwortung für die mittelbaren und unmittelbaren Folgen, die die Entwicklung einer bestimmten Innovation hervorruft.

Sicherzustellen, dass es überhaupt neue Innovationen gibt, ist für die Unternehmen, die sich auf den dynamischen, globalisierten Märkten bewegen, immer wichtiger geworden. Diese Innovationen treten zwar zunehmend in Form von Geschäftsmodellen und Softwarelösungen auf, beinhalten aber auch nach wie vor ein hohes Maß an physischen Konsumentenprodukten. Doch wer übernimmt die Verantwortung, dass es zu regelmäßigen Innovationen kommt? Ohne regelmäßige Innovationen ist das Überleben eines Unternehmens stark gefährdet. An dieser Stelle differenzieren Unternehmen zwischen inkrementellen Innovationen, also Weiterentwicklungen bestehender Technologien oder Produkte auf Basis von Vorgängermodellen, und disruptiven Innovationen, also die Eröffnung von neuen Märkten mithilfe völlig neuer Produkte, Technologien oder Geschäftsmodelle.

Unternehmen sind bestrebt, neue Möglichkeiten zur Entwicklung von Innovationen zu entdecken und gleichzeitig eine optimale Verwertung bestehender Möglichkeiten sicherzustellen. Sicherlich ist die Suche nach neuen Möglichkeiten für Unternehmen mit höheren Kosten verbunden – und die damit verbundenen Risiken und Ungewissheiten widerstreben jedem Sicherheitsbedürfnis eines Managers. Jedoch ist der mögliche Gewinn ungemein größer als im Rahmen einer steten Weiterentwicklung. Zunehmend fokussieren sich Unternehmen daher darauf, die Kreativität in ihren Unternehmen zu kultivieren. Dabei werden klassische Entwicklungsabteilungen, die für die schrittweise Optimierung von Produkten zuständig sind, aufgespalten und es werden ihnen neue Innovationslabs mit dem Ziel zur Seite gestellt, den nächsten großen Wurf zu entwickeln. Diese Innovationslabs haben das klare Ziel, neue Anwendungsgebiete und darin platzierbare Lösungen zu entdecken. Im Rahmen von Workshops und mithilfe von Problemlösungstechniken werden, in neuartigen Architekturen zur Förderung der Kreativität, ganze fiktive Welten erschaffen. Das Ziel ist, Neues und Besseres zu erzeugen. Hierbei kann es sich um ein Produkt, ein Geschäftsmodell, ein Patent oder eine neue Marketingmethode handeln.

Es ist der Versuch, das Unkontrollierbare, also den milliardenschweren Gedankenblitz, zu fördern und ihm den Raum zu geben, den er benötigt, um zu entstehen. Eines der Hauptprobleme, das mir in diesem Bereich in den vergangenen fünf Jahren in rund 150 abgewickelten Projekten immer wieder begegnet ist, ist der Versuch, die Brücke zu schlagen zwischen einer Innovationskultur und einer Effizienzkultur. Während die Innovationskultur auf Kreativität basiert und mittels Erforschung des Neuen und Unbekannten auf der Suche nach disruptiven Innovationen ist, sehnt sich die Effizienzkultur nach der Steigerung der Produktivität durch die Verbesserung des Bewährten und der Standards. Ein Unternehmen, das es schafft, beide Kulturen unter seinem Dach zu vereinen, wird seiner Verantwortung gerecht, immer wieder Innovationen zu entwickeln und so den Fortbestand des Unternehmens zu sichern.

Verantwortung für die Folgen von Innovationen

Um eine Verantwortung für die Folgen einer Innovation einstufen zu können, ist es erst einmal notwendig zu betrachten, inwieweit überhaupt ein konkreter Zusammenhang zwischen einer Innovation und den Folgen hergestellt werden kann. Dieser Zusammenhang ist viel seltener klar nachweisbar, als man es zuerst annehmen würde. Nicht selten ist das Zusammenspiel verschiedener Technologien/Innovationen Auslöser für bestimmte Folgeerscheinungen. Wer soll jetzt die Verantwortung dafür übernehmen? Noch schwieriger ist es, angesichts dieser Gemengelage abzuleiten, wer etwaige Risiken frühzeitig hätte abschätzen können und womöglich wider besseres Wissen Regeln oder Gesetze gebrochen hat. Zudem handelt es sich häufig eher um indirekte Folgen, die dann auch noch zeitlich versetzt auftreten. Es ist also meistens schwierig, einen konkreten Verursacher zu benennen. Mit der Erfindung der Elektrizität war es Edison möglich, die Glühbirne zu entwickeln. Aus damaliger Sicht waren beide Technologien Neuheiten und hatten etwas Atemberaubendes. Stellen Sie sich vor, dass nun ein Haus infolge einer defekten Glühbirne abbrennt. Welche Innovation ist dafür verantwortlich? Die Elektrizität oder die Glühbirne?

Betrachtet man die heutzutage bereits vorhandenen Instrumente, um negative Folgeerscheinungen präventiv einzudämmen, so fällt auf, dass es sich dabei primär um von Staaten definierte Instrumente handelt. Eine Umweltverträglichkeitsanalyse wird beispielsweise von staatlichen Prüforganen oder Umweltorganisationen definiert und durchgeführt. Ziel ist es dabei, das Risiko möglicher Gefahren für Mensch und Umwelt einschätzen zu können und diese dann in Form von Gesetzen und Richtlinien abzuwehren. In dieser Form wirken sie dann auch auf die Unternehmen. Bis hierhin erscheinen die Unternehmen daher recht unbeteiligt und lediglich reaktiv.

Das ist der Status quo. Aber reicht das aus und entlastet es die Unternehmen von ihrer Verantwortung für die Folgen der von ihnen entwickelten Innovationen? Sicherlich nicht. Eine derartig enge Sichtweise ist nicht im Ansatz ausreichend. Jedes Unternehmen hat die Verantwortung, sich mit den möglichen Folgen ihrer Innovationen zu beschäftigen und abzuschätzen, ob es Risiken und Gefahren gibt, die nicht vertretbar sind. Dies gilt insbesondere aufgrund der Tatsache, dass viele Innovationsprojekte der höchsten Geheimhaltungsstufe unterliegen und nur einem sehr eng definierten Kreis von Personen zugänglich sind. Diese Geheimhaltung ist nachvollziehbar und legitim, aber gerade daraus erwächst die Verantwortung zur Überprüfung möglicher Folgen. Eine Überprüfung von Innovationen findet in den meisten Fällen ohnehin in einem anderen Rahmen statt: Ihre Erfolgsaussichten werden eingehend analysiert und bewertet. Denn Produktinnovationen, die nicht erfolgreich sind, können den Markenwert eines Unternehmens in den Keller ziehen und zu Umsatzeinbußen führen. Darüber hinaus überprüfen die meisten Unternehmen frühzeitig mögliche juristische Folgen einer Produkteinführung. Es sollte daher möglich sein, ein breiteres Spektrum der Folgeerscheinungen zu betrachten. Dies zu fordern ist auch keineswegs innovationsfeindlich. Es kann im Gegenteil die Akzeptanz von Innovationen sogar erhöhen. Denn es existiert eine grundlegende Angst der Menschen vor dem Unbekannten und dem Neuen – und somit auch vor Innovationen. Erwirbt sich ein Unternehmen das Image, dass es die Folgen aller von ihm stammenden Neuerungen abwägt und entsprechend handelt, so kann es dabei nur gewinnen.

Firmenwerte und Firmenmission

Gerade für europäische Unternehmen wird es, angesichts unglaublich schnell wachsender Märkte in Indien und China, entscheidend für ihre Wettbewerbsfähigkeit sein, mögliche zu verantwortende Folgen von Innovationen frühzeitig abzuschätzen. Es entwickelt sich zunehmend ein Verständnis für die Tatsache, dass ein ökologisches Bewusstsein, die Förderung der Mitarbeiter und die klassische wirtschaftliche Verantwortung essenzielle und gleichberechtigte Bestandteile sind, die nebeneinander koexistieren können und sollen.

Eine zusätzliche Problemstellung ergibt sich für Unternehmen aus der Tatsache, dass der zunehmend dynamischere Arbeitsmarkt zu einer wesentlich geringeren Anstellungsdauer von Mitarbeitern im Unternehmen führt. Häufig ist der Verursacher/der Verantwortliche schon lange nicht mehr an Board, wenn es darum geht, die Verantwortung für vergangenes Handeln zu übernehmen. Das Unternehmen bleibt als alleiniger Verantwortlicher zurück und haftet höchstwahrscheinlich für entstandene Folgeschäden.

Einmal mehr wird die moralische Frage zur Bewertung von Folgen einer Innovation zur Kultur- und Wertefrage eines Unternehmens. Zumindest wenn ein Unternehmen sich mit dieser Problemstellung über eine reaktive Einhaltung von Gesetzen hinaus beschäftigen möchte. Zu häufig verkommen Firmenwerte und Firmenmissionen zu einem verblassten Plakat in der Kantine oder sind kaum mehr als ein schön formulierter Text auf der Unternehmens-Website. Dabei liegt hier der entscheidende Ansatz, um von der Geschäftsführung vorgelebte Werte einzurichten. Werte, die beinhalten, dass man sich mit den ökologischen und sozialen Folgen des unternehmerischen Handelns auseinandersetzt, und die sich von oben herab durch das Unternehmen ziehen.

Schauen wir einmal ein paar Jahrzehnte in die Zukunft: Das Leben der Menschen zentralisiert sich zunehmend in sogenannten Megacitys mit vierzig Millionen und mehr Einwohnern. China, Indien und Brasilien haben zu Europa und den USA vollends aufgeschlossen und verstehen sich nicht mehr als deren Produktionsstandort. Autonom fahrende Autos, organisiert in Carsharing-Systemen, haben das traditionelle Auto als Statusobjekt aufgelöst. Individualmobilität ist ein Relikt der Vergangenheit. Es ist eine Generation von Konsumenten herangewachsen, die ihre Produkte nicht nur nach dem Preis, sondern auch nach der Geschichte dahinter aussucht, die sie mit dem jeweiligen Unternehmen verbindet. Viele Produkte sind infolge künstlicher Intelligenz sowie Sprach- und Gestensteuerung nicht mehr relevant und in die digitale Welt abgewandert. Die Differenzierung von anderen Menschen findet in der Gesinnung statt, die man durch die Geschichten der Produkte ausdrückt, die man nutzt.

Bis dieses Szenario Realität wird, gibt es noch einige Probleme zu lösen: steigende Temperaturen im Rahmen des Klimawandels, rasant ansteigende Bevölkerungszahlen in Gebieten, die dafür nicht ausgestattet sind, abnehmende Rohstoffvorräte und daraus resultierende Gebietsstreitigkeiten sowie Kooperationen zwischen Unternehmen und Diktatoren, massenhaftes Artensterben sowie Hunderte Millionen Menschen, die ihren jetzigen Lebensraum verlassen müssen, da er aus den unterschiedlichsten Gründen nicht mehr bewohnbar ist. Jedes Unternehmen, dessen Innovationen mit einem dieser Punkte in Verbindung stehen, wird zur Verantwortung gezogen werden – und sei es nur durch den Boykott seiner Produkte durch aufgeklärte Kunden. Ein Unternehmen, das dies proaktiv vermeidet und sich Werten verschreibt, die Verantwortung für Innovationen widerspiegeln, wird zukünftig heranwachsende Generationen begeistern können und braucht sich nicht zu verstecken. Verantwortungsbewusstsein von Unternehmen wird sexy sein und die besten und motiviertesten Mitarbeiter dieses Planeten anziehen.

SIMON GORSKI

Simon Gorski ist leidenschaftlicher Unternehmer sowie Gründer und Geschäftsführer von ENTWURFREICH – einer global agierenden Design- und Innovationberatung mit internationalen Kunden in Asien und den USA.

Geboren in Wuppertal, betrat Simon Gorski mit 18 Jahren die Geschäftswelt als Unternehmer, indem er einen der ersten mobilen Barkeeper-Services für geschäftliche Veranstaltungen in Deutschland etablierte. Er verstand schnell, dass es bei echtem Unternehmertum darum geht, die Probleme der Kunden zu lösen, überdurchschnittlichen Einsatz zu zeigen und der schnellste Marktteilnehmer zu sein. Nach seinem ersten erfolgreichen Exit investierte er sein Geld in den Start seiner zweiten Firma: ENTWURFREICH.

In den kommenden sechs Jahren entwickelte Simon unternehmerische Methoden, um Kundenbedürfnisse zu erkennen und in ein Geschäftskonzept umzuwandeln. Mehrere Auszeichnungen bekräftigten die Anerkennung durch die Beraterbranche. Sein neues Unternehmen entwickelte er weiter zu einer globalen Design- und Innovationsberatung und betreut mit seinem Team bis heute Fortune-500-Kunden in den Bereichen Unterhaltungselektronik, Medizinprodukte und Elektromobilität bei der Entwicklung von begehrenswerten Produkten und Dienstleistungen.

Simon Gorski ist zu gleichen Teilen Geschäftsmann und kreativer Kopf. Er ist zu einhundert Prozent verpflichtet, wahres Unternehmertum mit exzellenten Kundenerfahrungen zu betreiben. Auf der Grundlage seines Erfolges hat er bewiesen, dass Kreativität, Empathie und Marketing in einer undurchsichtigen Geschäftswelt mächtige Werkzeuge auf dem Weg zu unternehmerischem Erfolg sind.

Als erfahrener Speaker tritt er auf Bühnen in internationalen Hotspots wie San Francisco, Singapur, Tel Aviv, Helsinki und Berlin auf. Anhand von Erfahrungen aus dem wirklichen Leben diskutiert er dabei die Herausforderungen, die notwendig sind, um ein echter Unternehmer zu sein.

www.entwurfreich.com

Verantwortung im Sozialstaat? Fraglich!

JENS HAKE

In diesem Beitrag werfe ich ein Schlaglicht auf den deutschen Sozialstaat, seine historische Herkunft, auf ein tragendes Prinzip des Sozialstaates und einige ausgewählte Probleme, jeweils ohne Anspruch auf Vollständigkeit. Damit möchte ich vor allem etwas Hintergrundinformationen für Nichtjuristen liefern, Verständnis fördern und Nachfragen initiieren.

Die Verantwortung für den Sozialstaat

Nach mehr als 20 Jahren als Rechtsanwalt im Sozialrecht sehe ich keine Verantwortung im Sozialstaat. Es gibt maximal eine Verantwortung für den Sozialstaat.

Als Fachanwalt für Sozialrecht erkenne ich im beruflichen Alltag den Sozialstaat vor allem im Kontakt mit den Versicherten (als Mandanten), den Leistungsträgern (als typische Gegner), den Leistungserbringern (Krankenhäuser und Ärzte als Informationsquellen über den Gesundheitszustand meiner Mandanten), den Anbietern für Heil und Hilfsmittel (als Anbieter von Lösungen, die meine Mandanten jedoch von den Leistungsträgern nicht erhalten), den Sozialverbänden und Kollegen als Mitbewerber und selbstverständlich den Sozialrichtern auf allen Gerichtsebenen (Sozialgericht, Landessozialgericht, Bundessozialgericht).

Ich habe während des Studiums gelernt, dass die Bundesrepublik Deutschland ein demokratischer und sozialer Bundesstaat ist und dass das in unserem Grundgesetz so in Art. 20 Abs. 1 geregelt ist. Daraus ergibt sich völlig zu Recht die Kurzfassung: »Die Bundesrepublik Deutschland ist ein Sozialstaat.« Genauso zu Recht wird in diesem Zusammenhang von dem »Sozialstaatsprinzip« gesprochen.

Allerdings konnte mir bislang noch niemand genau erklären, was eigentlich damit gemeint ist. Denn es fehlt sowohl im Grundgesetz selbst als auch in der gesamten

Rechtsordnung an einer bindenden Definition. Ich finde stattdessen immer wieder Beschreibungen des Sozialstaatsprinzips: Es verpflichte den Gesetzgeber, die Rechtsprechung und die Verwaltung dazu, nach sozialen Gesichtspunkten zu handeln und die Rechtsordnung dementsprechend zu gestalten. Dem Art. 20 Abs. 1 GG ließe sich regelmäßig kein Gebot entnehmen, Sozialleistungen in einem bestimmten Umfang zu gewähren (Urteil des Bundesverfassungsgerichtes vom 12. 06. 1991 – 1BvR 540/91). Das Sozialstaatsprinzip stelle dem Staat eine Aufgabe, sage aber nichts darüber, wie diese Aufgabe im Einzelnen zu verwirklichen sei.

Demzufolge hat der Gesetzgeber die Aufgabe, Gesetze nach sozialen Gesichtspunkten zu erlassen, die anschließend von den Leistungsträgern umgesetzt werden. Die Aufgabe der Sozialgerichtsbarkeit besteht dann in der Überprüfung, ob die Leistungsträger dabei rechtmäßig handeln. Die Gerichte verwenden dabei das »Sozialstaatsprinzip« wiederum als Auslegungshilfe bei der Anwendung der Gesetze.

»Verantwortlich« für den Sozialstaat sind daher nach meiner Auffassung vorrangig der Gesetzgeber und die Leistungsträger. Denn der Gesetzgeber gibt den konkreten Inhalt des »Sozialstaates« vor und die Leistungsträger gewähren die einzelnen Leistungen.

Nun »beschert« uns der deutsche Sozialstaat bekanntlich die Pflichtmitgliedschaft in den verschiedenen Zweigen der Sozialversicherung: Wer bestimmte Voraussetzungen erfüllt (in der Regel Beschäftigung), muss sich versichern gegen die Risiken Arbeitslosigkeit, Krankheit, Erwerbsunfähigkeit, Pflegebedürftigkeit, Alter und Tod. Er muss dafür Beiträge zahlen, die unabhängig von der Eintrittswahrscheinlichkeit des jeweiligen Risikos sind. Denn die Beiträge werden nach einem abstrakten Wert (Beitragssatz) anhand der Höhe des Einkommens bestimmt: Wer wenig verdient, zahlt wenig; wer viel verdient, zahlt mehr.

Diese Pflichtmitgliedschaft ist dabei allerdings keine »Erfindung« der Bundesrepublik Deutschland. Und sie steht in einem Spannungsverhältnis zu dem Grundgesetz.

Die Sozialversicherung in der aktuellen Fassung lässt sich historisch über das Dritte Reich, die Weimarer Republik und den Ersten Weltkrieg bis auf das Kaiserreich zurückführen. Am 17.11.1881 verlas der Reichskanzler Otto Fürst von Bismarck die sogenannte »Kaiserliche Botschaft«, welche als Beginn einer Absicherung gegen Unfall, Krankheit und die Risiken des Alters gilt. Von Anfang an war die Pflichtmitgliedschaft ein tragendes Prinzip. Diese ist im Wesentlichen beibehalten und über die Zeit eher ausgeweitet worden.

Deren problematische Seite ist allerdings der damit verbundene Eingriff in die Handlungsfreiheit. Es ist nämlich für die Betroffenen nicht möglich, auf die Absicherung zu verzichten; es ist grundsätzlich auch nicht möglich, andere Anbieter als die gesetzlichen Sozialversicherungen zu nutzen. Damit verletzt diese Pflichtmitgliedschaft zunächst einmal die grundrechtliche geschützte Handlungsfreiheit des Bürgers.

Die Sozialversicherung jedoch hat eine überragende Bedeutung in unserer Gesellschaft. Damit rechtfertigt die Rechtsprechung den Eingriff in die Handlungsfreiheit. Allerdings bestehen gleichwohl Grenzen für diesen Eingriff: er darf nur so weit gehen, wie er erforderlich ist, nämlich nur so weit, wie es zur Absicherung des jeweiligen Risikos geboten ist. Da es zum Beispiel bei der Krankenversicherung um die Absicherung gegen das Risiko »Krankheit« geht, sind sowohl Leistungen für Vorsorgemaßnahmen eine Herausforderung als auch Behandlungen, bei denen ästhetische Gesichtspunkte im Vordergrund stehen; letzteres spielt bei Lipödem oder Brustverkleinerungen eine große Rolle.

Da der Beitrag aufgrund der Pflichtmitgliedschaft in Höhe eines abstrakt festgelegten Betrages zu zahlen ist, spielt der Gesundheitszustand des Versicherten überhaupt keine Rolle. Auch seine Lebensweise hat keinen Einfluss auf die Beitragshöhe. Vor dem Hintergrund der allgemeinen Handlungsfreiheit und deren Grenzen ist es rechtlich schwierig, einen Versicherten zwingen zu wollen, Verantwortung für seinen Gesundheitszustand zu übernehmen und besonders gesund zu leben allein mit dem Ziel, dass er möglichst wenig Leistungen aus der Sozialversicherung in Anspruch nehmen muss. Er mag gegebenenfalls davon persönlich profitieren, doch ist es in meinen Augen nicht Aufgabe einer offenen Gesellschaft, auf den Einzelnen nur zu dem Zweck einzuwirken, dass er möglichst wenig Kosten für die Versichertengemeinschaft auslöst. Damit erteile ich allen Versuchen eine Absage, die einen Zusatzbeitrag bei besonders risikoreichem Privatleben verlangen.

Allerdings spielt die eigentliche Musik im Bereich der nach dem Sozialgesetzbuch vorgesehenen Dienst-, Sach- und Geldleistungen (= Sozialleistungen, § 11 SGB I), dem Leistungsrecht. Dort geht es um all das, was der Versicherte im Falle des Falles in Anspruch nimmt, nehmen muss, nehmen soll oder nehmen will.

Und was gibt es zum Beispiel von der Krankenversicherung? Nun, bei Krankheit gibt es selbstverständlich Krankenbehandlung, insbesondere:

- ärztliche und zahnärztliche Behandlung
- Versorgung mit Arznei-, Verband-, Heil- und Hilfsmitteln
- häusliche Krankenpflege und Haushaltshilfe
- Krankenhausbehandlung
- medizinische und ergänzende Leistungen zur Rehabilitation
- Betriebshilfe für Landwirte
- Krankengeld

Solche »Aufzählungen« gibt es auch für alle anderen Zweige der Sozialversicherung und die anderen Bereiche des Sozialrechtes. Wen das näher interessiert, findet diese Aufzählungen in den sogenannten Einweisungsvorschriften der §§ 18–29 Sozialgesetzbuch (SGB) I.

Bekanntlich erfolgt die Krankenbehandlung nicht durch Mitarbeiter der Krankenkassen, sondern durch Anbieter, die außerhalb der Krankenkassen tätig sind und »lediglich« von der jeweiligen Krankenkasse des Versicherten/Patienten bezahlt werden. Zu diesen »Anbietern« gehören die Ärzte unterschiedlicher Fachrichtungen, die Zahnärzte unterschiedlicher Fachrichtungen und Spezialisierungen, die Apotheken, die Sanitätshäuser, ambulante Krankenpflegedienste, die Krankenhäuser unterschiedlicher Größe, Ausrichtungen und Ausstattungen, Hospize, Ergotherapeuten, Logopäden, Physiotherapeuten und viele andere. Auch ich zähle zu diesen »Anbietern« sowie die Hersteller von Arznei –, Verband-, Heil- und Hilfsmitteln, da ohne deren Angebot und dessen regelmäßiger Weiterentwicklung diese Dinge nicht zur Verfügung stünden.

Haben alle diese unterschiedlichen Anbieter mit ihren unzähligen Mitarbeitern eine Verantwortung für den Sozialstaat? Müssen diese etwa bewusst darauf achten, Leistungen möglichst günstig mit dem geringsten sachlichen und personellen Aufwand zu erbringen?

Nun, zunächst geht es bei der Krankenbehandlung ja darum, bei einem Menschen eine Krankheit zu erkennen, zu heilen, ihre Verschlimmerung zu verhüten oder Krankheitsbeschwerden zu lindern. Also muss die Krankenbehandlung sachgerecht, zielführend und nach den Regeln der ärztlichen Kunst erfolgen – primär zum Wohl des Patienten. Die Versorgung hat daher an sich »optimal« zu sein. Doch der Anbieter erhält seine Vergütung nicht unmittelbar von seinem Patienten selbst. Und auch dieser muss sich in der gesetzlichen Krankenversicherung nicht regelmäßig an den Behandlungskosten beteiligen, weil er genau deswegen seine Beiträge zahlt (eine Ausnahme bilden selbstverständlich Zahnbehandlungen). Demnach brauchen beide keine Rücksicht auf die durch die Behandlung entstehenden Kosten nehmen: Die Krankenkasse des Versicherten zahlt die Behandlungskosten.

Dadurch gibt es selbstverständlich Fehlanreize bei den Beteiligten bis hin zu organisiertem (Massen-) Abrechnungsbetrug zu Lasten der Krankenkassen. Die Krankenkassen können in meinen Augen insbesondere einen kriminellen Missbrauch überhaupt nicht vorbeugend verhindern – hier greift höchstens die nachträgliche Strafverfolgung.

Stattdessen nehmen die Krankenkassen unmittelbar bei den Versicherten Einfluss auf die Behandlungskosten: Unter Berufung auf das sogenannte »Wirtschaftlichkeitsgebot« lehnt die Krankenkasse gerne und flächendeckend Wunschleistungen jenseits des gesetzlichen Leistungskataloges ab. Leistungen dürfen dann nur ausreichend, zweckmäßig und wirtschaftlich sein; sie dürfen das Maß des Notwendigen nicht überschreiten. Im Ansatzpunkt ist ein solches Korrektiv sicherlich sinnvoll. Das Problem dabei ist, dass dieses sinnvolle Korrektiv von einer gut funktionierenden Verwaltung perfektioniert wurde. Dieser sich verselbstständigende Perfektionismus war lange Zeit gerade bei einer lebensbedrohlichen oder sogar regelmäßig tödlichen Erkrankung ein großes Ärgernis für die Versicherten und deren Angehörigen, wenn es hierfür eine schulmedizinische Behandlungsmöglichkeit nicht gab. Denn die Krankenkassen schlossen Betroffene von Leistungen der gesetzlichen Krankenversicherung aus und verwiesen diese auf eine Finanzierung der Behandlung außerhalb der gesetzlichen Krankenversicherung. Die Rechtsprechung bis hin zum Bundessozialgericht deckte dies jahrzehntelang. Erst das Bundesverfassungsgericht machte dem mit dem sogenannten »Nikolausbeschluss« vom 06. 12. 2005 ein Ende und ermöglicht nun, dass aus verfassungsrechtlichen Erwägungen die durchaus engen Grenzen des Leistungsrechtes im Einzelfall überschritten werden können. Allerdings sind die Krankenkassen und ihnen folgend die Sozialgerichte immer noch dabei, nur enge Ausnahmen zuzulassen.

Noch stärker zum Tragen kommt dieses »Wirtschaftlichkeitsgebot« beim institutionalisierten Misstrauen der Krankenkassen gegenüber den Vertragsärzten. Denn die Krankenkassen überwachen gemeinsam mit den Kassenärztlichen Vereinigungen »die Wirtschaftlichkeit der vertragsärztlichen Versorgung durch Beratung und Prüfung« (§ 106 SGB V; Wirtschaftlichkeits- und Abrechnungsprüfung).

Auf den Punkt gebracht: Der Vertragsarzt gilt als potenzieller Verschwender, dem regelmäßig wie in Hexenprozessen die Instrumente gezeigt und auch angelegt werden müssen.

Doch sorgt dieses Instrument für eine Verantwortung im Sozialstaat, nur weil die Vertragsärzte deshalb eine »wirtschaftliche« Behandlung durchführen?

Nun, zunächst einmal sind auch für einen Sozialrechtler die gesetzlichen Basisbestimmungen für die »Wirtschaftlichkeits- und Abrechnungsprüfung« ein Musterbeispiel deutscher Überregulierung Hinzu kommt eine Vielzahl von weiteren zu beachtenden Richtlinien, Verordnungen und Absprachen, die insgesamt die ganze Angelegenheit unübersichtlich machen. Von daher vermute ich einerseits eine fehlende Nachvollziehbarkeit bei den meisten Vertragsärzten sowie andererseits eine sich daraus ergebende fehlende Akzeptanz durch die Vertragsärzte. Gleichwohl kommen diese den Vorgaben ihrer Kassenärztlichen Vereinigungen gezwungenermaßen nach, da diese Vereinigungen für die Vertragsärzte Zuckerbrot und Peitsche zugleich bedeuten: Die Vereinigungen zahlen die Vergütungen an die Vertragsärzte aus, kontrollieren diese jedoch im gleichen Atemzug. Und es funktioniert wirklich. Ich weiß aus den Verfahren von Schmerzpatienten auf dem Weg in die Erwerbsminderungsrente nämlich, dass diverse Haus– und Fachärzte bereits im Vorfeld genau wissen, dass die Verschreibung bestimmter hoch dosierter Schmerzmittel einschließlich Opiate und Opioide zu Rechtfertigungen führen können, weshalb diese ab einem gewissen Zeitpunkt den Patienten nicht mehr verschrieben werden.

Auf der anderen Seite weiß ich um viele Rechtsstreitigkeiten in diesem Bereich.

Handeln die betroffenen Vertragsärzte daher verantwortungslos? Handeln die Prüforgane verantwortungsbewusst? Oder geht es um bloße Rechtsbeachtung, um bloße Rechtsanwendung? Ist es bereits Ausdruck von Verantwortung, wenn ich mich bereits im Vorfeld möglichst rechtskonform verhalte und Regeln befolge? Ist es ein Verstoß, wenn ich mich gegen belastende Maßnahmen wehre? Erfülle ich stattdessen damit nicht lediglich meine staatsbürgerlichen Rechte und Pflichten?

Auch in Räuberbanden und Verbrechersyndikaten werden Regeln befolgt. Doch niemand würde in diesem Zusammenhang von »Verantwortung« sprechen (wenngleich dort Menschen durchaus zur selbigen gezogen werden).

Daher reicht das »reine« Befolgen von Regeln nicht aus, um bereits von »Verantwortung« zu sprechen, jedenfalls nicht aus Sicht eines Juristen. Das »reine« Befolgen ist Gesetzespositivismus, der der Welt nicht gutgetan hat.

Nein, allein das Befolgen aller Regelungen des Sozialstaates ohne jeglichen Missbrauch ist lediglich das, was ein Staat von seinen Bürgern verlangen kann, nicht mehr, jedoch auch nicht weniger. Daher verneine ich insgesamt eine Verantwortung der Versicherten und der Anbieter im Sozialstaat.

JENS HAKE

Jens Hake ist Rechtsanwalt, Fachanwalt für Sozialrecht und Mediator. Seit 1997 selbstständig tätig in einer Einzelkanzlei in Stade, einer Kreisstadt in Niedersachsen mit Sitz des Amts –, Land –, Arbeits-, Verwaltungs- und Sozialgerichts. Seine vier Schwerpunkte sind: Rentenrecht, Schwerbehindertenrecht, Unfallversicherungsrecht sowie Unternehmersozialrecht (Versicherungspflicht, Statusfeststellung, Betriebsprüfungen).
www.anwalt-hake.de

Die Helikopter-Strategie

Auf Kurs zum klaren, entschlossenen Unternehmens-Lenker

SANDRA HAPPEL

Erfahren Sie, wie Sie mit der Helikopter-Strategie eine neue Perspektive auf Ihr Unternehmen und Ihre Verantwortung als Unternehmer gewinnen. Wie ein Helikopterflug Ihre Wahrnehmung verändern wird: Auf sich als Unternehmer, die Führungsmannschaft, die Unternehmensstruktur und -position. Und wie Sie begleitet von einem Experten-Team, selbst alle Unternehmer, ein sehr persönliches, zukunftssicheres und punktgenaues Handlungskonzept entwickeln. Mit nur einem wichtigen Ziel: ein zufriedener, glücklicher, gesunder und dauerhaft erfolgreicher Unternehmer und Mensch zu sein.

Warum im Maschinenraum keine Weitsicht entsteht

Markus Leitner, erfolgreicher Unternehmer, hebt ab. Freude will bei ihm allerdings nicht aufkommen. Er versucht zum ersten Mal in seinem Leben einen Helikopter in die Luft zu bekommen. Der Helikopter reagiert empfindlich auf jede seiner Aktionen, einige Meter in der Luft nimmt er wahr, dass um ihn herum wenig ist, was ihn schützen wird, wenn er einen Fehler macht. So spürt er in kürzester Zeit: Es geht um seine Existenz. Seine Finger halten immer verkrampfter den Steuerknüppel. Er ist hochkonzentriert. Und langsam kriecht Angst in ihm hoch: »Warum mache ich das eigentlich?«

Um das zu erklären, müssen wir einen kleinen Zeitsprung machen. Eines Morgens saßen Sandra Happel und ihr Mann Dirk, beide erfolgreiche Unternehmer und gesegnet mit zwei großartigen Töchtern und einem wunderschönen Haus, beim gemeinsamen Frühstück. Eine Idylle, könnte man meinen. Wäre da nicht ihre kleine Tochter die

Treppe heruntergekommen und langsam mit traurigem Gesicht auf ihren Papa zuge-gangen, der bedrückt und in sich gekehrt, wie so oft, vor sich hin grübelte. Die Kleine blieb vor ihm stehen und fragte: »Papa, warum bist du nicht glücklich mit uns?« Über-rascht erklärte ihr Vater schnell, dass das alles gar nichts mit ihr oder der Familie zu tun hätte.

In dieser Situation wurde Sandra Happel eines klar: Der unternehmerische Er-folg, den ihr Mann, wie viele andere Unternehmer auch, zweifellos hatte, muss nicht deckungsgleich mit persönlicher Zufriedenheit, Ruhe und Glück sein.

Und ihr Mann war nicht allein: In den letzten vier Jahren hatte sie viele Unter-nehmer getroffen, die mehr als erfolgreich waren. Doch sie spürten diesen Erfolg gar nicht mehr, geschweige denn konnten sie ihn genießen. Sie waren erschöpft, körper-lich angeschlagen und oftmals nur noch rennende Marionetten in ihrem eigenen Un-ternehmen. Forschungsdaten von Deloitte bestätigen dies: Fast 60 Prozent der mit-telständischen Geschäftsführungen sind fest in operative Aufgaben mit eingebunden und haben nach eigenen Aussagen (83 Prozent) zu wenig Zeit für Strategie, Zukunfts-entwicklung und Fortbildung. Sie fühlen sich mit den komplexen Entscheidungsfel-dern oft überfordert und treffen nach eigenen Aussagen manche Entscheidung unter Zeitdruck und ohne die notwendige Vorbereitungs- und Reflexionszeit. 40 Prozent der befragten Unternehmensführer fehlt der Austausch auf Augenhöhe bzw. das Diskutie-ren und Abwägen wichtiger Themen.

Erschwerend kommt noch die Digitalisierung hinzu. Sie verändert interne Orga-nisations- und Prozessabläufe, die Kommunikation in- und extern wird schneller und bedarf neuer Regeln. Generell steigen die Erwartungen der Kunden auf Basis der »Just in Time«-Liefererfahrungen. Und schließlich fordert die mit Social Media und knapper werdenden Personalressourcen neue »Selbstbestimmtheit« der Mitarbeiter eine ande-re professionelle Menschenführung. Für all dies trägt die Geschäftsführung im alltäg-lichen Führungsspektrum die Verantwortung.

Das Erlebnis mit ihrem eigenen Mann und seiner Tochter verbunden mit ihrer jah-relangen Erfahrung in der Beratung von Unternehmern inspirierte Sandra Happel zu einem Konzept, das es Unternehmern ermöglicht, in das Cockpit ihrer Organisation und ihres Lebens zurückzukehren und sich drei Dinge zu erobern: Als Unternehmens-lenker den Steuerknüppel sicher in der Hand zu behalten, aus dem Cockpit mit Weit- und Rundumsicht die Organisation und das eigene Leben zu navigieren und somit etwas längst Verschüttetes neu zu erleben: Das Glück des autonomen Handelns. Als erfahrener Coach und lebenskluge Beraterin wusste sie von Anfang an: Dieses Glück lässt sich nicht nur durch reden, durch pure Analyse erreichen. Die Reise dorthin muss mit einer starken psychischen und physischen Erfahrung beginnen. Einer Erfahrung, die genau das Glück eines Unternehmers widerspiegelt: Sich selbst herauszufordern, die eigenen Ressourcen abzurufen, etwas zu riskieren, das man noch nie zuvor versucht hat und dafür die Verantwortung zu übernehmen. Die Idee des Helikopterflugs als Startpunkt der Entdeckungsreise war geboren.

Wer führt, wenn der Chef keine Zeit hat?

Zurück ins Cockpit zu Markus Leitner. Tatsächlich hat er ihn auf Flughöhe gebracht. An sich würde ihm das schon genügen, aber die erfahrene Flight Instructorin an seiner Seite hält noch eine Überraschung bereit. Zunächst soll er den Hubschrauber ein wenig vorwärts fliegen lassen. Kaum hat er das geschafft und sich erkundigt, ob es nicht an der Zeit sei, wieder zu landen, fordert ihn die Pilotin Bohnes zu ein wenig Gymnastik auf, wie z. B. seinen Kopf möglichst tief zwischen seine Knie zu bewegen. Entsetzt weist er die Bitte zurück: »Das ist doch Wahnsinn, in so einer Situation einfach abzutauchen! Ich muss doch den Überblick behalten!«

»Interessant«, gibt die erfahrene Pilotin und Ausbilderin zurück, »das machen aber viele Unternehmer so. Abtauchen, am besten raus aus dem Cockpit und rein in den Maschinenraum.«

Nach eigenen Aussagen haben 83 Prozent aller Geschäftsführer und Inhaber im Mittelstand aufgrund des Alltagsgeschäfts, zu wenig Zeit, sich um übergreifende, strategische und zukunftsorientierte Themen zu kümmern. Die Unternehmer sind somit ein wichtiger Teil des operativen Geschäftes und benötigen hier im Durchschnitt 90 Prozent ihrer Tagesarbeitszeit. Da drängt sich unweigerlich die Frage auf: Wer führt in dieser Zeit das Unternehmen?

Helikopterpilot und Unternehmer – Verantwortung und Planung

Geschäftsführer und Unternehmer haben tagtäglich die gleichen Anforderungen wie Helikopterpiloten: Sie sind gefordert immer wieder mit voller Konzentration und Leidenschaft ins Cockpit zu steigen. Sie halten das Steuer in der Hand und entscheiden, an welchen Stellschrauben sie drehen, um ihr Unternehmen »zum Fliegen« zu bringen und in der Luft auf Kurs zu halten. Markus Leitner erlebt bei aller Unsicherheit gerade beides: Den Stolz, das geschafft zu haben, und die hohe Verantwortung für die beiden Menschen im Cockpit, in ihrem kleinen Unternehmen. Er macht die tiefe Erfahrung:

Ein »Abtauchen« im operativen Maschinenraum hat fatale Folgen. Und er ist sich ganz sicher, an diese Situation wird er sich immer dann erinnern, wenn er damit beginnt, sich wieder im operativen Wirrwarr zu verlieren. Sandra Happel, die Gründerin der Helikopter-Strategie, ist überzeugt: So wie Markus Leitner wird es den anderen »Piloten«, die sich auf die Helikopter-Strategie einlassen, auch ergehen. Womit die Tür geöffnet ist, die zentrale Botschaft des Fluges nicht nur zu verstehen, sondern im körperlichen Erfahrungsgedächtnis – dem stärksten Gedächtnis, das wir Menschen haben, wie Neurobiologen wissen –, abzuspeichern:

Die Unternehmerin, der Unternehmer muss im Cockpit bleiben, die Hände an ihren/seinen Steuerknüppel gelegt mit aller Aufmerksamkeit bei den Themen, die für ihr/sein Unternehmen und ihren/seinen persönlichen Erfolg relevant sind. Der Abstand zu den vielen operativen Aufgaben und Kleinstentscheidungen muss erhalten bleiben. Nur so können die Pilotinnen und Piloten das Unternehmen erfolgreich und zukunftssicher steuern, klar, integer und gesund.

Neben der Verpflichtung für die nötige Übersicht zu sorgen, muss ein Pilot seinen Flug gewissenhaft in allen wichtigen Bereichen planen und vorbereiten. Tut er das nicht, handelt er grob fahrlässig.

Dies gilt auch für einen Unternehmer. Es liegt in seiner Verantwortung, sein Unternehmen, seine Führungsmannschaft und vor allem sich selbst auf die kommenden Herausforderungen vorzubereiten. Das bedeutet, er muss für die notwendigen Kompetenzen und den entsprechenden Überblick sorgen, damit alle im Unternehmen auf ihrer Ebene die notwendigen Entscheidungen und Handlungen einschätzen und vornehmen können. Es liegt in der Verantwortung des Unternehmers, zuerst alle Vorkehrungen zu treffen und dann dafür zu sorgen, dass seine Organisation sicher die Flughöhe und damit den Erfolgskurs hält.

Die Helikopter-Strategie bietet ihm die Möglichkeit, beides zu erwerben: kraftvolle Erfahrungen, die seine Motivation steigern, wichtige Erkenntnisse über sich selbst und sein Unternehmen und die notwendigen Kompetenzen, um im Cockpit seines Handelns zu bleiben.

Zusammen mit der Flight Instructorin gelingt Markus Leitner eine sichere Landung. Danach bespricht er sich mit seinem Helikopter-Coach. Er ist um wichtige Erfahrungen reicher. Erstens: Tatsächlich kann er im wahrsten Sinnen des Wortes abheben und etwas Neues, ganz anderes umsetzen. Das ist die zentrale Kompetenz eines Unternehmers. Zweitens: Es ist höchst gefährlich, ja sogar verantwortungslos, den Platz des Piloten oder des Topmanagers zu verlassen. Erst recht, wenn der Vogel in der Luft ist und jemanden braucht, der ihn steuert. Drittens: Noch gefährlicher ist das, wenn ich eine Veränderung wage, also etwas Neues, für alle Beteiligten Unbekanntes, ausprobiere. Viertens: Es hilft, wenn man eine Fachfrau an seiner Seite hat, die z. B. fliegen kann, wenn ich in der Luft irgendwelche Experimente mache oder meine, ich muss jetzt in den Maschinenraum. Und zu guter Letzt: Verantwortlich handeln heißt: Entweder ich behalte das Steuer in der Hand, und zwar mit voller Aufmerksamkeit im Cockpit, oder ich suche mir Unterstützung, die so lange meine Aufgaben übernimmt, bis ich wieder aus dem Maschinenraum auftauche. Markus Leitner fällt im Nachhinein auf, dass ihm gar nicht die Idee gekommen ist, mit der Pilotin zu verhandeln, ob sie den Helikopter weiterfliegt, während er seine »Gymnastik-Übungen« macht.

Begeistert und hochmotiviert stellt der Unternehmer Leitner fest: »Das habe ich auf dem Flug kapiert. Ich brauche einen guten Stellvertreter. Ich weiß auch schon wen. Die Kollegin bitte ich gleich morgen zum Gespräch, damit die loslegen kann. Und dann muss ich natürlich meine Führungsmannschaft umbauen. Bei unseren Führungsmeetings bin ich ab jetzt nur noch alle vier Wochen dabei. Den Rest kann meine Stellvertreterin übernehmen, mit der ich mich wöchentlich abstimme. Das ist viel effizienter. Aber meine Truppe muss auch erstmal lernen, mit diesem neuen Stil umzugehen. Die kriegen ja mehr Verantwortung. Das sind die so nicht gewohnt. Dafür brauchen sie alle Trainings. Könnten Sie die nicht übernehmen? Das wäre doch großartig, alles aus einer Hand, oder? Was meinen Sie, reichen dafür zwei Maßnahmen?«

»Viele gute Ideen,« erwidert der Unternehmer-Coach, Sandra Happel, »ich denke nur, wir sollten den Flug noch etwas genauer vorbereiten und schauen, was genau Ihr Reiseziel ist. Welche Route ist dafür die angemessene? Haben Sie genug Treibstoff und die richtige Maschine? Wie wird das Wetter? Stürmisch oder sonnig? Und was brauchen Sie selbst noch für Ihr Piloten-Dasein?«

In den nächsten Wochen wird das immer wieder geschehen, dass Markus Leitner in seinem Wunsch einfach mal loszulegen, Entscheidungen schnell zu treffen und umzusetzen, von den Helikopter-Strategie-Experten gebremst wird. Denn diese unterstützen und trainieren ihn in seiner Verantwortung als Unternehmer dabei, im »Cockpit« stets den Zielkurs zu halten und souverän die nötigen Kurskorrekturen vorzunehmen. Auf diese Weise klärt er seine individuellen Führungs- und Persönlichkeitskompetenzen. Indem er eingespielte Verhaltensmuster verlässt, fügt er seinen vorhandenen Fähigkeiten bereits neue hinzu. Denn als Unternehmer dem Reflex zu widerstehen, die notwendige und angestammte Rolle zu verlassen, um im operativen Geschäft mitzumischen sowie die vier Analysephasen der Helikopter-Strategie »auszuhalten«, ohne größere Veränderungen vorzunehmen und schließlich die Erkenntnisse aus dieser Analyse zu sammeln, um daraus eine Strategie abzuleiten, die beidem gerecht wird – dem Unternehmen und dem Unternehmer–, das allein ist schon eine massive Veränderung.

Die Helikopter-Strategie – in vier Phasen auf klarem Unternehmerkurs

Was erwartet den Unternehmer mit der Helikopter-Strategie? Die Helikopter-Strategie ist ein Unternehmensführungs-Training für Geschäftsführer und Inhaber. Es umfasst vier Phasen, die alle Parameter der Unternehmenssteuerung beinhalten und evaluieren. Die vier Phasen und ihre einzelnen Module sind auf die Unternehmensfelder abgestimmt und beinhalten alle relevanten Führungsthemen. Jedes Modul wird von einem erfahrenen Trainer, der selbst Unternehmer war oder ist, durchgeführt. Durch die inhaltliche Synchronisierung der Modulergebnisse und der Führungskompetenzen von Markus Leitner wird über den gesamten Trainingszeitraum ein unternehmensumfassendes, individuelles Führungsleitkonzept entwickelt. Dieses Konzept steht ihm als App in digitaler Form für seine tägliche Führungsnavigation zur Verfügung. So bleibt Markus Leitner in angemessenem Kontakt mit den Ereignissen und Erkenntnissen der anderen drei Phasen, was ihm die Nachhaltigkeit seiner Trainingsergebnisse garantiert.

Die Trainingsdauer beträgt mindestens sechs Monate. Die Modulabfolge ist immer gleich, da auf Basis der durchgeführten Praxistests so die größtmöglichen Synergieerkenntnisse generiert werden.

Das erste Modul befasst sich mit dem Unternehmer und seiner Persönlichkeit. Es beruht auf zwei Bausteinen: Dem Helikopterflug und der INSIGHTS MDI®-Potenzialanalyse.

Wie beschrieben, sorgt der erste Baustein, Helikopterflug, für das direkte Erleben und damit die Fokussierung auf die notwendige Leitposition im Unternehmen. Zur Vorbereitung auf den Flug erhält der Unternehmer während eines ganzen Coaching-Tages einen konkreten Einblick in die Steuerung eines Helikopters. Er erlebt die detaillierte Flugvorbereitung, hebt an der Seite eines erfahrenen Flight Instructors ab und sitzt selbst am Steuer, um an das definierte Ziel zu kommen.

Viele Aufgaben, Parameter und Verhaltensweisen, die vor und während eines Helikopterfluges überlebensnotwendig sind, lassen sich auf die Führung eines Unternehmens emotional und nachvollziehbar übertragen.

Die während des Flugtages gewonnen Ergebnisse und Eindrücke werden im weiteren Trainingsprogramm vertieft und in konkrete Maßnahmen überführt.

Den zweiten Baustein liefern die INSIGHTS MDI®-Diagnostik-Tools. Aus diesen Tools setzt sich ein umfangreicher, Jahrzehnte lang erprobter und wissenschaftlich fundierter Werkzeugkasten zusammen (MDI steht für Management Development Instruments). Er ermöglicht es einem Unternehmer wie Markus Leitner im Rahmen der Helikopter-Strategie seine eigene Stärke im Sinne des Unternehmenserfolgs effizient einzusetzen und auszubauen. Darüber hinaus lässt sich INSIGHTS MDI® nutzen, um leistungsfähige Teams auf allen Hierarchieebenen zu bilden und schließlich die richtigen Mitarbeiter einzustellen und zu halten. Das wird für die Module zwei und drei der Helikopter- Strategie noch von Bedeutung sein.

Mit dieser Potenzialanalyse hält Markus Leitner einen umfangreichen, textlichen und grafischen Report in Händen, der ihm einen fundierten Einblick über seine Stärken, Schwächen und Entwicklungspotenziale liefert. In einem ausführlichen Gespräch geht er mit Sandra Happel die Ergebnisse durch.

Anhand dieser Analyse versteht und akzeptiert Markus Leitner schweren Herzens, dass es sinnvoll ist, erst mit den vier Phasen der Helikopter-Strategie ein Gesamtbild zu entwickeln, bevor er weitreichende Entscheidungen für sich und das Unternehmen trifft. Da es seinem Wesen entspricht, sich einen Überblick zu verschaffen, den Kontext zu verstehen, fällt es ihm leicht, sich darauf einzulassen. Was ihm aber durch die Potenzialanalyse deutlich wird: In der Krise, im Stress neigt er dazu, Probleme schnell zu »lösen«, ohne die adäquaten Informationen zu haben. Zum Beispiel eben mal schnell seine Führungsmannschaft umzubauen. Eine weitere Schwierigkeit im Stress ist, dass er schlecht delegiert und so einfach mal schnell eine Stellvertreterin ernennen will.

Und schon hat er einige Herausforderungen für sich in den kommenden sechs Monaten erkannt. Erstens: Adäquate Informationen besorgen zur Strukturierung seiner Führungsmannschaft, zu den Herausforderungen, die diese in Zukunft zu bewältigen haben, zu den Voraussetzungen einer effizienteren und motivierenden Kommunikation untereinander.

Zweitens: Kriterien für eine gute Stellvertretung sowie eine sinnvolle Aufgabenteilung sammeln – mithilfe der Potenzialanalyse.

Im zweiten Modul übernimmt der nächste Coach, ein Experte für Führungsteams und Führungskommunikation. In diesem Modul werden die fünf engsten bzw. wichtigsten Führungskräfte des Unternehmers mit in den Prozess aufgenommen. Alle fünf machen ebenfalls die Insights-Persönlichkeitsanalyse. Auf Basis aller Auswertungen und nach Erstellung des Teamrades kann der Unternehmer folgende Ergebnisse sehen:

- Wie gut passen wir als Unternehmensführung zusammen?
- Passen die Kompetenzen der einzelnen Führungskräfte zu ihren Führungsaufgaben und den anvisierten Unternehmenszielen?
- Wo liegen die gravierendsten Stolperfallen im Team?
- Welche besonderen Stärken und Fähigkeiten macht diese Teamkonstellation aus?
- Wie schafft das Führungsteam zielorientierte Kommunikation, sowohl horizontal wie vertikal?

Allein durch die Sichtbarmachung der unterschiedlichen Persönlichkeiten und Kompetenzen des Teams lassen sich in fast allen Fällen vorhandene Blockaden und Unzufriedenheit lösen.

In Modul Drei scannt ein weiterer Coach, Experte für Prozesse und Organisation, in Zusammenarbeit mit dem Unternehmer und ausgewählten Mitarbeitern die zentralen Unternehmensprozesse. Durch diese Arbeit werden die ineffizienten und blockierenden Prozess- und Organisationsstrukturen sichtbar gemacht. An welchen Stellen verliert das Unternehmen unnötig Ressourcen, Geschwindigkeit oder Motivation? Passen die Organisationstrukturen und Prozesse zu den anvisierten Zielen und Führungskompetenzen? Auf diese Synchronisation von Zielausrichtung, Unternehmer-Persönlichkeit und Organisationsaufbau wird in der Realität selten bis nie geschaut.

Das Ergebnis für Markus Leitner aus diesem Modul wird sein, dass er die alte Organisation, die sein Vater aufgebaut hat, verändern muss. Die alten Prozesse sind zu umständlich und zu wenig digital, um seiner neuen Ausrichtung und Unternehmensführung gerecht zu werden.

Das *vierte und letzte Modul* der Helikopter Strategie, nimmt sich die Marktposition des Unternehmens vor. Eine erfahrene Trainerin und Expertin für Kundensegmentierung und Markenpositionierung überprüft mit einem ausgewählten Stab an Mitarbeitern die Innensicht versus der Kunden- bzw. Wettbewerbereinschätzung.

- Wer sind die treuesten Kunden?
- Wie viele gibt es davon?
- Was ist der zentrale Kundennutzen des Produktes/der Dienstleistung?
- Passt das derzeitige Image zur internen Einschätzung und zur zukünftigen Zielausrichtung?

Diese und viele Fragen mehr werden beharrlich gestellt. Jeder Unternehmer, Marketing-Verantwortliche oder Vertriebsleiter kennt eigentlich diese Fragen. Doch oftmals werden sie nur oberflächlich mit wohlklingenden Plattitüden beantwortet.

Auch Markus Leitner hatte, bevor die Arbeit im Modul startete, nur eine grobe Vorstellung davon, wer seine kostbarsten Kunden sind.

Alle Erkenntnisse, Blockaden, Erfolgsverhinderer und sonstige von den Trainern aufgedeckten und erarbeiteten Themen werden nach jedem Modul in der Expertenrunde besprochen und synchronisiert. Am Ende der sechs Monate erhält der Unternehmer somit ein persönliches, strategisch sicheres und punktgenaues Handlungskonzept. Mit nur einem wichtigen Ziel: ein zufriedener, glücklicher, gesunder und dauerhaft erfolgreicher Unternehmer und Mensch zu sein.

Vom Helikopterflug bis zur Ergebnispräsentation war es ein ordentliches Stück Weg. Ein Weg, den Markus Leitner zwischendrin gerne verlassen hätte, um – ja um

was eigentlich zu tun? So weiterzumachen wie bisher? Weiterhin diese Unzufriedenheit zu spüren mit sich, seinen Aufgaben und Ergebnissen und denen seines Unternehmens? Indem er sich in den Helikopter gesetzt hat, hat er wieder seine volle Verantwortung übernommen, kennt die Stellschrauben und hält alles in der Hand, um
sich und sein Unternehmen in die richtige Richtung zu lenken. Und die Menschen in
seinem Unternehmen hat er ebenfalls neu kennen gelernt.

Er sitzt jetzt wieder dort, wo der Pilot hingehört: im Cockpit, den Steuerknüppel
fest im Griff.

SANDRA HAPPEL

Sandra Happel ist Trainerin und Coach für den Mittelstand und zählt zu den ersten Adressen im deutschsprachigen Raum, wenn mittelständische Unternehmer
Rat bei Geschäftsführungsthemen suchen. Seit zwanzig Jahren ist sie Vollblutunternehmerin. Diese Kombination bringt ihr bei Kunden höchsten Respekt ein und
sorgt für eine hohe Akzeptanz in der Beratungsarbeit.
Schwerpunktmäßig berät sie Geschäftsführer von mit-
telständischen Unternehmen in betrieblichen und persönlichen Strategie- und Führungsfragen.
www.sandra-happel.de

Warum hat die Zukunft eine lange Vergangenheit?

ANITA HAVIV-HORINER

»Die Vergangenheit hat eine lange Zukunft«, lautet ein bekannter Satz aus dem Talmud, einem der wichtigsten Schriftwerke des Judentums. Die Rabbiner wollen damit dem jüdischen Menschen vermitteln, dass ihr Handeln nicht nur im H i e r und H e u t e stattfindet. Unsere Perspektive auf das Leben sollte nicht nur eine Momentaufnahme sein, denn ohne das Besinnen auf die Vergangenheit und die Kontextualisierung der Gegenwart können wir unsere Zukunft nicht sinnvoll gestalten. Das ist ein grundlegendes Prinzip der jüdischen Religion, welches sich als Leitmotiv durch viele Rituale zieht.

Verantwortung für die eigene Vergangenheit übernehmen

Ich selbst bin säkular, doch sind meine Wurzeln in der jüdischen Tradition eingebettet. Wohl deshalb setzte ich mich schon als Jugendliche intensiv mit der Vergangenheit auseinander. Daran hat sich bis heute nichts geändert. Diese Tatsache hat viel – wenn auch nicht ausschließlich – mit meiner Familiengeschichte zu tun. Daher möchte ich sie an dieser Stelle kurz skizzieren.

Meine Eltern sind beide Überlebende des Holocaust. Mein Vater stammte aus einer orthodoxen jüdischen Familie in Rumänien. Er wurde als 16-Jähriger mit seinen Eltern nach Auschwitz deportiert. Letztere wurden dort in den Gaskammern ermordet. Danach kam er zur Zwangsarbeit ins Konzentrationslager Mauthausen. Nach seiner Befreiung blieb er in Wien. Er war so krank, dass er monatelang in einem Krankenhaus behandelt werden musste, um einigermaßen wieder auf die Beine zu kommen.

Meine Mutter stammt aus einer assimilierten jüdischen Familie in Budapest. Sie erlebte den Holocaust als kleines Mädchen im Ghetto von Budapest. Ihr Vater und ein großer Teil ihrer Familie wurden ermordet. Beide waren von ihren Erfahrungen schwer traumatisiert, sie schwiegen über ihre Erfahrungen und wollten nur vergessen. Ich fragte nicht. Trotz ihrer seelischen und körperlichen Verletzungen haben sich meine Mutter und mein Vater nach dem Krieg wie »Phönix aus der Asche« erhoben. Sie haben schwer gearbeitet und mir eine akademische Ausbildung ermöglicht. Ihre einzige Tochter beruflich auf die eigenen Beine zu stellen, sie zur Unabhängigkeit zu erziehen, war ihre höchste Priorität.

»Wissen kann dir niemand nehmen, du musst immer lernen", lautete das Mantra meiner Jugend. Es spornte mich an und verpflichtete mich zugleich. Da ich nicht im Land der Täter bleiben wollte, habe ich 1979 Österreich im Alter von 19 Jahren verlassen und bin nach Israel ausgewandert. Dort entdeckte ich, dass die Menschen in Israel mit ihrer Biografie nicht nur offen, sondern auch offensiv umgehen. Das war das Kontrastprogramm zu meinen Wiener -Erfahrungen, wo die Vergangenheit zumeist in Schweigen gehüllt war.

Die Israelinnen und Israelis, die ich kennenlernte, gingen auf eine natürliche Art mit ihrer Biografie um. Sie sprachen über ihre Lebensgeschichte und betonten, wie stark die Familiengeschichte sie geformt hatte. Sie verheimlichten nie Schwierigkeiten der Integration als Neueinwanderer, sie sprachen über Benachteiligung, aber sehr oft nahmen sie diese Schwierigkeiten als eine Herausforderung für ihr eigenes Vorankommen in der Gesellschaft und auch in der Arbeitswelt an. Sie schämten sich nicht dafür, dass ihre Eltern aus einfachen Verhältnissen kamen, sondern bekannten sich zu ihnen und blickten mit Dankbarkeit auf sie.

Dieser ehrliche, kritische und zugleich selbstbewusste Umgang mit der Familiengeschichte eröffnete mir einen neuen Blick hinsichtlich des Umgangs mit der eigenen Vergangenheit. Ich lernte, nicht nur auf die Verletzungen meiner Eltern zu fokussieren, sondern auch ihre unglaubliche Leistung des Wiederaufbaus zu würdigen. Damit wurde meine Wahrnehmung der persönlichen Verantwortung für die Vergangenheit um eine positive Dimension erweitert und bereichert.

In diesem Kontext besann ich mich auf das Gebot der jüdischen Religion: »*Zachor We Schamor*«, – »*Erinnere dich und Bewahre*«, das sich auf den Shabbat bezieht. Die beiden vor Eintritt des heiligen Ruhetages gezündeten Kerzen erinnern jüdische Familien jede Woche an folgenden Gedanken: »Wir müssen uns erinnern und diese Erinnerung kann nur durch konkretes Handeln bewahrt werden.«

Doch inwiefern kann dieser Imperativ zum Wegweiser für eine säkulare Jüdin wie mich werden?

Die Antwort liegt in meiner Bildungsarbeit.

Ich habe es mir zur beruflichen Aufgabe gemacht, über das Schicksal meiner Familie zu sprechen und zu schreiben. Und auch darüber, wie ihr Schicksal mich geprägt hat. Die Leidensgeschichte meiner Eltern ist immer präsent. Gleichzeitig versuche ich in meinen Texten und Workshops zu vermitteln, was ich aus ihrer Geschichte lernen konnte. Ich möchte zeigen, wie sehr ihr Wirken Vorbild und eine Quelle der Kraft sind. Und damit will ich auch andere ermutigen, aus dieser Perspektive mit ihrer eigenen Geschichte umzugehen.

Meine Eltern haben mir vorgelebt, dass ein Neubeginn auch unter den schwierigsten Umständen möglich ist, denn sie haben sich dem Leben zugewandt.

Es war bei Weitem nicht Alles perfekt, ihr Trauma hat unseren Alltag beeinflusst, doch sie haben eine Familie und auch eine Firma aufgebaut. Sie zögerten nicht und gingen Wagnisse ein. Denn sie hatten nicht den Luxus, sich in die dank ihrer Leistungen für die Nachfolgegenerationen selbstverständlich gewordene Komfortzone zurückzulehnen.

Die Risikobereitschaft, situative Wendigkeit und mutigen Entscheidungen meiner Eltern haben mich inspiriert, in Krisenzeiten haben sie mir Mut gemacht. Das ist bis heute so.

So habe ich gelernt, dass man aus seiner eigenen Biografie Kraft schöpfen kann, wenn man zu seiner Geschichte steht. Wer sein Leben reflektiert, erkennt welche ungenutzten Ressourcen es enthält und sieht es als eine Quelle der Kraft und der Inspiration für sich und andere.

Somit bedeutet Verantwortung für die Vergangenheit heute für mich: Die Erinnerung durch konkretes Handeln wachzuhalten. Und konstruktive Lehren aus ihr zu ziehen, den Mut haben, nach einer Krise neu zu beginnen, Neues zu erproben. Und Rückschläge und Hindernisse nicht als Niederlage zu empfinden.

Deshalb hat für mich die Zukunft zweifelsohne eine lange Vergangenheit.

ANITA HAVIV-HORINER

Anita Haviv-Horiner ist 1960 in Wien geboren und aufgewachsen. 1979 wanderte sie nach Israel aus, wo sie seitdem lebt. Das Studium der Literaturwissenschaften und Didaktik schloss sie an der Universität Tel Aviv ab. Die Publizistin und Bildungsexpertin spezialisiert sich auf den deutsch/österreichisch-israelischen Dialog. Ihre Kernexpertise liegt in der Bedeutung von biografischen und alltagsbezogenen Perspektiven für Bildungsarbeit und interkulturelles Management.

2019 erscheint das neue Buch »Nichts Neues in Europa? – Israelische Blicke auf Antisemitismus in Europa« bei der Bundeszentrale für politische Bildung. www.booklooker.de/Bücher/Angebote/autor=Anita+Haviv-Horiner

Mission Verantwortung

BERND KIESEWETTER

Den Einklang von Wirtschaft, Natur und Mensch herzustellen, das ist die Aufgabe der Zukunft.
Wir müssen uns klar werden, dass der Mensch nicht der Mittelpunkt des Universums, sondern nur ein winziger Bestandteil dessen ist. Wir müssen prüfen, was tatsächlich Fortschritt bedeutet und welche Errungenschaften wertlos sind, im Blick auf Beständigkeit. Die positive Rolle der Unternehmen zu erkennen, Ihre Verantwortung zu fördern und fordern, gilt es umzusetzen und für die Allgemeinheit zu nutzen.

Das große Ganze

Wir müssen uns Klarheit verschaffen

Etwa 4,5 Milliarden Jahre alt soll unser hübscher blauer Planet nun sein. Es geht nicht um ein paar Jahre mehr oder weniger, doch wir Menschen sind, in unterschiedlichster Entwicklung, wohl erst seit etwa 2 Millionen Jahren daran beteiligt und auf der Erde unterwegs. Zur Verdeutlichung in Zahlen: 4.500.000.000 Jahre; 2.000.000 Jahre

Das entspricht gerade einmal einem Verhältnis von 0,04 Prozent! Wir Menschen haben also mit der Entwicklung des Planeten Erde nicht sehr viel zu tun. Anders ausgedrückt spielen wir wirklich noch nicht lange eine Rolle auf dieser Welt. Diese Erkenntnis kann sehr heilsam sein, wenn wir uns mal wieder viel zu wichtig nehmen und meinen, der Nabel des Universums zu sein. Wir sind es nicht und wir können froh sein, an diesem Leben teilnehmen zu dürfen. Andersherum betrachtet sind zwei Millionen Jahre nicht gerade ein Pappenstiel und wir können getrost von einem sehr langen Abschnitt sprechen. Unsere Vorstellungskraft reicht nicht für einen solchen Zeitraum, zu sehr sind wir von unseren eigenen Lebensjahren geprägt und wir können uns kaum ein Jahrtausend vorstellen. Aber versuchen wir es trotzdem und halten uns vor Augen, dass es der Natur und Umwelt von diesen 2.000.000 Jahren ungefähr 1.999.999.900 Jahre gut ging.

Erst in den letzten gut 100 Jahren haben wir massiv daran gearbeitet, es anders werden zu lassen. Wir meinen uns enorm entwickelt zu haben. Tatsächlich gab es viele Errungenschaften, die das Leben der Menschheit erleichtert haben. Neben dem aufrechten Gang können wir heute lesen, schreiben und rechnen und mittlerweile auf vielerlei Arten in rasanter Geschwindigkeit von A nach B kommen. Doch wir haben allzu oft die langfristigen Auswirkungen vergessen oder verdrängt.

Es ist nun einmal so, dass für jedes erreichte Ergebnis auch ein Preis zu zahlen ist. Einiges im Vorhinein und anderes im Nachhinein. Jede Ursache hat auch eine Wirkung und wir sind manchmal zu bequem oder zu euphorisiert, um über die Wirkung vorzudenken.

Doch genau das ist unsere Verantwortung! Denn wie der Name es schon ausdrückt, wir bekommen immer eine Antwort. Das Wort beinhaltet bereits die Tatsache, dass es völlig egal ist, ob wir die Verantwortung annehmen oder nicht, wir werden immer eine Antwort bekommen. Unsere Handlungen oder Nichthandlungen haben Folgen und Konsequenzen – immer. Das ist Verantwortung.

Während wir also Errungenschaften wie die Herstellung von Kunststoff feiern und in der Folge mit der Weiterentwicklung in Sachen Festig- und Leichtigkeit beschäftigt sind, haben wir vor lauter Freude und Forschung die Folgen ganz übersehen, dass es in der Folge ein Problem damit geben könnte. Wir kamen gar nicht auf den Gedanken die exorbitanten Entwicklungen vorauszusehen. Heute ist die kunststofferzeugende Industrie mit etwa 80 Milliarden Euro Umsatz ein wichtiger Zweig der chemischen Industrie und allein in Deutschland arbeiten mehr als 370.000 Menschen in über 3500 Unternehmen. Und »plötzlich« haben wir ein Müllproblem entdeckt, um die Schwierigkeiten der Entsorgung all dieser Herstellungen. Möglicherweise hätten wir bereits vor fast 100 Jahren darüber nachdenken, nein vordenken sollen. Natürlich wäre es töricht hier Böswilligkeit zu unterstellen, doch Gedanken- oder Handlungslosigkeit von tausenden hellen Köpfen muss getrost unterstellt werden.

Ökologie und Humanismus sind die zentralen Themen für das Leben der Zukunft, denn die wirtschaftlichen Erfolge sind längst an ihre Grenzen gestoßen. Wir können es uns nicht erlauben die Umweltprobleme und die unterschiedlichen Lebensbedingungen zu übersehen. Es gilt nun den gewonnenen Reichtum auf allen materiellen und immateriellen Ebenen so zu verbreiten und zu verteilen, dass auf diesem Globus alle davon profitieren können. Gleichzeitig wird die Aufgabe sein den Planeten Erde so zu erhalten, dass ein Fortbestehen der Menschheit hier möglich ist und bleibt. Denn die Erde wird ganz sicher auch ohne den Menschen auskommen können und so würden wir eine kurze Episode in diesem Universum bleiben. Andersherum sieht es nach derzeitigem Forschungsstand deutlich schwieriger aus, ein Ersatzplanet scheint nicht in Sicht.

Wir befinden uns im Übergang vom Informationszeitalter zum Bewusstseinszeitalter und die Folgen der digitalen Revolution, in denen sich buchstäblich über Nacht die Bedingungen und ganze Märkte ändern, werden nicht nur das Dasein der Menschheit bestimmen, sondern auch über Erfolg und Misserfolg von Mensch und Unternehmen entscheiden. Es wird in Zukunft eben nicht mehr genügen, gut gewesen zu sein. In rasanter Geschwindigkeit werden wir uns den Gegebenheiten anpassen müssen. Themen wie Leistung, Nutzenorientierung, Qualität und Service werden nur noch Grundvoraussetzungen und Selbstverständlichkeiten sein, um persönlichen und unternehmerischen Erfolg zu generieren. Wir müssen künftig unseren Verantwortungen gerecht werden, gemeinsame Lösungen für ein friedliches und gerechtes Miteinander der Menschen, im Einklang mit der Natur und Umwelt, zu schaffen. Dies wird in Zukunft auch über die Ergebnisse von Unternehmen bestimmen.

Wirtschaftlicher Erfolg bestimmt immer

Nun ist es meiner bescheidenen Meinung nach töricht, das Streben der Beteiligten außer Acht zu lasse oder zu ignorieren und es ist auch nicht zu empfehlen, davon auszugehen, dass wir Menschen über uns hinauswachsen und unsere eigenen Bedürfnisse für die Gemeinschaft und den Planeten dauerhaft zurückstellen. Einfach ausgedrückt sind wir nun einmal mit unseren Jagdtrieben ausgestattet und wollen für uns und unsere Familien das Beste. Wir Menschen sind gesteuert von der Suche nach Glück und diese beinhaltet auch den Erfolg. Es geht zwar in unserer westlichen Welt nicht mehr ums blanke Überleben, doch die Struktur und das Wesen sind geblieben.

Die heutigen Erkenntnisse zu den Themen Ökologie und Ökonomie sind die Folge eines kollektiven gesellschaftlichen Reifeprozesses. Wir haben Jahrzehnte und Jahrhunderte gebraucht um an diesen Punkt zu kommen und finden auf der Welt diesbezüglich sehr unterschiedliche Ausgangslagen. Es wäre vermessen, anderen Ländern und ihrer Bevölkerung unsere heutige Sicht einfach überstülpen zu wollen. In Deutschland verfügen wir über ein freiheitliches Leben auf höchstem Niveau. Doch obwohl wir zu den reichsten Ländern der Welt gehören, gibt es auch innerhalb unseres Staates erhebliche Differenzen. Während über eine Million Menschen mehr als eine Million Euro ihr Vermögen nennen können, leben andererseits knapp zwölf Millionen Menschen in Armut, mit weniger als 969 Euro im Monat. Wenn nun Menschen ihre Miete nicht oder nur schwerlich bezahlen können und jeden Cent dreimal umdrehen müssen, verliert in dieser Gruppe die Debatte über Verantwortungen an Interesse.

Mit erhobenem Zeigefinger auf ärmere und anders entwickelte Regionen zu zeigen, scheint ebenfalls wenig sinnvoll. Der Wohlstand bei uns in Europa, Nordamerika und bei einigen anderen ist auch zu großen Teilen durch die Ausbeutung anderer Länder entstanden und wir blicken heute auf eine ungleiche Verteilung, die nicht mehr wettzumachen ist. Etwa 94 Prozent des Vermögens verteilen sich auf die zwei reichsten Zehntel der Bevölkerung und allein 82 Prozent auf das erste Zehntel. Diese Ausgangslage schafft ein Ungleichgewicht, welches zu völlig anderen Bedürfnissen und Sichtweisen der unterschiedlichen Länder und deren Bevölkerungen führt. Einem aufstrebenden Chinesen die Schonung der Umwelt vor die Befriedigung seiner persönlichen Bedürfnisse zu stellen, wird schlichtweg kaum funktionieren und die heutigen Völkerwanderungen in Form von Flüchtlingsströmen aus dem Nahen Osten und Afrika sind schlichtweg Ausdruck einer ungleichen Verteilung.

Die Zahl der Menschen, die vor Krieg, Konflikten und Verfolgung fliehen, war noch nie so hoch wie heute. Ende 2017 waren 68,5 Millionen Menschen weltweit auf der Flucht. Im Vergleich dazu waren es ein Jahr zuvor 65,6 Millionen Menschen, vor zehn Jahren »nur« 37,5 Millionen Menschen. 85 Prozent der Flüchtlinge leben in Entwicklungsländern. Es ist letztlich nicht mehr und nicht weniger als das Bestreben des Menschen, in Frieden und Freiheit ein gutes Leben führen zu können, der diese Bewegungen veranlasst. Jeder Mensch und damit auch jedes Unternehmen ist bestrebt besser zu leben und mehr zu erreichen. Die Basis dessen liegt selbstverständlich bei den Bedürfnissen Nahrung und Sicherheit, in der Folge stehen viele materielle und immaterielle erstrebenswerte Dinge auf der Agenda, bevor der Mensch sich den hier genannten Themen widmen kann und möchte. Erst wenn weit mehr als die Grundbedürfnisse gedeckt sind, ist der Mensch offen und in der Lage, anderen zu helfen und für anderes wirksam einzutreten. Im Grunde genommen ist also das Beschäftigen mit dem Thema Ethik eine hochgradig elitäre Debatte.

Wer ist für die Verantwortung zuständig?

Es kann folglich nur in der Verantwortung der »reichen« Staaten und seiner Bürger liegen für mehr Schutz von Klima und Natur zu sorgen. Es ist eine Wohlstandsdebatte über Humanismus und Umweltschutz, die man sich erst einmal leisten können muss. Darum liegt es auch in der Verantwortung der im Wohlstand befindlichen Personen und Organisationen, für bessere Lebensbedingungen der Gesamtheit zu sorgen und gleichzeitig die Möglichkeit für den Einzelnen zu schaffen. Was im ersten Moment paradox klingen mag, ist im Ergebnis denkbar einfach. Der sogenannte Arme hat alles andere im Sinn, als sich mit Ethik und Umweltschutz zu befassen, er ist viel zu sehr damit beschäftigt über die Runden zu kommen. Er ist aber gleichzeitig Mitarbeiter, Kunde und Verbraucher und muss nicht nur über ausreichende Mittel verfügen, um die Produkte und Dienstleistungen zu konsumieren, sondern in erster Linie muss er friedlich bleiben, gegenüber dem Anbieter und »Habenden«. Wenn Menschen durch Mangel oder Bedrohung zu sehr in die Enge getrieben sind, bleibt ihnen nur der Angriff als Ausweg. Immer wieder und in allen Teilen der Erde können wir heute noch dieses Verhalten in Form von kriegerischen und terroristischen Auseinandersetzungen aller Art beobachten. Im Sinne der eigenen Entwicklung stellt sich also gar nicht die Frage, wer diese Pflichten übernehmen soll und kann. Denn wer, wenn nicht wir, soll die Rolle des Vorreiters übernehmen?! Und das nicht, weil wir so tolle Humanisten sind, sondern weil wir die intellektuelle Reife und wirtschaftliche Prosperität dafür haben. Weil wir einen kollektiven Wohlstand haben, der uns erlaubt uns darüber Gedanken machen zu können. Deshalb müssen wir auch damit anfangen und auch nur dann haben wir das Recht, mit dem Finger auf andere zu zeigen bzw. andere zu motivieren es uns gleichzutun.

Wenn wir also weiterhin erfolgreiche Geschäfte machen möchten, dann müssen wir dafür sorgen, dass es erstens den Armen gut genug geht, um friedlich zu bleiben, zweitens dafür zu sorgen, dass sie wertvolle Arbeit vollbringen können und drittens, dass es ihnen so gut geht, dass sie unsere Produkte und Dienstleistungen auch konsumieren können.

Was hier wie die übelste, rücksichtslose Kapitalistensicht klingt, ist andererseits ehrlich, direkt und zielführend. Und genau genommen sogar sozial, denn sie führt zu einer Verbesserung der Lebensumstände aller Beteiligten. Kapitalismus eben. Damit wird aber auch klar, wem die Zuständigkeit und Verantwortung zukommt. Der Schwache kann den Starken nicht halten, es muss schon umgekehrt angehen. Die starken, mächtigen und finanzkräftigen Teilnehmer des Spiels namens Leben müssen sich um die Dinge kümmern. Sie sind die Entscheider, die Führer, die Bestimmer und ihnen fällt die Rolle der Verantwortung zu. Das bedeutet nicht, dass ein »schwächerer« Mitspieler keine Verantwortung hat und sich hinter der Opferrolle verstecken darf, aber aktiv muss der Starke werden.

Wohlstand geht von Unternehme(r)n aus

Prosperität entsteht nicht durch Passivität und daher kann kein Beamter und kein Angestellter für eine Verbesserung unserer Lebensumstände sorgen. Es sind die Unternehmer, die die Risiken auf sich nehmen und manchmal regelrecht tollkühn nach vorne marschieren, um bessere Ergebnisse zu erzielen. Es sind die Unternehmer, die neue Produkte erfinden, am Markt platzieren und sich dem lebenslangen Prozess von Qualitätsverbesserung und Service verschreiben. Sie sind es, die sich selbst infrage stellen, wenn die Ergebnisse nicht gut genug sind. Sie sind es, die im besten Fall Arbeitsplätze schaffen und Familien versorgen. Aber sie sind es auch, auf deren Schultern die Verantwortung für das Gelingen lastet und die manches Mal völlig überfordert und überlastet sind. Sie sind die Schuldigen, wenn es misslingt. Man muss schon etwas verrückt sein, um Unternehmer zu sein bzw. es sein zu wollen. Unternehmer sind Extremisten, sie sind Süchtige, sie suchen stets den Erfolg und streben nach dem Besonderen. Sie werden selten gemocht, weil sie entweder mehr als die anderen haben oder scheitern. Das ist ihr Schicksal.

Diese Unternehmer und ihre Leitfiguren tragen die Verantwortung für die Zukunft unserer Gesellschaften. Sie sind zuständig für das wirtschaftliche Wachstum und den Erfolg. Sie sind für den Wohlstand ganzer Nationen verantwortlich und deshalb müssen sie auch den Anfang machen. Es sind vor allem die großen und die schnell wachsenden Unternehmen, die sich der Verantwortungen für diesen Planeten verschreiben müssen. Und zwar nicht nur des guten Images wegen, sondern schlicht für das eigene Überleben. Und warum sollen ausgerechnet sie das tun, wo sie doch sowieso schon viel mehr andere leisten? Weil nur sie es können! Weil kein anderer da ist.

Es ist also weniger eine Frage der Ehre, sondern vielmehr ist es gar keine Wahl. Die Unternehmer und ihre Unternehmen sind die einzigen, die sich an diesem Punkt der Entwicklung befinden und sich der Humanität und Ökologie verschreiben müssen und können.

Es geht uns alle an

Selbstverständlich müssen wir uns ALLE dazu verpflichten, nach bestem Wissen, Gewissen und unseren Möglichkeiten mitzuwirken. Wir sollten auf unsere Nächsten achten, wie auch weit entfernte Schicksale zur Kenntnis nehmen. Wir müssen auf regionaler Ebene wirken, ohne zu übersehen, dass manche Probleme nicht vor unserer Haustüre zu lösen sind. Wir müssen uns einmischen, doch vor allem selbst entsprechend handeln. Wir müssen unseren Konsum anpassen und von der Plastikflasche bis zum überhöhten Fleischkonsum die Folgen unseres Handelns berücksichtigen.

Wir müssen uns für Bildung und soziale Gerechtigkeit im eigenen Ort einsetzen, aber auch die Ungerechtigkeiten auf anderen Teilen der Welt nicht akzeptieren. Wir müssen nicht nur erkennen, dass es keinen Ersatzplaneten gibt, sondern auch entsprechend achtsam agieren. Lassen Sie uns Abschied nehmen von Kleingeistigkeit und Bequemlichkeit. Dieser blaue Planet ist wunderbar, lassen Sie uns diese Erde zu einem noch besseren Ort mit noch schöneren Lebensbedingungen machen.

Es ist wie in jeder guten Beziehung: Es reicht nicht sich zu verlieben, wir müssen sie täglich pflegen.

Wir müssen denken und handeln. In dieser Reihenfolge.

BERND KIESEWETTER

Bernd Kiesewetter ist Redner, Trainer, Coach, Mentor und Autor, aber vor allem ist und bleibt er Unternehmer aus Leidenschaft. Sein Antrieb: Leben zu verbessern. Seine Mission: Verantwortung.

Seit mehr als 30 Jahren kennt er extreme Höhen, aber auch tiefe Krisen, wie sie den meisten Menschen in der Regel hoffentlich erspart bleiben. Seine persönliche Geschichte ist bewegend und inspirierend, lebendig und lehrreich und geprägt von einer persönlichen Entwicklung, die es ihm erlaubt, auch anderen eine völlig neue Sicht zu – eine neue Sicht, die das Leben zum positiven verändern kann. Der Schlüssel: Verantwortung übernehmen für sich selbst und für andere, für das eigene Business und die Gesellschaft.

Bernd Kiesewetter ist für seine offene, fordernde, direkte und teilweise konfrontative Art Ergebnisse zu erzielen geschätzt. Er steht heute mehr denn je für absolute Klarheit und setzt den Fokus ausschließlich auf werthaltige und dauerhafte Erfolge. Seine Klienten sind Spitzensportler, Unternehmer und Menschen, die an ihrer eigenen Verbesserung hart arbeiten wollen, Ziele verfolgen und die selbst bereit sind, Verantwortung zu übernehmen.

Gesund und leistungsfähig durch Selbstverantwortung

RICHARD KIRCHMAIR

Unter dem Gesichtspunkt der Verantwortung, speziell der Selbstverantwortung, sind Ärzte eine ganz besondere Spezies: Ärzte sollen anderen Menschen helfen und ihre kranken Patienten im besten Falle heilen, gleichzeitig arbeiten sie häufig selbst unter äußerst ungesunden Bedingungen – eine Situation, aus der sich viel lernen lässt.

Ärzte als Verantwortungsträger?

Ärzte gelten per se als Verantwortungsträger. Fehler dürfen Sie sich nicht erlauben und sie müssen stets im Blick behalten, dass sich ihre Entscheidungen auf die Gesundheit unter Umständen auf das Leben der Patienten auswirken. Sie übernehmen Verantwortung für ihre Patienten und damit für die Gesellschaft – also nicht für sich selbst. Bereits 2011 hieß es in einer Studie des Universitätsklinikums Heidelberg: »Der Arztberuf gehört zu den besonders gesundheitsgefährdenden Tätigkeiten.« Daran hat sich nichts geändert, die Situation ist allenfalls dramatischer geworden. Ja, dieser einzigartige Beruf erfordert eine hohe Verantwortungsbereitschaft und kann geradezu exemplarisch deutlich machen, wie leicht sogar in der Regel kluge und verantwortungsbewusste Menschen die Eigenverantwortung komplett vergessen.

Passend dazu las ich schon vor Jahrzehnten die ersten Selbstoptimierungsbücher. Dieselbe Arbeit schneller, besser und fehlerfreier erledigen zu können – das war ein verlockendes Versprechen. Kurz: Ich verschlang diese Lektüre. Doch bei dem Versuch, das neue Wissen in die (in meinem Falle wortwörtliche) Praxis umzusetzen, stellte sich vielfach Ernüchterung ein. Das musste wohl an mir liegen. Irgendetwas musste ich falsch gemacht haben. Also las ich das nächste Buch, engagierte Berater, optimierte und verbesserte, wo es nur ging. Das kostete Zeit und Geld. Doch sollte beides in

Form von Effizienzsteigerung und einem höheren Umsatz wieder reinzuholen sein, dachte ich jedenfalls. Vor allem hatte ich während dieser Zeit einen großen Kredit auf meine eigene Gesundheit genommen. Praktizierte Eigenverantwortung war mir unendlich fern. Am Ende arbeitete ich sechs bis sieben Tage die Woche zwölf bis vierzehn Stunden am Tag. Jedem Patienten mit einem ähnlichen Pensum würde ich eindringlich zur Mäßigung raten.

Selbstausbeutung kann nicht zum Ziel führen

Inzwischen sind Jahre vergangen. Von meinen Bemühungen konnten vor allem meine Patienten profitieren, was natürlich ein Erfolg ist. Verantwortung zeigt sich jedoch auch darin, die eigene Arbeit – zumal sie einem Freude macht – über einen langen Zeitraum in hoher Qualität ausüben zu können. Als Arzt weiß ich es selbst am besten: Mit dauerhafter Selbstausbeutung kann das nicht gelingen. Verantwortung heißt deshalb auch, sich selbst Grenzen zu setzen und auch den eigenen Bedürfnissen gerecht zu werden. Darin zeigt sich vielfach mehr Verantwortungsbewusstsein als in permanenter Grenzüberschreitung. Der Business-Philosoph und Mentor Stéphane Etrillard sagt dazu sehr treffend: »Ein Nein zum Kunden, kann ein Ja zu sich selbst sein.« Und dieses Ja zu sich selbst macht es überhaupt erst möglich, den Kunden beziehungsweise Patienten dauerhaft hohe Qualität bieten zu können.

Wir leben in einer Zeit, in der viele Menschen von dem Drang beherrscht sind, immer mehr machen und erreichen zu wollen. Das kann zu einer Belastung werden und schließlich zur Überlastung führen – zumal Arbeit, Erfolg und Karriere sowie zunehmend auch private Anforderungen mit einem hohen gesellschaftlichen Prestige verbunden sind. Daraus resultiert ein Leistungsdruck, dem längst nicht jeder standhalten kann. Bekanntlich musste ja selbst der Schöpfer am siebten Tag ruhen. Diese Zeiten der Ruhe werden zusehends seltener, wofür es gewiss viele Gründe gibt. Die digitalen Medien machen es uns nicht leichter, sich für einen Moment von der turbulenten Welt zurückzuziehen und auch innerlich zur Einkehr zu kommen. Parallel zur Arbeit und zu anspruchsvollen Freizeitaktivitäten sind wir – dem Smartphone sei Dank – jederzeit erreichbar, auch abends, an den Wochenenden und im Urlaub, ja, selbst auf der Toilette. Wir denken gar nicht mehr darüber nach, welche Folgen das hat und ob wir wirklich ständig auf Abruf sein wollen oder es einfach sind, weil es zum Normalfall geworden ist. Ein Mensch ohne Smartphone, selbst der, der es einfach einmal abschaltet, ist beinahe schon ein Kuriosum geworden. Fast die Hälfte aller Deutschen wirft bereits in den ersten 15 Minuten nach dem Aufstehen einen Blick auf das

Smartphone (und rund 40 Prozent schauen innerhalb der letzten 15 Minuten vor dem Schlafengehen darauf).

Forscher des deutschen »Menthal Balance«-Projekts, die über eine App das Verhalten von 60.000 Smartphone-Nutzern beobachteten, fanden heraus, dass jeder Nutzer 88 Mal pro Tag (!) das Smartphone checkt. Alle 18 Minuten unterbrachen die freiwilligen Probanden der Studie ihre Tätigkeit, um online zu sein. Wie gesagt, das alles findet neben und zusätzlich zu all unseren anderen Verpflichtungen und Aktivitäten statt. Man braucht wirklich keine medizinischen Fachkenntnisse, um zu folgern, dass sich schnell Stress einstellt. Die große Frage ist nun: Was tun? Radikal alles abstellen und in die analoge Welt zurückkehren? Natürlich nicht!

Wir wünschen uns die eine, schnelle und einfache Antwort, die jedes Problem auf der Stelle auflöst. Schön wär's. Zwar werden immer wieder Patentrezepte angepriesen, dauerhaft wirksam sind sie jedoch nicht. Die Realität ist meist viel zu komplex für pauschale Antworten.

Dennoch gibt es viele wirkungsvolle Ansätze, die allesamt eines gemeinsam haben: Ihr Fundament und ihren Ausgangspunkt bildet in allen Fällen die Eigenverantwortung. Hippokrates, die indischen und chinesischen Heilkundler, der Naturheilkundler und Priester Sebastian Kneipp haben eine Grundlage geschaffen, die auch heute noch gültig ist und sogar Antworten für die moderne Zeit geben kann. Das lässt sich gut an den Kernaussagen der hippokratischen Lehre illustrieren: Demnach hat sich ein Arzt auf sorgfältige Beobachtung, Befragung und Untersuchung zu stützen und seine Diagnose und Therapie systematisch zu erarbeiten. Und der Arzt soll die Anamnese (also die Vorgeschichte), die Lebensumstände und die seelische Situation des Patienten in Diagnose und Therapie miteinbeziehen. Dieser Ansatz ist eine der Grundlagen der modernen Medizin und zeigt zugleich: Wo ein Problem vorliegt, muss man den Dingen auf den Grund gehen. Allerdings, und das haben diese heilkundlichen Ansätze gemein, die eigenverantwortliche Mitwirkung des Patienten ist unerlässlich.

Selbstfürsorge als Schlüssel für ein gesundes Leben

Schnell eine Pille einwerfen und alles ist gut, ein Buch lesen und die Probleme sind gelöst – so leicht ist es leider nicht. Echte Lösungen für medizinische, berufliche und auch private Probleme lassen sich nur finden, wenn wir hinter die Fassade blicken und eigenverantwortlich handeln. Doch das fällt vielen Menschen schwer. Aus medizinischer Sicht ist klar, was einem Menschen guttut und was nicht. Die uralte Weisheit, dass eine gesunde, ausgewogene Ernährung vor Krankheiten schützt, ist jedem bekannt – dennoch handeln zahllose Menschen nicht entsprechend. Nicht einmal dann, wenn die alte These immer wieder aufs Neue gestützt wird. Kürzlich erst hat das Deutsche Krebsforschungszentrum in Heidelberg eine Studie publiziert, die aufzeigt, dass durch einen gesunden Lebensstil zwei von fünf Krebserkrankungen vermeidbar wären. Eine gute ausgewogene Ernährung, ausreichend Bewegung und Selbstfürsorge sind also wesentliche Schlüssel für ein gesundes Leben – eine Aussage, die man gar nicht oft genug wiederholen kann.

Die Ernährung ist auch eines jener Themen, zu denen im immer schneller werdenden Rhythmus neue (sich teil widersprechende) Trends und Hypes auf den Markt kommen, die dieses oder jenes versprechen – oft in Verbindung mit Schönheitsidealen, die medizinisch betrachtet in der Regel alles andere als ideal sind. Inzwischen soll natürlich auch die Ernährung zur Selbstoptimierung beitragen, wobei reichlich Unfug verbreitet und nicht selten das Gegenteil vom Gewünschten erzielt wird. Daran, was eine gesunde Ernährung ausmacht, hat sich derweil seit Hippokrates wenig geändert. Klar ist: Es gibt sie nicht, die eine Ernährung, die eine Pille, die gesund, schlank und schön oder gar jung macht. Auch die Belastbarkeitspille oder die Beliebtheitspille lassen auf sich warten. Sie sehen schon – wieder kommen wir auf das Thema Selbstverantwortung zurück.

Ich will gar nicht lange auf unsere Ernährung herumhacken, sondern vielmehr zu bedenken geben: Wir haben nur den einen Körper. Mangelnde Selbstfürsorge macht sich lange Zeit nicht bemerkbar. Unser Körper ist ein bewundernswerter Tempel, der sich eine ganze Weile vieles gefallen lässt und sich darüber hinaus an einiges gewöhnt. Mangelnde Selbstfürsorge wird auf Dauer dennoch zu einem durchaus ernsten Problem. Früher oder später ist das Ende der körperlichen und/oder geistigen Belastbarkeit erreicht. Zuerst sind es Warnsignale wie Tinnitus, Hörsturz, Nackenverspannung und Schmerzen hier und da. Nicht zu vergessen allerlei psychische Signale. Von der depressiven Episode über ständige Erschöpfungszustände bis zum Burnout. Führen diese Warnschüsse zu keiner Verhaltensänderung, kommt irgendwann die nächste Stufe: Und spätestens bei Diagnosen wie Herzinfarkt oder Schlaganfall wird es ernst. Die richtige Antwort auf diese Risiken ist eine praktizierte Selbstfürsorge. Das heißt, jeder Mensch ist gut beraten, die individuelle Lebensweise eigenverantwortlich zu beurteilen und Verhaltensänderungen auch tatsächlich umzusetzen, wenn sie erforderlich sind.

Mir geht es nicht um Schwarzmalerei, sondern im Gegenteil um die Notwendigkeit, das Leben eigenverantwortlich zu gestalten. Das ist nur möglich, wenn wir wissen, was gut und was schlecht für uns ist. Wenn die Nahrungsaufnahme zum Tankstopp verkommt, bei dem wir auf die Schnelle irgendetwas in uns hineinstopfen, kann das nicht gut sein. Wenn wir zudem primär industriell verarbeitete Lebensmittel mit zu viel Salz, Zucker, Fetten, künstlichen Farb- und Aromastoffen zu uns nehmen, wird das weder unsere Leistungsfähigkeit noch unser Wohlbefinden steigern. Dabei ist Essen nicht nur Nährstoffaufnahme, sondern hat auch einen sozialen Faktor und darf durchaus (Gaumen-) Freuden bereiten. Wir brauchen Energie und Treibstoff, also Makro- und Mikronährstoffe und am besten beides zusammen mit einer guten Portion Genuss!

Letztlich muss unser Körper jede Nahrung aufspalten, die Nährstoffe aufnehmen und unnütze Füll- und Giftstoffe wieder ausscheiden. Je mehr er hierbei überfordert oder fehlernährt wird, umso mehr gerät unser Stoffwechsel aus dem Tritt. Große und häufige Schwankungen unseres Blutzuckerspiegels etwa sind wahres Gift. Neben erheblichen Störungen unserer Leistungsfähigkeit kommt es zu Gewichtszunahme und letztlich oft zu »Diapositas«, einer Kombination aus Adipositas und Diabetes. Dazu noch einmal das Deutsche Krebsforschungszentrum: »Übergewicht, geringe körperliche Aktivität, hoher Wurst-, Fleisch- und Salzkonsum und die geringe Zufuhr von Ballaststoffen, Obst und Gemüse erhöhen das Krebsrisiko.« Obendrein macht all das träge, verändert das Blut und beeinflusst die kognitive Leistungsfähigkeit.

Was folgt daraus? Wenn ich als Arzt spreche, habe ich klare Antworten (die womöglich nicht jedem gefallen werden): Reduzieren Sie den Konsum von Fleisch- und Wurstwaren und von Salz, vermeiden Sie Zucker möglichst ganz. Trinken Sie wenig Alkohol und, daran führt kein Weg vorbei, rauchen Sie nicht. Erhöhen Sie zugleich die Zufuhr von Ballaststoffen, essen Sie regelmäßig Obst und nicht stärkehaltiges Gemüse.

Gehen Sie einfach einmal zu Ihrem Arzt und lassen Sie Ihre Risikomarker im Blut überprüfen. Ändern Sie Ihre Ernährungsgewohnheiten wie beschrieben und lassen Sie die Risikomarker erneut prüfen. Sie werden vom Ergebnis überrascht sein.

Eine Pille, die jeder kaufen würde

Falls Sie glauben, dass ich vom Thema Selbstverantwortung abschweife, denken Sie bitte daran, dass Sie Ihre Gesundheit und damit Ihre Leistungsfähig zu großen Teilen selbst in der Hand haben. Es bringt letztlich nichts, mit dem zweiten oder dritten Schritt zu beginnen, das kann ich Ihnen aus eigener Erfahrung versichern. Die Ernährung ist also ein elementares Thema, ein weiteres ist die Bewegung. Vermutlich kennen Sie das Dilemma: morgens setzen Sie sich ins Auto und fahren zur Arbeit, dort sitzen Sie – von kleinen Unterbrechungen abgesehen – acht, zehn oder auch mehr Stunden vor dem Bildschirm. Abends fahren Sie erschöpft zurück, essen etwas und schauen fern. Und um Ihr Gewissen zu beruhigen, verausgaben Sie sich am Wochenende beim Sport. Zur Belohnung trinken Sie anschließend drei Bier. Sie ahnen bereits, was ich Ihnen sagen möchte ...

Falls es Sie tröstet: Es geht nicht nur Ihnen so. Etwa die Hälfte aller Deutschen leidet unter einem erheblichen Bewegungsmangel, auch das ist eine Folge unseres modernen Lebens. Unsere steinzeitlichen Vorfahren streiften auf Suche nach Nahrung noch tagelang durch Wälder. (Und da Steinzeiternährung gerade in ist: Nein, es gab damals nicht jeden Tag Würstchen und Wildschwein zu essen, sondern vor allem wildes Obst, Flechten und nur ab und zu Fleisch.) Dabei legten sie täglich etliche Kilometer zurück. Auch später mussten wir uns auf dem Feld körperlich erheblich betätigen. Erst in den vergangenen 75 Jahren wurden wir körperlich immer inaktiver, bis hin zum Bewegungsmangel.

Bewegung entspricht nicht nur unserer ursprünglichen Natur, sie hilft auch bei vielen Krankheiten. Selbst Schmerzen, gerade auch infolge von Gelenkproblemen, reduzieren sich unter Belastung. Bewegungsmangel begünstigt hingegen Alzheimer im Alter, führt zu Konzentrationsstörungen und zu einer allgemeinen Unzufriedenheit. Regelmäßige Bewegung über einen längeren Zeitraum wirkt sich hingegen positiv auf die Hirnstrukturen aus und begünstigt die Bildung neuer Synapsen.

Verzweifeln Sie bitte nicht! Denn es ist relativ einfach, für ausreichend Bewegung zu sorgen. Schließlich reicht schon eine regelmäßige, moderate Bewegung, ohne große körperliche Verausgabung. Schon mit 90 bis 180 Minuten forcierte Bewegung pro Woche kommen Sie auf ein mittleres bis hohes Aktivitätsniveau. Wenn Sie lediglich zweimal täglich 15 Minuten forciert spazieren gehen, haben Sie ein mittleres Aktivitätsniveau erreicht. Das sollte drin sein. Parken Sie einfach das Auto ein paar Straßen weiter oder steigen Sie eine Haltestelle früher aus Bus oder U-Bahn. Einfacher geht es wirklich nicht. Dennoch lassen sich diese kleinen Bewegungseinheiten nur in die Praxis umsetzen, wenn Sie von der täglichen Routine abweichen und sich eigenverantwortlich und ganz bewusst dafür entscheiden.

Wenn es gelingt, profitieren Sie in hohen Maßen: Die hohe Wirksamkeit dieses Aktivitätsniveaus ist durch eine große Zahl von Studien belegt. Das betrifft nicht nur die Prävention von sogenannten Stoffwechselerkrankungen wie Diabetes, Gelenkerkrankungen und Herzerkrankungen, ebenso gut belegt ist die deutliche Reduktion von Krebserkrankungen. Gäbe es eine Pille mit ähnlich präventiver Wirkung, würden Sie sie sich sofort verschreiben lassen. Darüber hinaus kommt es zur subjektiven Verbesserung des Allgemeinzustandes und des psychischen Wohlbefindens, auch das ist insbesondere für Menschen, die beruflich leistungsfähig sein wollen, von großer Bedeutung.

Wenn wir ehrlich sind, hindert uns nichts daran, unseren Tagesablauf zu überdenken, uns moderat mehr zu bewegen, mehr zu stehen, weniger zu sitzen und aktiv an den Freuden des Lebens teilzunehmen – außer uns selbst.

Jedes Ja kostet zwanzig Neins

Ein weiteres Problem unserer Zeit ist eine dauerhafte Anspannung. Eine Anspannung, die wir selbst kaum noch wahrnehmen, gerade weil sie so alltäglich geworden ist. Im Beruf (und selbst privat) gehört es fast schon zum guten Ton, keine Zeit zu haben und im Dauerstress zu sein. Wir sind unzähligen Belastungen ausgesetzt und bürden uns ständig neue auf. Gleichzeitig steigen vielfach sowohl die beruflichen als auch die privaten Anforderungen. Dabei zerfließen die Grenzen zwischen Arbeit und Freizeit immer mehr, manchmal heben sie sich schon auf, sodass regelmäßige Ruhe- und Erholungszeiten eine Seltenheit geworden sind. Hinzu kommen die bereits erwähnten Auswirkungen der allgemeinen Digitalisierung, die oft die letzten noch verbliebenen Ruhephasen in immer kürzere Takte zerstückelt.

Nach einem arbeitsreichen Tag entspannen wir uns vermeintlich beim Actionfilm und sind natürlich nebenbei in den sozialen Medien aktiv. Die notwendige Entspannung, um anschließend gut schlafen zu können, will sich derweil nicht so recht einstellen. Abhilfe soll das Feierabendbier oder ein Gläschen Wein verschaffen. Doch Alkohol fördert allenfalls das Einschlafen, das Durchschlafen und die nächtliche Entspannung werden nur zusätzlich verschlechtert. Eine echte Lösung ist das Gläschen am Abend also leider nicht.

Derweil treffen wir vielerorts auf den Begriff der »inneren Mitte«. Das scheint etwas zu sein, wofür großer Bedarf besteht, was jedoch nur wenige tatsächlich erreichen. Für mich bedeutet diese innere Mitte: hoch konzentriert und trotzdem entspannt zu sein, sich selbst zu beobachten, Gefühle wahrzunehmen und Änderungen einzuleiten, wenn es erforderlich ist. Auf den Punkt gebracht lässt sich der Begriff auch mit Selbstverantwortung übersetzen. Denn ohne bewusstes, eigenverantwortliches Handeln wird niemand seine innere Mitte erreichen. Wir sind in der Mitte, wenn wir uns zentrieren, uns nicht aus der Bahn werfen lassen und uns auf das innere Gleichgewicht konzentrieren. Daraus ergibt sich die Fähigkeit, auch in Stresssituationen auf das gesamte Leistungspotenzial zurückzugreifen und dabei innerlich entspannt zu bleiben.

Erreichen können wir einen solchen Zustand sicher nicht, solange das Bewusstsein für die zahlreichen Einflussfaktoren auf unser Leben und unsere Gesundheit fehlt. Ebenfalls wird es nicht gelingen, wenn die erforderlichen Konsequenzen nicht gezogen werden. Ein »immer mehr« an Aufgaben, die gleichzeitig erledigt werden, bremst unseren Prozessor. Die bewusste Beschränkung auf die eine Aufgabe ist in meinen Augen der Schlüssel zur inneren Mitte. Die Konzentration auf das eine aktuelle Ziel. Das eine Ziel im beruflichen, das eine Ziel im privaten und das eine Ziel im spirituellen Bereich. Völlig kontraproduktiv ist es hingegen, sich 25 berufliche und 30 private Ziele aufzubürden.

Im Großen wie im Kleinen ist es zudem wesentlich effizienter, sich auf eine Aufgabe zu fokussieren. In meiner Praxis war es beispielsweise lange so, dass ich einen Arztbrief schrieb, während meine Mitarbeiter mit immer neuen Fragen ins Zimmer stürzten und nebenbei Anfragen über ein Arztportal auf den Bildschirm flatterten. Unter solchen Bedingungen leidet nicht nur die Qualität jeder einzelnen Aufgabe, es steigt auch der Stresspegel und unterm Strich kostet das Ganze auch noch deutlich mehr Zeit im Vergleich dazu, wenn ich ungestört und konzentriert eine Aufgabe nach der anderen abarbeitet. Obendrein bleibe ich bei erhöhter Leistungsfähigkeit innerlich entspannt.

Wie schon Gary Keller in »The One Thing« schreibt, macht ein entschlossenes Ja zu einem Ziel zwanzig Neins zu anderen notwendig. Genau das ist der springende Punkt: Für den Moment ist es viel einfacher, immer wieder ja zu sagen, statt wirklich einmal die Verantwortung für sich selbst und das ursprüngliche Ziel zu übernehmen und zwanzigfach Nein zu sagen. Dieses Nein will geübt sein und erfordert stets von Neuem eine Fokussierung auf das eine Ziel oder die eine Aufgabe. Allzu leicht verfallen wir wieder in alte Gewohnheiten und machen – der vermeintlichen Einfachheit halber – doch wieder Zugeständnisse.

Tatsächlich haben wir alle jedoch die Möglichkeit, Aufgaben nacheinander und unter Berücksichtigung ihrer Wichtigkeit zu erledigen. Darüber hinaus gibt es eine Vielzahl von Möglichkeiten, sich bewusst auf die eine Sache zu konzentrieren, indem wir die unzähligen alltäglichen Ablenkungen bewusst meiden. Das erfordert natürlich eine klare Entscheidung und ein hohes Maß an Konsequenz. Doch als Folge sind wir konzentrierter, leistungsfähiger und entspannter – ein Weg, der zur inneren Mitte führt.

Das Nein zum Unwichtigen ist ein Ja zu sich selbst

Wie wohl den meisten Menschen ist es mir ein Graus, alljährlich die Belege für meine Steuererklärung zusammenzusammeln. Dennoch wissen wir alle, dass diese unangenehme Arbeit erledigt werden muss. Ich sitze also vor dem Karton mit unzähligen Belegen, Rechnungen und Kontoauszügen, doch plötzlich kommt dieses und jenes dazwischen und ich beginne, den Kühlschrank aufzuräumen, das Bad zu wischen oder dergleichen. Schnell ist ein halber Tag vorbei, während der Karton fast unberührt noch immer auf dem Schreibtisch steht. Obwohl die Arbeit die ganze Zeit im Kopf herumspukte, ist am Ende gar nichts geschafft und man bleibt mit einem Unbehagen und innerlich gestresst zurück.

Konzentriere ich mich hingegen auf die Aufgabe, ist nach wenigen Stunden alles erledigt. Der Stress ist verflogen, ich fühle mich zufrieden und entspannt. So wird der Kopf frei für die nächste Aufgabe. Die Schwierigkeit liegt dabei auch darin, die wahren Ziele und Aufgaben zu lokalisieren. Was genau sind meine Ziele für den Tag, für die Woche oder den Monat? Was will ich für meine Gesundheit tun, was für den Beruf, die Familie und ganz einfach für mich selbst?

Die wirklich hilfreichen Ziele fallen nicht vom Himmel. Vielmehr ergeben sie sich aus einem eigenverantwortlichen Handeln und einem klaren Bewusstsein dafür, was wir wirklich wollen. Dafür muss man sich mit sich selbst befassen, und das ist durchaus anstrengend. Denn wieder taucht das Problem auf, dass ein Ja viele Neins nach sich zieht. Dennoch: Wer keine Ziele hat, kann auch nicht zielgerichtet agieren, was langfristig überaus kräftezehrend und anstrengend ist. Denn statt jeweils ein Ziel konzentriert zu verfolgen, stehen wir vor einem undefinierten Berg von Aufgaben, die nicht weniger werden.

Ich bin überzeugt, dass jeder Mensch ebenso reizvolle wie nützliche Ziele braucht. Ziele, die zudem jeden Lebensbereich (und eben nicht nur die Karriere) umfassen. Wir brauchen entsprechende Ziele für den Tag, die Woche, den Monat plus eine Vision für den Horizont. Dabei ist allzu sturer Dogmatismus wenig hilfreich, vielmehr brauchen wir die Flexibilität, um die einzelnen Ziele, wo erforderlich, nachjustieren zu können. Denn zuweilen wird uns erst auf dem Weg zum Ziel bewusst, dass ein anderes womöglich lohnender wäre. Und natürlich kann das allgemeine Geschehen dazu führen, dass gewisse Kurskorrekturen notwendig werden.

Wer sich passende Ziele setzt und zum Unwichtigen bewusst nein sagt, sagt damit ja zu sich selbst. Es ist tatsächlich faszinierend, welche Leistungsfähigkeit so möglich wird. Mentale Stärke, innere Ruhe, innere Gelassenheit und die innere Mitte, all dies sind letztlich Synonyme für ein und dasselbe – und wird dadurch erreichbar, dass wir uns ganz bewusst auf unsere Eigenverantwortung besinnen und unser Leben eigenverantwortlich gestalten.

RICHARD KIRCHMAIR

Als Patient in der HNO-Privatpraxis Dr. Richard Kirchmair in Augsburg befinden Sie sich von Anfang an in besten Händen. Diese Gewissheit verleiht Ihnen schon die Praxis-Philosophie mit ihrem integrativen medizinischen Ansatz. Hinzu kommt die exzellente Ausbildung von Dr. Richard Kirchmair als Humanmediziner und Facharzt für Hals-, Nasen- und Ohrenheilkunde. Sie bildet den Grundstein für einen lebenslangen Lern-, Erfahrungs- und Fortbildungsprozess, den der Arzt und Humanist aus Leidenschaft eingeschlagen hat. www.dr-kirchmair.de

Wer DigiTal nicht sichtbar ist, existiert noch nicht

MICHAEL KLEINA

Digitale Sichtbarkeit ist ein Thema, das von vielen vernachlässigt wird. Das ist ein grober Fehler.
Guter Content reicht heute nicht mehr aus. Es mag der spannendste Artikel der Welt sein, doch er geht in der Internet-Flut unter. Zu groß ist die Konkurrenz an Seitenbetreibern.
Ich weiß genau, was es braucht, um sich selbst, sein Unternehmen oder ein Online-Projekt DigiTal sichtbar zu machen. Dafür habe ich über 20 Jahre meines Lebens investiert. In diesem Beitrag teile ich meine besten Tipps!

Digitale Welten sind die Basis des Schaffens

Tragen wir nicht alle die Verantwortung für unser Leben und im Beruf? Diese Frage habe ich mir vor einigen Jahren gestellt und fasste den Entschluss, eine neue Richtung zu gehen. Ich hielt mir den Spiegel vor mein Gesicht, reflektierte über meine Ziele und der Weg wurde sukzessiv klarer.

Schon bald wurde mir klar, dass sich Erfolg nur über mehr Kontakte, mehr Wissen und mehr Sichtbarkeit generieren lässt. Die Erkenntnis war der Anfang, doch wie sollte dieser Weg, sprich dieser Wandel, aussehen? Wie konnte ich dieser Verantwortung gegenüber meiner Person gerecht werden und wie sollten die nächsten Schritte aussehen?

Die notwendigen Aktionen hierfür waren mir noch nicht wirklich klar, jedoch ein Teil des Weges schon.

Digital-Welten sind die Basis des Schaffens und somit auch der Weg, den es zu beschreiten galt.

Ich übernehme die Verantwortung für mich und werde jetzt DigiTal sichtbar.

Raus aus dem DigiTal der Unsichtbarkeit

1994 war ein Jahr der Innovationen. Der erste MP3-Player wurde von der Karlsruher Firma Intermetall präsentiert. Nebenbei entwickelte sich ein Medium, das den MP3-Player in den Schatten stellen sollte: Das Internet etablierte sich in den Köpfen der Menschen. Es waren vor allem Unternehmen, die ihre Chance witterten – und sie sollten Recht behalten!

In der Anfangsphase gab es jedoch viele Zweifel: Ist die Menschheit bereit für das digitale Zeitalter? Setzt sich das World Wide Web wirklich durch?

Wir haben in unserem Land vieles aufgebaut. Im Ausland wird uns dafür viel Respekt entgegengebracht, nicht ohne Grund zählt Deutschland zu den wichtigsten Wirtschaftsmächten. Denken Sie nur an globale Player wie Daimler oder Siemens. Um diesen Status quo aufrechtzuerhalten, investieren wir viel Energie. Leider haben wir uns dadurch einer der wichtigsten Fähigkeiten beraubt: dem Innovations- und Forscherdrang. Es wird zu viel über die Gehälter der Manager gesprochen, anstatt wirklich etwas zu verändern. Dabei sollte die Innovationskraft im Vordergrund stehen.

Das Ziel muss lauten:

Werde DigiTal sichtbar. Nutze deine Ressourcen, aber bleib dir und deinen Werten treu.

Dafür sind Veränderungen notwendig. Doch viele möchten den Status quo bewahren. Schließlich ist das Leben gerade so schön! Auf der Arbeit passt alles und daheim wartet eine glückliche Familie. Ein Sinneswandel zieht einen Rattenschwanz an Problemen nach sich. Man muss sich mit Neuem auseinandersetzen, bewährte Muster auf den Prüfstand stellen. Nein, danke! Schließlich hat es viel Zeit und Nerven gekostet, sich den aktuellen Lifestyle zu erarbeiten.

Angefangen hat alles im Kindergarten. Wir Menschen lernen durch Trial-and-Error (Versuch und Irrtum). Es ist völlig in Ordnung, einen Fehler zu machen. Immer und immer wieder. Genau diese Erfahrungen bringen uns im Leben voran. Das Vertrauen unserer Mitmenschen hilft uns dabei, diesen Weg zu meistern. Denn er ist uns in die Wiege gelegt worden.

Die Dynamik des digitalen Wandels

Die Erde dreht sich – und zwar verdammt schnell. Genauer gesagt sind es 107.000 Kilometer pro Stunde auf ihrer Bahn um die Sonne. Ähnlich rasant schreitet die digitale Entwicklung voran. Seit den 1990er Jahren hat sich viel getan. Das Internet veränderte die internationalen Märkte. Informationen sind immer und überall verfügbar.

Dazu haben diese Erfindungen beigetragen:
- Web 2.0
- Social Media
- Facebook
- Instagram
- Pinterest
- Tablets
- Smartphones
- WLAN/Wi-Fi
- Responsive Webdesign
- LTE

Kaum eine digitale Innovation hat ihren Ursprung in Deutschland. Im internationalen Vergleich schneidet die Bundesrepublik blamabel schlecht ab: Es gibt keinen wirklich sichtbaren Champion im digitalen Business. Einzig SAP hält die Fahne in der Softwarebranche hoch.

Bei uns gilt die Digitalisierung als heikles Thema. Die Medien tragen ihren Teil bei, indem sie Ängste schüren und von drohender Arbeitslosigkeit berichten. Künftig sollen immer mehr Jobs von künstlicher Intelligenz übernommen werden. Anstatt auf die Chancen einzugehen, malen gedruckte Magazine ein Horrorszenario nach dem anderen.

Ansehen, Familie, Job und Rente: Diese vier Bereiche sind uns Deutschen heilig. Fängt die Fassade an zu bröckeln, wird sofort eine große Mauer gebaut. »Du könntest deinen Job durch die Digitalisierung verlieren«, berichten die Medien. Schon wird der digitale Wandel verteufelt.

Vor allem ältere Menschen verschließen sich vor dieser Entwicklung. Immerhin könnte die Digitalisierung ihre Rente gefährden! Deshalb bleibt man beim Altbewährten, denn wie lautet das Sprichwort: »Früher war alles besser!« Die erneute Angst, einen Fehler zu machen und dabei zu scheitern, blockiert solche Personen in ihrer Entwicklung. »Da bleibe ich lieber beim gewohnten Alltag«, scheint das Credo zu lauten.

Verantworte deine Ergebnisse, denn nur wer ins Machen kommt, wird zum Macher.

Wer nichts macht, kann auch keine Fehler machen – richtig?

Leider ist das Leben nicht ganz so einfach. Wenn Sie untätig bleiben, verschlafen Sie vielleicht einen wichtigen Trend. Ob Kollegen oder andere Firmen – die Konkurrenz kann an Ihnen vorbeiziehen. Was muss sich in unseren Köpfen für eine klare digitale Strategie ändern? Eigentlich nicht viel – es werden lediglich die beiden Buchstaben »G« und »C« miteinander vertauscht. *Aus »Change« wird »Chance«.*

Ein Buchstabe kann der Unterschied zwischen einer Eins und einer Sechs sein. Es geht darum, feste Gewohnheiten zu durchbrechen, das Hamsterrad zu verlassen. Blicken Sie zurück in Ihre Kindheit. Stellen Sie sich vor, Sie hätten sich mit dem Krabbeln zufriedengegeben. Dann würden Sie noch heute auf dem Boden kriechen. Natürlich gab es Rückschläge und einige blaue Flecken.

Gerade als Kind wollten Sie immer lernen und die Welt für sich entdecken. Kein Weg war Ihnen zu lang, kein Teich zu schlammig. Die Erkenntnis stand im Mittelpunkt, erst dann waren Sie glücklich. Diese Fähigkeit verlieren die meisten Menschen im Laufe ihres Lebens. Sie machen sich unsichtbar und merken es nicht einmal. Aus dem eifrigen Entdecker wird ein waschechter Angsthase.

Hier kann ein Trainer bzw. ein Mentor weiterhelfen. Er zeigt Ihnen Ihre Stärken auf und bringt den Entdecker in Ihnen wieder zum Vorschein. Es lohnt sich, in die persönliche Entwicklung zu investieren. Sie werden sich wundern, was alles in Ihnen steckt!

Verantwortung ist, auf seine Community zu hören und deren
Herausforderungen in Dienstleistungen/Produkte umzusetzen.

Das Produkt bzw. die Dienstleistung steht

Bestimmt haben Sie schon einmal ein Bild aufgehängt. Reicht es aus, einfach nur einen Nagel zu kaufen? Wohl eher nicht, denn es braucht einen Hammer, um ihn in die Wand zu schlagen.

Als Unternehmer nehmen Sie die Rolle des Hammers ein. Der Kunde hat ein Ziel, das er erreichen möchte. Allein schafft er es jedoch nicht, weshalb er Sie als Werkzeug benutzt. Das ist der Moment, auf den Sie gewartet haben. Jetzt müssen Sie passende Lösungen präsentieren. Dafür sollten Sie die Wünsche Ihrer Zielgruppe einschätzen können.

Am besten geht das anhand demografischer Daten:
- Alter
- Geschlecht
- Beruf
- Hobbys
- Einkommen
- Schule
- Ausbildung
- Mieter/Eigentümer
- Wohnort

Mit einer klaren Eingrenzung können Sie Ihre Zielgruppe optimal beurteilen. Manager haben einen höheren finanziellen Spielraum als Studenten. Zudem fallen die Bedürfnisse kontrovers aus. Die Kommunikationskanäle lassen sich leichter auswählen. Während ältere Menschen gedruckte Zeitungen bevorzugen, wissen viele unter Achtzehnjährige gar nicht mehr, wie sich Papier überhaupt anfühlt.

Um das Ziel im Blick zu haben, prüfen Sie, ob Sie weiterhin für den Weg dorthin die Verantwortung übernehmen wollen.

Drum prüfe, wer sich ewig bindet, ob sich nicht was Bessres findet!

Nein, es geht nicht um die große Liebe. Da haben Sie sicher eine gute Wahl getroffen. Im Fokus steht eine gewisse mentale Stärke. Wann fühlen Sie sich sicher? Sobald Sie das Gefühl der Kontrolle besitzen. Dann können Sie nämlich prüfen, ob die Umsetzung richtig war.

Nehmen wir an, dass Sie alle Punkte vorbildlich erledigt haben. Die Zielgruppe ist klar definiert und das Produkt löst ein bestimmtes Problem. Mit Online-Marketing setzen Sie eine spannende Kampagne auf. Dabei sorgen Sie für mächtig Trommelwirbel, um auf das neue Angebot aufmerksam zu machen.

Aber es passiert nichts! Tag für Tag kein Anruf und keine Bestellungen. Die Webseite verzeichnet nur marginal mehr Besucher. Das war es dann, oder?

Bevor ich darauf antworte, habe ich eine Frage an Sie: Welche Unterschiede bestehen zwischen Offline- und Online-Welten? Vor allem die Reichweite ist entscheidend. Als Unternehmer möchten Sie möglichst viele potenzielle Kunden erreichen. So erhöht sich die Chance auf einen Verkauf. Das ist doch richtig! Ja und nein, wie sich zeigen wird. Diese Theorie nehmen wir später kritisch unter die Lupe.

Eine andere Frage: Haben Sie schon einmal Printwerbung via Tages- bzw. Wochenzeitung oder Stadtmagazin gebucht?

Wie oft gab es dabei Feedback nach dem Motto:

»Insgesamt konnten 20.000 Leser erreicht werden. Davon haben sich 2.687 Ihre geschaltete Anzeige angesehen. Anschließend klickten zehn Prozent dieser Personen auf Ihre Webseite.«

Das ist doch technischer Humbug!

Richtig, offline funktioniert das nicht. Online tickt die Welt aber anders. Hier lassen sich punktgenaue Messungen mit Analysetools wie Google Analytics oder Matomo (ehemals Piwik) durchführen. Vor dem Launch einer Webseite sollten Sie ein solches Tool installieren. So können Sie alle Seiten Ihres Projekts genau kontrollieren und auswerten: Es stehen Informationen zur Verfügung, woher die Besucher kommen und nach welchem Keyword sie gesucht haben. Die Tools zeigen sogar demografische Merkmale wie das Alter an. Zudem gibt es Statistiken zur Verweildauer auf den Seiten und vieles mehr. Beachten Sie aber auch die Vorgaben aus der DSGVO – der Datenschutz-Grundverordnung.

Schluss mit dem DigiTal – werden Sie zur Marke!

Spieglein, Spieglein an der Wand: Wer ist DigiTal bekannt?

Lassen wir das Gesagte noch einmal Revue passieren: Es ist wichtig, die notwendigen Basisinformationen immer wieder anzusprechen. Diesmal verfolgen wir einen praktischen Ansatz, denn jetzt sind Sie an der Reihe. Schließlich möchten Sie Ihre digitale Sichtbarkeit im dunklen Dickicht des World Wide Web erhöhen! Dabei ist eine elementare Faustformel zu beachten:

Sie sind das neue Gesicht Ihrer Marke!

Selbst bei einem Moderiesen wie Armani gilt diese Grundregel. Das Gesicht von Giorgio Armani ist international bekannt – und das trotz zahlreicher Spitzenmodels. Fühlen Sie sich bereit, diesen Schritt zu wagen?

Wer mit sich selbst im Reinen ist, kann sich authentisch im Web präsentieren.

Zur Vermarktung eignen sich diese Plattformen:

- Facebook
- Twitter
- Pinterest
- Snapchat
- Instagram
- YouTube
- SlideShare

Soziale Netzwerke wie Xing oder LinkedIn sind auch eine gute Idee. Nur mit der bloßen Aufzählung können Sie wenig anfangen. Es gibt viele offene Fragen:

1. Was ist in den Netzwerken los?
2. Welche Inhalte kommen bei Ihrer Zielgruppe besonders gut an?
3. Wie sehen die ersten Schritte aus?

Diese Punkte sind richtig und wichtig. Die erste Frage sollte aber lauten: *Was ist Ihr Alleinstellungsmerkmal (USP)?*

Dazu ein kleines Gedankenspiel: Sie befinden sich in einer gemütlichen Runde. Einige Leute sind Ihnen noch nicht bekannt. Jeder stellt sich der Reihe nach vor. Eine Person beginnt mit »Ich bin der Markus und komme aus Herrenberg«. Das klingt wirklich spannend. Nein, tut es natürlich nicht. Da das keine Verkaufsshow ist, geht das in Ordnung, denken Sie vielleicht. Was für ein Irrtum! Wir Menschen verkaufen uns Tag und Nacht auf unterschiedlichen Bühnen – sogar im privaten Rahmen. Wer Interesse weckt, kann leichter Freundschaften schließen.

So sieht eine persönliche Vorstellung aus: *»Mein Name ist Michael Kleina. Als Experte für digitale Sichtbarkeit betreue ich Firmen. Ich helfe Ihnen beim nachhaltigen Aufbau Ihrer Sichtbarkeit im Internet.«*

Das kriegen Sie bestimmt hin! Nun müssen Sie das USP nur noch zielgruppengerecht verpacken. Legen Sie hierfür das gewünschte Medienformat fest, über welches Sie sich im World Wide Web präsentieren möchten.

Was ist das Ziel Ihrer Kampagne?

- mehr Bekanntheit
- mehr Likes
- mehr Fans, Follower
- mehr Interaktion
- Dialog mit Kunden
- mehr Kontakte
- mehr Kunden
- mehr Umsatz

Ganz schön viele »mehr«, nicht wahr? Es muss eine regelmäßige Kontrolle stattfinden. Einmal festlegen reicht nicht aus. Prüfen Sie alle paar Wochen den Erfolg Ihrer Werbekampagne. Mit Ihren Inhalten (Audios, Posts, Videos, PDFs usw.) möchten Sie einen Nutzen liefern. Es soll Vertrauen zum Kunden aufgebaut werden. Er soll sich mit Ihrer Marke identifizieren können. Zudem stärken Sie Ihre eigene Persönlichkeit. Immerhin haben Sie ein großartiges Produkt kreiert, das ein Problem Ihrer Zielgruppe löst!

Diesen Prozess sollten Sie schriftlich festhalten. Nutzen Sie eine Software, um Ihre digitale Reise übersichtlich zu protokollieren.

Endlich, die Sichtbarkeit naht

Jetzt gilt es, dass Marketing voller Eifer anzupacken. Dazu zählen tolle Blogs, spannende Ton-Podcasts und vieles mehr. Neben der Qualität kommt es auch auf eine gewisse Quantität an. Die Fans erwarten regelmäßig neue Inhalte.

Am besten wählen Sie einen Tag in der Woche aus, an dem neuer Content von Ihnen erscheint.

Versehen Sie Ihre Inhalte mit klaren Nummern. Verzichten Sie auf exotische Titel, die keine Aussagekraft haben. So können Sie Ihren Content beschriften:
- P001: Der Anfang ist gemacht – meine Podcast-Serie startet!
- V001: Die Videoserie des Experten für …
- B001: Mein Blogartikel zur aktuellen Situation des …

Auf Ihrer Webseite sollten Sie alle Inhalte übersichtlich aufteilen:

Blog (Artikelserien)
- B001: Mein Blogartikel zur aktuellen Situation des …
- B002: Geschichte der Entwicklung im …

Vlog (Video-Blog)
- V001: Präsentation der erste …
- V002: Der Weg ist …

Podcast (Audioaufnahmen)
- P001: Der Aufbau des Tonstudios zur …
- P002: Profiwerkzeug für den optimalen Einstieg in …

Wie bereits erwähnt, sollte die Veröffentlichung klar geregelt sein. Am Freitag erscheint zum Beispiel immer um 14:30 Uhr ein frischer Blogbeitrag. Montags um 9:00 Uhr wird ein Video veröffentlicht, am Mittwoch ist dann ein neuer Podcast an der Reihe. Eine solche Kontinuität prägt sich bei Ihren Fans ein.

Macht das nicht jeder?

Zu Ihrem Glück nicht – obwohl viel geschrieben wird. Häufig ist es jedoch Content ohne echten Mehrwert. Potenzielle Kunden merken schnell, wenn ein Artikel nur als Lückenbüßer dient. In gewisser Weise ist Online-Marketing ein gefährliches Haifischbecken. Es ist aber nur für den gefährlich, der sich nicht um die Wünsche seiner Kunden kümmert.

Die Mechanismen der Online-Welt gleichen unserem Alltag. Glauben Sie mir nicht? Dann denken Sie an das tägliche Leben. Wir werden von verschiedenen Menschen in unserem Umfeld begleitet, und zwar von:

- Arbeitskollegen
- Sportfreunden
- Kegelklub
- Familie
- Nachbarn

In diesen Gruppen fühlt man sich wohl und redet mit. Man bringt sich durch Charisma, Charme, Empathie und Wissen in die Gruppe ein. Deshalb werden Sie von den anderen Mitgliedern respektiert. Die Menschen fühlen sich von Ihnen angezogen und verbringen gerne Zeit mit Ihnen.

Netzwerke im Unternehmensumfeld basieren auf demselben Prinzip. Kunden suchen nach Firmen, die eine gewisse Anziehungskraft besitzen. Durch ein Gespräch auf Augenhöhe wird der gute Eindruck nachhaltig bestätigt.

Einst solltest du dir merken, du musst im Netz werken.

Erfolg durch Netzwerke

Erfolgreiche Menschen fokussieren sich auf ihre Kernkompetenz. Überspitzt formuliert, können sie als Fachidioten erscheinen. Doch gerade diese Expertenpositionierung ist enorm wichtig. So können sie eine bestimmte Zielgruppe bedienen.

In den letzten Jahren habe ich mit vielen Personen gesprochen und bin zu folgender Erkenntnis gekommen: Erfolgreiche Menschen verfügen stets über große Netzwerke, was ihnen beste Kontakte verschafft.

Sollte man jetzt überall seine Visitenkarte verteilen? Nein, das ist auch keine

Lösung. Bei der Reichweite müssen Sie die Qualität der Kontakte berücksichtigen. Ein Netzwerk aus 100 Personen kann eine größere Qualität besitzen als eines mit 10.000 Kontakten.

Mittlerweile habe ich ungefähr 250 Experteninterviews mit Unternehmern geführt. Sie stammen aus allen möglichen Fachrichtungen, aber sie teilen sich eine gemeinsame Leidenschaft: ihr beruflicher Schwerpunkt liegt stets auf ihrem Business und der Weiterentwicklung ihrer eigenen Person.

Der Erfolgszug fängt an zu rollen

Ich habe lange überlegt, wie ich durchstarten soll. Man kann Bücher lesen, Fortbildungen besuchen und in die eigene Person investieren.

Durch mein zweites Standbein, also das Online-Marketing, hatte ich schon ein fundiertes Vorwissen. So wusste ich um die Macht der sozialen Netzwerke. Insbesondere mit Facebook, LinkedIn und XING konnte ich positive Erfahrungen sammeln. Dort habe ich mich zuerst mit vielen Experten und Influencern verlinkt.

Im nächsten Schritt ging es darum, eine persönliche Beziehung aufzubauen. Aber wie sollte ich das bewerkstelligen? Lange habe ich über meine Taktik gegrübelt, bis mir ein Geistesblitz kam – *»Experten im Interview«*.

Genau das war mein Einstieg. Dafür benötigte ich nur fünf bis sechs Experten für ein Interview. So erzielte ich automatisch eine hohe Reichweite, da die Influencer das Gespräch auch in ihrem Blog veröffentlichen. Also ran an den Speck!

Das Interview sollte für beide Seiten technisch möglichst angenehm ablaufen. Kein Experte möchte sich mit IT-Problemen herumschlagen. Am einfachsten funktioniert das Interview mit Skype und einem Aufnahmerecorder. Vor dem Start machen Sie einen kurzen Test, ob die Technik funktioniert.

Durch meine Vertriebsaktivitäten war mir bewusst, dass ich das Gesetz der großen Zahl befolgen musste. Das bedeutet: Viele Kontakte ansprechen und dann vielleicht ein Prozent erreichen, die Interesse an einem Interview haben. Da ich bereits Erfahrungen in der Telefonakquise sammeln konnte, wusste ich, worauf ich mich einlasse.

Müßiggang ist manchmal schön,
bei tollen Ergebnissen solltest du dich auch mal verwöhnen.

Was dann geschah, machte mich sprachlos!

Seitdem sind einige Jahre vergangen. Insgesamt habe ich weit über 200 Interviews in Videoform geführt. Die meisten mittels Skype, einige jedoch auch vor Ort.

Was hat mir das gebracht?
- spannende Gespräche auf Augenhöhe
- meine Position wurde klarer
- wertvolle Kontakte geknüpft und die Menschen dahinter kennengelernt
- deutlich breiteres Fachwissen
- verbessertes Selbstbild
- mehr Sichtbarkeit

Ihr DigiTal der Sichtbarkeit

Schön, dass Sie mit mir die Reise durch das DigiTal gemacht haben. Ich hoffe, Sie sind Ihrem Ziel ein Stück nähergekommen, um dem DigiTal der Unsichtbarkeit zu entkommen.

Sollten Sie jedoch noch einen Rat gebrauchen, dann würde ich Sie gerne bei Ihrer Reiseplanung unterstützen.

Werden Sie DigiTal sichtbar. Nutzen Sie Ihre Ressourcen,
aber bleiben sich und Ihren Werten treu.

Ihr *Michael Kleina*

Quellenverzeichnis:

www.wasistwas.de/archiv-wissenschaft-details/wie-schnell-dreht-sich-die-erde-eigent-lich.html

MICHAEL KLEINA

Seit 1995 ist Michael Kleina als Berater unterwegs. Sein Hauptaugenmerk liegt auf der effektiven Umsetzung digitaler Strategien. Während dieser Zeit betreute er digitale Projekte für Unternehmen aus den unterschiedlichsten Branchen, zu denen Automotive, Einzel- und Großhandel, Entsorgungsbetriebe, Produktionsfirmen, Stahlhandel, Software sowie Unternehmensberatungen zählen. Vom Einzelunternehmer bis hin zum DAX-Konzern war alles dabei. Die verschiedenen Projekte umfassten klassische Webseiten, digitale Prozessstrukturen und multimediale Lösungen. Bei der Umsetzung seiner Projekte legt Michael Kleina viel Wert auf die strategische Ausrichtung der implementierten Lösungen. Es hat sich praktisch bewährt, in einem gesamtheitlichen Unternehmenskontext auf dieses nachhaltige Konzept zu setzen.

Digitale Sichtbarkeit ist ein Thema, das von vielen vernachlässigt wird. Das ist ein grober Fehler.

Guter Content reicht heute nicht mehr aus. Es mag der spannendste Artikel der Welt sein, doch er geht in der Internet-Flut unter. Zu groß ist die Konkurrenz an Seitenbetreibern.

»Ich weiß genau, was es braucht, um Sich selbst, sein Unternehmen oder ein Online-Projekt DigiTal sichtbar zu machen. Dafür habe ich über 20 Jahre meines Lebens investiert. In diesem Beitrag teile ich meine besten Tipps!«
www.michael-kleina.de

Lebenskunst Selbstführung

ULRIKE KRAMMER

Was hat Selbstführung mit Verantwortung und Selbstverantwortung zu tun? Was mit Erfolg und unseren verschiedenen Rollen im Alltag? Selbstführung bedeutet nicht, egoistisch zu sein, sondern an sich selbst zu denken und dementsprechend verantwortungsvoll zu handeln. Menschen, welche sich selbst gut führen, fühlen sich frei und wissen das Glück und Erfolg möglich ist – was auch immer das für jeden Einzelnen bedeutet.

Verantwortung für sich selbst übernehmen

Woran liegt es, dass manche Menschen eine schwierige Kindheit erlebt haben und sie in ihrem Leben trotz allem beruflich und privat sehr erfolgreich sind? Woran liegt es wiederum, dass es Menschen gibt, die scheinbar alles haben und im Leben trotzdem scheitern? Wie kann es sein, dass manche Menschen nach schweren Tiefschlägen beruflich und privat gestärkt aus dieser Situation hervorgehen können und andere nach einschneidenden Ereignissen ihr Leben nicht mehr in den Griff bekommen und aufgeben?

Diese Fragen beschäftigen mich bereits seit meiner Kindheit, da mich Menschen und ihre Geschichten schon immer fasziniert haben. Wenn wir zu Hause Besuch hatten, dann spielte ich nicht mit den anderen Kindern, die mit dabei waren, sondern blieb bei den Erwachsenen sitzen und folgte ihren Erzählungen. Am liebsten hatte ich es, wenn Fritz, der Freund meines Vaters, zu Besuch war, da die beiden immer tiefgründige Gespräche führten und es faszinierte mich schon damals, wie sie die Welt sahen und wie sie ihr Leben lenkten. Ich denke, ich habe damals schon erkannt, wie die Menschen sich selbst für Glück oder Unglück entscheiden. In meiner Kindheit gab es Menschen in meinem Umkreis, welche hochintelligent waren und trotzdem im Leben gescheitert und auf der Straße gelandet waren. Andererseits gab es Menschen, die schwere Schicksalsschläge erlebt hatten und trotzdem glücklich und fröhlich waren.

Es gab auch Menschen, die alles hatten, sich kaum Sorgen machen mussten und trotzdem böswillig und verbittert waren. Es gab ebenfalls Menschen, die zwar sehr wenig hatten, sich nie ihren Traum erfüllen konnten und sich trotzdem am Leben erfreuten und sich mit anderen Menschen über deren Erfolg mitfreuen konnten. Es gab Menschen, welche keinen guten Schulabschluss hatten, sich in der Schule alles erkämpft hatten und heute erfolgreiche Unternehmer sind. Ich habe selbst erlebt und erkannt, dass sich der Mensch selbst entscheidet, welchen Weg er geht, wenn er am Tiefpunkt angelangt ist und dass es das ganze Leben lang eine Kunst ist, sich selbst zu führen.

Um in seinem Leben etwas bewegen zu können, ist es wichtig, selbst in Bewegung zu kommen und Veränderung sollte kein Fremdwort sein. Wenn wir einmal aus dem Gleichgewicht gekommen sind, können wir uns durch Veränderung wieder ins Gleichgewicht, in Resonanz bringen. Das Gesetz der Resonanz besagt, dass alles im Universum über Schwingungen kommuniziert. Alle Lebewesen und Dinge besitzen eine Eigenschwingung, sogar alle Zellen und Organe unseres Körpers. Befinden sich Menschen auf der gleichen Schwingungsebene, sind sie im Gleichklang, in Resonanz. Sind wir Menschen aufeinander abgestimmt, heißt das, dass wir unsere Eigenschwingung behalten und mit anderen in Schwingung gehen können. Wir fühlen uns richtig und eigenverantwortlich, leben intuitiv, nehmen unser Schicksal selbst in die Hand, alle Handlungen kommen von innen heraus, wir sind voller Respekt und Wertschätzung und führen uns selbst, unser Unternehmen und unsere Mitarbeiter nach bestem Wissen und Gewissen. Wenn wir in Resonanz sind, genießen wir unsere Beziehungen mit anderen und fühlen uns dabei frei und geschützt zugleich, haben Zugang zu unserer Kreativität, sind klar in unserem Tun, leben unser Potenzial, unsere Fähigkeiten wodurch sich die Lebensqualität erhöht. Außerdem wissen wir im Resonanzzustand, auch Flow genannt, dass Anderssein ein Reichtum ist und es keinen Grund dazu gibt, sich darüber zu ärgern. Zudem können wir dann auch die Fähigkeiten der anderen gezielt einsetzen. Wir werden mit Leichtigkeit Aufgaben übernehmen und weitergeben sowie mit Freude Eigenverantwortung und Verantwortung tragen.

Lebenskunst – frei sein

Ich selbst bin der festen Überzeugung, dass der Zustand der Resonanz kein Dauerzustand ist, und dass es dazu zuallererst notwendig ist, sich immer wieder zu reflektieren und in sich zu gehen, um im Leben etwas zu bewirken und Veränderungen zulassen zu können. Veränderung heißt aber nicht, ständig etwas Neues zu kreieren, sondern vielmehr, in sich hineinzuhorchen und zu wissen, wohin wir gehen möchten, was uns wichtig ist, was wir noch lernen sollten und was wir weitergeben möchten. Das Erkennen der eigenen Stärken und Schwächen ist ebenfalls von großer Bedeutung. Ich bin jedoch nicht unbedingt ein Freund davon, nur die Stärken hervorzuheben, da dies genauso unproduktiv sein kann, wie das zu starke Konzentrieren auf die Schwächen. Meiner Meinung nach sollten wir uns mit beidem beschäftigen, da ja beides ein Teil von uns ist. Ist es nicht so, dass unsere Schwächen auch manchmal Stärken sind?

Manche fragen sich an dieser Stelle vielleicht, woher ich selbst meine Erfahrungen habe und wie ich überhaupt dazu gekommen bin, mich mit dieser Thematik so intensiv zu beschäftigen. Unbewusst beschäftige ich mich wohl seit meiner frühen Kindheit mit dem Thema Selbstführung und Führung. Meine Eltern hatten eine große Landwirtschaft und mein Vater war zudem ein sehr engagierter, zukunftsorientierter Unternehmer, der zusätzlich in verschiedenen Vereinen und Genossenschaften tätig war. Dies bedeutete, dass meine Mutter zu Hause immer viel zu tun hatte und daher lernten meine Schwester, meine fünf Brüder und ich schon sehr früh, was Eigenverantwortung und Disziplin bedeuteten. Meine acht Jahre ältere Schwester zog jedoch sehr bald von zu Hause aus, was dazu führte, dass ich meistens allein mit meinen charakterstarken Brüdern war. Außerdem hatten meine Brüder viele Freunde, die oft bei uns zu Hause waren, da meine Eltern immer ein offenes Haus für jeden hatten. Oftmals war ich dann das einzige Mädchen unter vielen Jungs, was mich sicherlich stark geprägt hat. Ich wollte damals zwar trotzdem Mädchen bleiben, aber es war mir auch wichtig, mich als Frau durchsetzen zu können. Ich lernte dadurch früh, innerlich in Stresssituationen stark zu bleiben und bald schon entwickelte ich Strategien für mich, um meine willensstarken Brüder »zu führen«. Natürlich war das nicht immer einfach, doch ich bin dankbar für diese Zeit, da ich viele Dinge, die ich in meinem heutigen Beruf als Coach und Trainerin für Selbstführung und Führung brauche, bereits damals lernen durfte. Außerdem spürte ich schon in jungen Jahren deutlich, wann es wieder an der Zeit war, in mich zu gehen und meine Strategien zu verändern, um etwas bewirken zu können – und das ist heute noch genauso.

Bei meinen Coachings und Trainings habe ich oft mit Menschen zu tun, die durch bestimmte, meist einschneidende Erlebnisse besonders stark geprägt wurden. Diese Menschen wissen zwar oft um ihr Handeln und möchten sich verändern, beruflich oder auch privat, schaffen es aber nicht, da die Gewohnheiten so tief verankert sind, dass es ihnen trotz starkem innerlichem Wunsch nicht gelingt, Veränderungen vorzunehmen. Warum fällt es uns oft so schwer loszulassen? Ich bemerke oft bei mir selbst wie schwer es ist, sich auf Neues einzulassen, obwohl ich sicherlich kein Mensch bin, dem der Mut fehlt oder dessen höchster Wert Sicherheit ist. Manchmal ist es dennoch schwierig, den ersten Schritt zu gehen.

Es ist jedoch nur dann möglich, etwas zu verändern, wenn ich mich dazu entscheide. Veränderungsbereitschaft hat immer etwas mit der Liebe zu sich selbst und somit auch mit der Liebe zu den Menschen, die einem wirklich wichtig sind, zu tun. In diesem Sinne – was möchten Sie für sich ändern? Was ist Ihr erster Schritt zu Ihrer ersten Veränderung? Jeder noch so kleine Schritt ist ein Schritt zu einem gelungenen und selbstverantwortlichen Leben.

Selbstführung und Führung

Im Prinzip funktionieren Unternehmen ähnlich wie ein Gehirn. Auch sie verfügen über ein Potenzial, das erheblich größer ist, als in den Bilanzen zum Vorschein kommt. Langfristige Erfolge erzielen jene Unternehmen, die sich immer wieder hinterfragen, sich Gedanken über sich und ihre Mitarbeiter machen und diese einladen, sich selbst Gedanken zu machen, Freude am gemeinsamen Gestalten zu haben und ihnen erlauben, sich mit ihrem Wissen einzubringen, zu wachsen – über sich selbst hinauszuwachsen.

Die Verantwortung, das Potenzial der Mitarbeiter zu fördern, liegt zu einem großen Teil bei der Führungskraft, die das Team leitet. Wer andere gut führen will, muss sich selbst gut führen. Als Führungskraft, egal ob in einem Unternehmen oder in einem Team, als Vater oder Mutter, beeinflussen wir nicht nur unser eigenes Leben, sondern auch das Leben der einem anvertrauten Menschen. Eine Führungskraft übernimmt für andere Menschen Verantwortung und sollte wissen, warum und wie er oder sie das tut. Es ist daher von Vorteil, wenn die Führungskraft in Balance, in Resonanz ist, die eigenen Visionen, Werte und Ziele kennt, um anderen glaubhaft die Richtung vorzugeben. Unabhängig von ihrem Ziel haben Führungskräfte etwas gemeinsam, nämlich Einfluss. Führung existiert nicht allein, sondern setzt die Beteiligung anderer Menschen voraus. Daher ist es zu allererst wichtig, sich selbst gut zu führen, um andere gut führen zu können.

Wie oft haben wir es schon erlebt, dass Führungskräfte und Chefs ihre Angestellten demotivieren, weil sie glauben, selbst alles besser zu machen und auf die Meinungen und auf das Potenzial der Mitarbeiter nicht angewiesen zu sein. Ein Beispiel:

G.P., Chef eines Unternehmens mit 20 Mitarbeitern, ist ein fürsorglicher Mensch. Er trägt gerne Verantwortung und Sicherheit ist sein größter Wert. Somit, so meint er, muss er alles unter Kontrolle halten, die Mitarbeiter dürfen ihre Potenziale also nicht leben. Er sitzt stundenlang im Büro, die ganze Arbeit bleibt bei ihm liegen. Er ist überfordert und die Aufträge werden mit großer Verzögerung erledigt. Die Mitarbeiter resignieren und machen Dienst nach Vorschrift. Einer seiner besten Mitarbeiter macht ihn immer wieder darauf aufmerksam, was sie wie, wo und wann verbessern könnten. G. nimmt das zwar alles wahr, kann aber das Muster, welches er bereits verinnerlicht hat, weil sein Vater die Firma genau gleich geführt hatte, nicht durchbrechen. Die längst anstehenden Veränderungen werden nicht durchgeführt. Die besten Mitarbeiter verlassen die Firma. Das alles schlägt sich auf den Unternehmenserfolg sowie auf die Umsätze nieder und auch der Gewinn geht zurück. G. selbst kann nicht mehr schlafen, bekommt Angstzustände bis hin zu Panikattacken. Er erkennt, dass ihm die Arbeit allmählich über den Kopf wächst und auch die Firma schafft das wirtschaftlich nicht mehr. Er kam zu mir in meine Praxis, wo er seine unbewussten Muster schnell erkannt und Lösungen für den Ausstieg gefunden hatte. Es wurden verschiedene Wahrnehmungen und Beobachtungen genutzt. Der Unternehmer erhielt mehr Verständnis für die Zusammenhänge, Veränderungen wurden für ihn deshalb einfacher. Er hat neue Mitarbeiter eingestellt, die seinen Werten entsprechen und es werden nun regelmäßig Mitarbeiterbesprechungen durchgeführt, die Ideen der Mitarbeiter miteingebunden und somit die vorher brachliegenden Potenziale genutzt. Er hat gelernt, sich selbst und seinen Mitarbeitern zu vertrauen, und er fühlt sich sicher damit. Die Mitarbeiter tragen Eigenverantwortung, machen sich Gedanken, sind hoch motiviert und machen immer wieder Verbesserungsvorschläge. Die Freude am gemeinsamen Gestalten trägt dazu bei, dass sie gerne zur Arbeit gehen und mit Begeisterung ihre Tätigkeiten ausführen. Sie wachsen über sich hinaus. Der Umsatz und der Gewinn liegen wieder in der Norm. Selbstführung ist lebenslange Arbeit und somit Lebenskunst.

Selbstverantwortung

Einen großen Anteil der Selbstführung beinhaltet die Selbstverantwortung.

Selbstverantwortung hat wiederum viel mit Selbstbewusstsein zu tun – sich seiner selbst bewusst zu sein. Und, Selbstbewusstsein bedeutet, sich immer wieder selbst zu reflektieren, sich seiner Visionen, seiner Ziele und seiner Werte bewusst zu sein. Selbstverantwortung hat auch viel mit unserem Denken zu tun, das heißt, wie wir über uns selbst denken und infolgedessen auch mit den Konsequenzen unseres Denkens für uns und die Welt. Die meisten Menschen sind sich ihrer Gedanken gar nicht bewusst und sie hinterfragen ihr Denken auch nicht. Sie stellen sich gar nicht die Frage, was sie denken, was diese Gedanken sind und woher diese Gedanken überhaupt kommen. Es ist oft hilfreich, wenn wir uns die Frage stellen, ob es sich um unsere eigenen Gedanken handelt oder ob wir diese einfach übernommen haben, beispielsweise von den Eltern, aus den Medien, aus Büchern, etc. Es scheint manchmal so, dass das kritische Denken immer weniger wird, dass wir uns zu wenige Gedanken darüber machen, was wir den ganzen Tag über so aufnehmen, bewusst oder auch unbewusst. Oft macht es mir ein bisschen Angst, wie beeinflussbar wir Menschen sind, wie vieles wir hinnehmen, ohne die Verantwortung für unser Leben zu übernehmen, ohne kritisches Überdenken von Dingen und Situationen und ohne Nachdenken darüber, was wir beitragen könnten, um die Welt ein bisschen besser zu machen. Dabei wäre es so wichtig, Selbstverantwortung auch für unser eigenes Tun zu übernehmen, aus unseren Fehlern zu lernen und eigenverantwortlich sowie mit neuen Gedankenmustern in die Zukunft zu gehen. Wir sollten uns immer wieder selbst in Frage stellen und erkennen, was der Sinn unseres Lebens ist, um nicht mehr wie eine Marionette zu sein, sondern um uns selbst zu steuern und zu führen. Wir sollten uns fragen, was wir über uns selbst, über den Sinn des Lebens und über die eigene sowie die Schuld der anderen denken.

Menschen gehen mit Krisen und Herausforderungen sehr verschieden um. Es ist nicht immer leicht, sich aus schweren Krisen herauszuholen und Verantwortung für unser weiteres Leben zu übernehmen, trotz aller Herausforderungen »Ja« zum Leben und zu sich selbst zu sagen. In Krisen geben wir ja nicht nur anderen Menschen die Schuld, sondern auch uns selbst, vielleicht weil wir Fehlentscheidungen getroffen haben, zu viel oder zu wenig Vertrauen hatten, aufgegeben oder trotz vieler Warnsignale weitergemacht haben. Genau das hilft uns aber nicht weiter auf unserem Weg, es blockiert uns nur. Um unser Ziel, was auch immer das sein mag, dennoch zu erreichen, brauchen wir eine Neuorientierung, um neue Perspektiven zu erlangen und daher kommen wir in diesen Phasen nicht umhin, ein eigenverantwortliches, bewusstes Leben zu führen. Oftmals tragen wir auch noch für andere Menschen gewisse Verantwortung und je eigenverantwortlicher wir leben, umso mehr Gutes können wir weitergeben.

Unsere Rollen im Alltag

Zur Selbstführung gehört auch, dass wir Klarheit in unseren Rollen leben. Der Alltag, der Beruf und das Privatleben fordern viele verschiedene Rollen.

Dr. Gundl Kutschera schreibt in ihrem Buch »Tanz zwischen Bewußtsein und Unbewußt-sein« folgendes:

»Rollenbilder geben vor, wie wir zum Beispiel. als Mann/Frau, Vater/Mutter, Führungskraft, etc. zu sein haben. Diese alten Rollen, die wir leben, wurden uns von unseren Eltern und Menschen, die uns auf unserem Weg begleitet haben, vorgelebt. Es wurde uns jedoch nicht gelehrt, diese Rollen auseinanderzuhalten – wir lernten ein

Rollendurcheinander. Nun sind diese klassischen Rollenbilder im Wandel und wir sollten neue Rollenbilder entdecken und leben. Wenn wir Klarheit in unseren fünf Rollen leben, dann gibt es auch kein Rollendurcheinander mehr und somit ein friedliches Miteinander. Wenn alle 5 Rollen gelebt werden, haben wir das Gefühl von Zufriedenheit und Verbundenheit.

Diese Rollenbilder werden sowohl von der Kultur als auch von den Familien festgelegt. Der Nachteil dieser festgelegten und allgemeingültigen Rollen und der damit verbundenen Rollen ist, dass jeder sie zu leben hat. Wenn jemand nicht damit übereinstimmt, werden sich diese Regeln wie Gefängnisse anfühlen. Anders wäre es, wenn jede Familie die Freiheit hat, ihre eigenen Rollen und Regeln innerhalb des kulturellen Rahmens selbst festzulegen. Dann würden zum Beispiel. »Mütter« und »Väter« stark unterschiedlich, jedoch in der betreffenden Familie klar definiert sein.

Rolle Individuum

Leben wir diese Rolle, sind wir eins mit uns und der Umwelt, spüren den eigenen Körper und wissen, was richtig für uns ist. Wir fühlen uns in der Partnerschaft frei und geborgen zugleich. Wir leben in der Familie und im Beruf unser Potenzial und unsere Fähigkeiten mit Freude. Wir sind im Fluss, und sind uns selbst nahe. Wir wissen, was uns selbst guttut und sind auch anderen Menschen nahe. Denn wenn es mir gut geht, wenn ich in Balance bin, geht es auch den Menschen in meinem Umfeld gut.

Rolle Mann/Frau

In dieser Rolle leben wir unsere Weiblichkeit als Frau und als Mann unsere Männlichkeit. Wir genießen unsere Schönheit und Attraktivität und bereichern uns mit unseren speziellen Fähigkeiten – beruflich wie privat. Wir haben ein klares Selbstbild und Selbstwertgefühl, wir fühlen uns begehrenswert und schön als Mann oder Frau. Je begehrenswerter und schöner wir uns finden, desto mehr strahlen wir dieses auch aus.

Rolle Hierarchie

In dieser Rolle leben wir die Balance zwischen Geben und Nehmen. Wir führen und sorgen gerne, können uns aber auch führen und umsorgen lassen. Wir tragen Verantwortung mit Freude, lassen uns aber auch gerne verwöhnen. In unserer privaten Beziehung sorgen wir füreinander, nehmen aber auch Unterstützung gerne an. Im Beruf führen wir gerne und übernehmen mit Freude Verantwortung, nehmen aber auch Hilfe und Unterstützung von anderen an. Geben ist die Fähigkeit, für eine Sache oder für andere Menschen Verantwortung zu übernehmen, für andere da sein zu dürfen. Nehmen ist die Fähigkeit, Verantwortung abzugeben, sich auch einmal verwöhnen zu lassen oder um Hilfe zu bitten.

Rolle Spielen

In dieser Rolle bewahren wir uns die Neugierde und den spielerischen Entdeckungsdrang unserer Kindheit. Wir können fröhlich und ausgelassen sein im privaten Bereich, und im beruflichen Umfeld fühlen wir uns als gleichwertiges Mitglied und bringen unsere individuellen Stärken ein. Das private und berufliche Miteinander bekommt eine neue Dimension, wenn wir die spielerische Rolle leben. Das Miteinander mit unseren Partnern, Kindern und im Beruf wird leicht.

Rolle Umfeld

In dieser Rolle leben wir in Resonanz mit unserem Umfeld und mit der Natur. Wir sind gerne mit anderen Menschen zusammen und suchen uns unsere Freunde, soziales Engagement, sportliche Aktivitäten selbst aus. Im Privaten sind wir in das soziale Netz unseres Umfelds eingebunden (Freunde, Bekannte, Verwandte, Natur, Sport, Kultur, Politik). Im Beruf handeln wir verantwortungsvoll und sind uns der ganzheitlichen Wirkung zwischen Gesellschaft, Natur und Wirtschaft bewusst.

Diese fünf Rollen müssen sowohl privat als auch beruflich anders definiert werden. Diese neuen Rollenbilder können nur von den betroffenen Personen selbst gefunden werden. Haben wir eine eigene Definition gefunden, leben wir diese Rollen bewusst, dann fühlen wir uns in Resonanz mit uns und mit anderen und sind erfolgreich privat und beruflich.

Was bedeutet Erfolg?

Erfolg hat viele Facetten und für jeden Menschen hat er eine andere Bedeutung. Doch eines ist gewiss: Die Basis für den persönlichen Erfolg ist die Vision und die Liebe zu dem, was wir tun. Auf dem Weg zum Erfolg sind Visionen und Ziele ein wichtiger Bestandteil und diese benötigen ein gutes Fundament. Die besten und großartigsten Ziele bringen nichts, wenn die Grundlagen und Rahmenbedingungen dafür nicht geschaffen sind. Eine wichtige Grundlage dafür ist auch das private Umfeld. Daher ist es wichtig, sich nicht nur über den beruflichen Erfolg Gedanken zu machen, sondern gleichermaßen auch über den privaten Erfolg. Meine Arbeit mit erfolgreichen Menschen hat gezeigt, dass dann Konflikte und Krisen auftreten, wenn zu wenig Zeit für die Familie da ist, kein Freiraum für Freunde mehr geschaffen werden kann oder keine Zeit mehr für sich persönlich und für seine Hobbys bleibt. Das alles raubt Energie, um wirklich kreativ und produktiv an seiner Firma, seinem Erfolg zu arbeiten und gesund zu bleiben

Gute Leistungsfähigkeit entsteht in einem guten privaten Umfeld. Privater und beruflicher Erfolg stehen in unserer schnelllebigen Zeit im engen Zusammenhang und benötigen Reflektion, Disziplin und gute Selbstführung.

Der Erfolg in der Partnerschaft, in der Familie und im Team setzt sich zusammen aus Begeisterung, guter Kommunikation, Freude und Spaß im Team, und letztendlich durch persönlichen und finanziellen Erfolg.

Sätze wie
- »Erfolg bedeutet für mich, wenn ich meine Teilziele und Ziele erreicht habe, und mein Umfeld auch mit diesen Zielen zufrieden ist«,
- »Erfolg ist, wenn ich meine Ziele, die ich mir gesetzt habe, erreicht habe«,
- »Erfolgreich bin ich, wenn mich meine Tätigkeiten in der Familie, in meinem Team und in meiner Freizeit mit Begeisterung und Freude erfüllen«,
- »Erfolg ist die Summe richtiger Entscheidungen«,

zeigen, dass die Definition von Erfolg für jeden Menschen einzigartig ist.

Innerlich wird Erfolg jedoch von den meisten Menschen sehr ähnlich empfunden und äußert sich beispielsweise durch hohe Energie, Begeisterung, Freude, Glück, das Gefühl der Unbesiegbarkeit, Geborgenheit, Ruhe und Sicherheit.

Verschiedenen Studien zufolge haben erfolgreiche Menschen folgende Charaktereigenschaften gemeinsam:
- Sie haben den Mut, etwas Neues auszuprobieren.
- Sie lieben das, was sie tun, und es erfüllt sie zugleich.
- Sie lieben sich selbst und andere Menschen.
- Sie sehen Probleme als Chancen.
- Sie halten sich nicht lange an Misserfolgen fest und versuchen Neues.
- Sie nutzen Misserfolge für die persönliche Weiterentwicklung.
- Sie tragen Verantwortung für ihr Handeln.
- Sie glauben an sich und an ihren Erfolg.

- Sie können ihren Erfolg genießen.
- Sie sind flexibel.
- Sie haben Visionen und Ziele.
- Sie kennen und leben ihre persönlichen Werte.
- Sie gestalten ihr Leben aktiv.

Zusammenfassung

Die Entscheidung, ein selbstgeführtes Leben zu leben, ist jedem Menschen selbst überlassen. Ich kenne Menschen, die glücklich sind, sich gerne führen lassen und sich gerne in die Hände anderer begeben. Das hat genauso seine Berechtigung, wie sich selbst gut zu führen. Doch wenn wir bemerken, dass die Art, wie wir unser Leben führen nicht mehr erfüllend ist, wir unglücklich sind, Angst vor dem nächsten Tag haben, in einer unglücklichen Beziehung leben, auf unserem Arbeitsplatz unglücklich sind und uns nach einem anderen Leben sehnen, da wir zu fremdbestimmt sind, dann sollten wir den Mut haben, zu uns selbst zu stehen, der eigene Dirigent in unserem Leben zu werden, um gestärkt und voll Vertrauen etwas auf dieser Welt zu bewegen.

Menschen, die sich selbst gut führen, wissen, dass Glück möglich ist, was auch immer das für jeden Einzelnen bedeutet, und dass beruflicher Erfolg nicht ohne privaten Erfolg erreichbar ist. Sie reflektieren sich immer wieder selbst, lernen von den Besten und kennen ihre Visionen, Ziele, Werte, haben Selbstvertrauen und Vertrauen in andere Menschen sowie in sich selbst. Somit sind sie nicht immer von der Anerkennung anderer abhängig und leben selbstbestimmt, nicht fremdbestimmt. Sie besitzen Humor und können auch über sich selbst lachen.

Selbstführung bedeutet nicht, egoistisch zu sein, sondern an sich selbst zu denken und dementsprechend zu handeln. Der folgende Spruch von *Antoine de Saint-Exupéry* veranschaulicht den Unterschied zwischen Egoismus und Selbstführung: »*Wenn du ein Schiff bauen willst, dann trommle Männer zusammen, nicht um Holz zu beschaffen, Arbeit zu vergeben und Aufträge zu verteilen, sondern lehre sie, die Sehnsucht nach dem weiten endlosen Meer.*« Um andere Menschen zu lehren und zu motivieren, ist es von Vorteil, uns selbst gut zu kennen, uns selbst gut zu führen und immer wieder Innenschau zu halten. Wenn es uns gelingt, jenen Menschen, die uns auf unserem Weg begleiten, zu helfen, den Sinn in ihrem Leben zu finden, sie zu motivieren, dann steht unserem und deren Glück nichts mehr im Wege. Wir können auf der Welt etwas bewegen, unseren Beitrag leisten und Friede, Spaß und Freude verbreiten sowie andere dazu motivieren, daran mitzuarbeiten. Wir können Menschen kräftigen und stärken ebenso ein selbstbestimmtes Leben zu führen – auf ihre eigene Art und Weise. Ich denke, das ist ein großer Erfolg auf dieser Welt, und genau darum übe ich meinen Beruf als Coach und Trainer aus. Meine einfache Vision ist nämlich genau das: Menschen zu kräftigen und zu stärken, um ein Teil einer Gesellschaft zu werden, die für Frieden auf der Welt steht und wirkt. Manchmal scheint mir das zwar unmöglich zu sein, doch wenn ich mir vor Augen führe, wie viele Familien und Unternehmen ich schon begleiten durfte und wie meine Unterstützung immer weitere Kreise zog, dann lässt mich der bloße Gedanke daran – selbst in düsteren und turbulenten Zeiten – weiterarbeiten und vom Frieden auf dieser Welt träumen.

ULRIKE KRAMMER

Ulrike Krammer hat sich auf Führung und Selbstführung in einer schnelllebigen Zeit spezialisiert.
Ulrike Krammer stieg 1986 in die Schlosserei ihres Mannes ein und lernte in diesen 32 Jahren alle Höhen und Tiefen des Unternehmertums kennen. 2009 gründete sie die Firma FOKUS – Consulting für Unternehmer und Unternehmerinnen.
Zu den Themen Selbstführung, Führung und Unternehmertum sowie Stressmanagement gibt sie seit vielen Jahren Seminare und Coachings und hält Impulsvorträge zu dieser Thematik. Sie inspiriert Menschen, ihre Stärken und Fähigkeiten zu erkennen und ihre Ressourcen zu nützen.
www.fokus-consulting.at

Wann lohnt es sich, zu scheitern?

»Verantwortung« übernehmen bedeutet, wie ich mein Handeln vor mir und meiner Umwelt erkläre, begründe und vertrete.
Oftmals bewerten wir das Ergebnis unseres Handelns negativ, als »Scheitern« und tun uns dann entsprechend schwer damit, die Verantwortung zu übernehmen und zu vertreten.
Dieser Artikel ordnet diesen Sachverhalt in die Rahmenbedingung einer »sich schnell verändernden Welt« ein, erklärt, warum das Scheitern unausweichlich ist und wie wir damit verantwortungsvoll umgehen können, ohne an uns selbst zu verzweifeln.
Letztendlich geht es darum, souverän im eigenen Handeln und Verantworten zu sein – dieser Artikel hilft bei den Gedanken, die der Leser dazu hat und entwickelt.

Über die Verantwortung in einer sich schnell verändernden Welt

Beim Schreiben dieses Artikels habe ich mich gefragt: »Warum sollte ich überhaupt über dieses Thema nachdenken?« »Welchen Nutzen würde ich als Leser von diesem Text erwarten?« »Hoffentlich ist es spannend zu lesen!«

Vielleicht ist der letzte Gedanke für Sie der bewegendste – und als Autor hoffe ich natürlich, Sie anhand meiner Ausführungen inspirieren zu können. So möchte unser Sammelband doch eine Sammlung von Expertenwissen für Sie bereitstellen. Das klingt schon ein bisschen nach »trockener Materie« und »Theorie«.

Jedoch als Mensch, in meiner Familie, im beruflichen Umfeld und in unserer Gesellschaft bewegen mich vor allem die täglichen Herausforderungen, die sich zunächst subtil heranschleichen, um dann urplötzlich Entscheidungen einzufordern, deren Tragweite zunächst weder sichtbar, noch zu erwarten waren.

Und in diesen Entscheidungen passiert es dann – auf einmal geht es um »Scheitern« oder »Erfolg«. Bewährtes steht plötzlich infrage. Morgens um vier Uhr werde ich wach – die Gedanken kreisen. Zweifel und Selbstsicherheit wechseln sich ab. Konkurrierende Ziele verursachen Unsicherheiten.

Sehen Sie, und schon sind Sie im Text gefangen – obschon wir es hier mit Themen zu tun haben, die sicher auch philosophische mehrbändige Werke, Universitäts-Vorlesungen und hehre Abhandlungen verdient hätten.

Deshalb gibt es einen ersten Teil: Es bedarf ein wenig Theorie, damit wir sicher sein können, dass wir über dieselben Dinge reden. Wir klären die Begriffe meines Artikels und die Betrachtung, wie ich damit umgehen möchte.

Das Besondere dieses Artikels liegt insbesondere darin, das Thema »Verantwortung« in einem Kontext zeitlicher Betrachtung zu verorten und daraus praktische Ideen anzubieten, wie eine retrospektive Betrachtung zu unterschiedlicher Bewertung führen kann – in einer »sich schnell verändernden Welt«.

Im zweiten Teil finden Sie zu den wesentlichen Bereichen des Lebens einige praktische Beispiele und alltägliche Herausforderungen, die nach meiner Erfahrung derzeit rascher Veränderung unterworfen sind und uns unverhofft vor altbekannte Fragen stellen, auf die wir allerdings neue Antworten benötigen.

Sind Sie genauso ungeduldig wie ich? Gerne lade ich Sie ein, sofort in den zweiten Teil einzutauchen. Dennoch lege ich Ihnen die Theorie im ersten Teil ans Herz – mit dem Versprechen, mir alle Mühe zu geben, auch diesen für Sie ansprechend zu gestalten und Ihnen möglichst kurz und verständlich die notwendigsten Ideen zu den Grundlagen meiner Betrachtungen anzubieten.

Was bedeutet »Verantwortung in einer sich schnell verändernden Welt«?

Über den Begriff der Verantwortung wird seit Jahrhunderten geschrieben, diskutiert und gestritten. Gleichzeitig wird er von jedermann ganz selbstverständlich benutzt.

Um eine Übersicht über das Thema zu bekommen, bieten sich die Quellen wie der *Duden* oder im Internet *Wikipedia* an. Die jeweiligen Querverweise/Links zu Begriffen wie »Verantwortungsgefühl«, »Verantwortungsethik« in die philosophischen Diskussionen und auch in die Ideologien (jedes gesellschaftliche System im Sinne von Kapitalismus, Sozialismus, Diktaturen oder Demokratien bis hin zu den Religionen) führen in eine inhaltliche Breite, die jeden Rahmen dieses Artikels sprengen würde. Die Recherche sei dem Leser ans Herz gelegt, aber auch seiner Verantwortung – und da ist es schon, dieses Wort –, überlassen.

Was wollen wir im Sinne dieses Artikels darunter verstehen? Hier meine Intention in der Verwendung: Wenn ich von Verantwortung spreche, dann meine ich damit die persönliche Antwort zur Begründung einer meiner Handlungen und ihrer Folgen.

Ganz praktisch: Wenn ich etwas tue und dann von außen nach meinen Gründen für diese Handlung gefragt werde, dann übernehme ich mit meiner Antwort auch die Verantwortung für dieses Handeln.

Das Konfliktpotenzial liegt nun in dieser Begründung.

Die vorhin angesprochenen Ideologien, Religionen und Systeme stellen Handlungserwartungen an den Menschen auf, postulieren »Werte« und damit wird unsere Verantwortung sehr schnell spannend, wenn wir den Einklang mit diesen fremden Erwartungen nicht mehr erfüllen oder uns sogar dagegenstellen. Noch schlimmer: wenn wir nur um diese Erwartungen zu erfüllen gegen unser besseres (Ge-)Wissen, Fühlen und unsere Überzeugung handeln.

Vielleicht ahnen Sie nun schon, lieber Leser, welche Konflikte und Herausforderungen im zweiten Teil dieses Artikels auf uns warten: Erwartungen in Beziehungen, im Beruf, zu unserem Gesundheitsverhalten und an unsere Positionierung in der Gesellschaft.

Verantwortung also bedeutet, wie wir unser Handeln gegenüber den an uns gestellten Erwartungen begründen.

Und als ob dies nicht schon Herausforderung genug wäre: Diese Umwelt und ihre Anforderungen unterliegen nun auch noch einem immanenten Wandel, der zunehmend rascher erfolgt.

Daher müssen wir klären, was »schnelle Veränderung« inhaltlich bedeuten soll.

Was bedeutet »schnell« im Sinne einer sich verändernden Welt?

Zeit ist das für Sie etwas Absolutes? So wie das Ticken einer Uhr? Gemessen in Sekunden, Minuten, Stunden, Tagen, Wochen, Monaten, Jahren?

Oder ist das eher etwas Emotionales? So wie die Begriffe »lang« oder »kurz«, »schnell« oder »langsam«, »früh« oder »spät«?

Kulturell neigen wir Deutschen zu messbaren quantitativen Zeitangaben. Diese unterliegen auch einem gemeinsamen Verständnis: »Am frühen Nachmittag« deutet zumeist in die quantitative Richtung von 13:00 bis 14:00 Uhr. Verabredungen unterliegen bei uns ebenso zumeist einer genauen Zeitangabe.

In anderen Kulturen, zum Beispiel Lateinamerikas, sind die Zeitangaben oft wesentlich unspezifischer. »Morgen« (span. »manana«) gilt als valide Angabe für »ich werde mich darum kümmern«. Niemals jedoch meint dies, »morgen früh ab acht Uhr«.

Diese kulturelle Grundprägung zum Begriff der Zeit bringt es mit sich, dass wir auch unterschiedliche Wahrnehmungen zu den Relationen des Verstreichens der Zeit haben: schnell, langsam, rasch, gemächlich sind nur wenige Beispiele für Einschätzungen, die wir aufgrund unserer persönlichen Erfahrung vornehmen.

Dies sei an einem Beispiel illustriert: Inflation, die Preissteigerung, ist seit Dekaden unserer Wirtschaft immanent. Ich kann mich erinnern, in meiner Kindheit zum Bäcker geschickt worden zu sein, um ein Kilogramm Mischbrot zu kaufen. Der Brotlaib kostete damals 2,20 D-Mark (das wären heute rein rechnerisch in Euro also grob 1,10 Euro). Dabei handelte es sich um ein damals übliches Sauerteigbrot mit Weißbrot-Anteil. Ein solches Brot kostet heute je nach Region etwa zwischen 3,20 € und 4,80 Euro. Diese Preissteigerung vollzog sich allmählich und kaum wahrnehmbar. Immerhin liegen da inzwischen rund 40 Jahre dazwischen und diese Veränderung ist für mich also in keiner Weise »schnell« eingetreten – wenngleich unerfreulich und wohl auch weiterhin steigend.

Daher nun zur Klärung des Begriffes »rasch«: Es handelt sich hierbei also um eine subjektive Wahrnehmung eines Zeitintervalls, das kürzer ist als es der Erwartungshaltung dessen entspricht, der das Zeitintervall betrachtet.

Eine quantitative Betrachtung wird nicht immer zu Konsens führen, sondern unterliegt der Erfahrungswelt des Einzelnen. Bei einer Diskussion zwischen einem leidenschaftlichen Sportwagenfahrer und einem Fahrer eines Kleinwagens wird man selten Einigung finden, was »schnell« bedeutet.

Um dies zu lösen, verwenden wir parallel im Alltag und in unserem Sprechen messbare Zeitintervalle. Bei Fahrzeugen also die Geschwindigkeit in Kilometer pro Stunde, für die Dauer eines Tages die Stunden. Und dennoch erleben wir im Alltag Aussagen wie »dieser Tag ist jetzt aber schnell vergangen« oder »die Zeit verging wie im Flug«.

Grundlage unserer Bewertung sind psychologische Faktoren: Wie rasch gelingt es Ihnen, sich an eine Veränderung anzupassen und diese als »normal« zu empfinden? Wie stark muss eine Veränderung sein, damit Sie Ihnen auffällt? Wie stark muss sie sein, damit Sie sie als Bedrohung oder als Verbesserung wahrnehmen? Und wie stark ist Ihre Adaptionsfähigkeit?

Der Begriff der Adaption im Sinne einer Fähigkeit zur Anpassung an veränderte Bedingungen beeinflusst maßgeblich unsere Wahrnehmung von Veränderung als »schnell« oder »normal«. Je weniger diese Fähigkeit gefordert wird, sprich je »normaler« der Anpassungsvorgang verläuft, desto weniger erleben wir Veränderung als »rasch«.

Neben dem Begriff der Adaption müssen wir auch den Begriff der Resilienz betrachten: die Widerstandskraft gegen Veränderung vor allem im Hinblick auf Bedrohungspotenziale aus der Veränderung. Menschen, die über große Resilienz verfügen, nehmen Bedrohungen wesentlich später wahr oder auch erst bei entsprechend starker Ausprägung, sodass ihnen die zugrundeliegende Veränderung erst wesentlich später bewusst wird, und somit die Veränderung als »langsamer« wahrgenommen wird.

Warum gilt nun unsere Zeit als »sich rasch verändernd«? Ein wesentlicher weiterer Faktor ist das »exponentielle Wachstum«, das sehr stark in unsere Welt Einzug gehalten hat. Dahinter verbergen sich Effekte, wie wir sie von beispielsweise Zinseszins-Effekten kennen. Sehr lange sind die Auswirkungen nicht erkennbar, erst in dem Moment, in dem die Kurve der exponentiellen Entwicklung die der linearen Wahrnehmung schneidet, wird die Veränderung für uns sichtbar. Durch das Wesen der exponentiellen Entwicklung haben wir danach aber das Gefühl, dass es »aus dem Nichts explodiert«, da neurobiologisch begründet unser Gehirn exponentielles Wachstum nicht wirklich erfassen und vorhersagen kann (ausgenommen bei ausgebildeten und entsprechend erfahrenen Naturwissenschaftlern).

Die Wahrnehmung einer Veränderung als »rasch« oder »schnell« zu bezeichnen ist demnach ausschließlich eine subjektive. Diese Wahrnehmung wird maßgeblich beeinflusst durch die Fähigkeit zur Adaption oder der Ausprägung individueller Resilienz, oftmals auch einer Mischung aus beiden und der menschlichen Unfähigkeit, mit exponentiellen Entwicklungen prädiktiv valide umzugehen.

Spreche ich nun im Folgenden von raschen Veränderungen, so liegt dem natürlich meine persönliche Wahrnehmung zugrunde, die in hohem Maße von meiner Fähigkeit zur Adaption und meiner Resilienz gegen bedrohliche Veränderung beeinflusst und moderiert wird. Ein breites Verhaltensrepertoire macht es sicher einfacher, souverän zu agieren.

Was bedeutet »Welt« im Sinne rascher Veränderung und als Basis persönlicher Verantwortung?

Welche Lebensbereiche definieren unseren Alltag? Welche davon sind »verant-wortungsrelevant«? Und zuletzt: Welche davon sind einer raschen Veränderung unterworfen?

Dies ist tatsächlich kein unüberschaubarer Raum. Im Wesentlichen können wir unser Leben anhand von fünf Bereichen fast vollständig beschreiben:

- Beziehungen (im Sinne der persönlichen Lebensgemeinschaft, ob in Ehe oder ehe-ähnlicher Gemeinschaft)
- Familie (abgegrenzt zur Beziehung: hier geht es um die sogenannte Herkunftsfa-milie mit Eltern, Geschwistern, Verwandten und die eigene Familie im Sinne des Systems von Partnerschaft und ggf. vorhandenen Kindern)
- Beruf (im Sinne des Lebensumfelds aus Kollegen, Firma, Vorgesetzten oder auch Kunden und Lieferanten oder Produktgebern)
- Gesundheit (im Sinne einer gesellschaftlichen Anforderung sowie die Verantwor-tung des Einzelnen, seine Arbeitskraft zu erhalten)
- Gesellschaft (im Sinne einer politischen Lebensposition, einer sozialen Positio-nierung, einer Positionierung im »System«)

Alle fünf Bereiche unterliegen immanent einem permanenten Wandel. Die Wahrneh-mung einer raschen Veränderung, der Notwendigkeit meiner persönlichen Verantwor-tung oder der Ihren, lieber Leser, sind je nach Ihrer Lebenssituation und der meinen sicher sehr unterschiedlich ausgeprägt. Alle fünf tragen aber tagtäglich Aufgaben und Handlungserwartungen an uns heran und bilden damit die Basis unserer persönlichen Verantwortung bei gleichzeitig permanenter Veränderung dieser Erwartungen.

Was bedeutet »lohnendes Scheitern«

Eine letzte notwendige Betrachtung: Was bedeutet »Scheitern« und was wollen wir unter »lohnend« verstehen? Gibt es so etwas überhaupt?

Natürlich dürfen wir jetzt diese Diskussion kurzerhand beenden: Wenn wir Schei-tern so verstehen wollen, als dass wir ein Ziel nicht erreichen und dadurch Schaden erleiden, so wäre dies niemals »lohnend« möglich, da sich ein Schaden ja niemals »lohnen« kann.

Insofern räume ich ein, dass die Formulierung des lohnenden Scheiterns einen rhetorisch-provokativen Anteil hat, rekonzilierend zu einer positiven Lebensbewertung gelangen zu können. Aber das wäre mir zu wenig. Tatsächlich möchte ich darüber hinaus ein Plädoyer für einen persönlichen Seelenfrieden für das – wie wir bereits festgestellt haben – unausweichliche Scheitern unserer Bemühungen halten.

Erfolg oder Scheitern – beides unterliegt menschlicher Beurteilung. Generell bezeichnen wir eine Zielerreichung als Erfolg, jeder andere Ausgang unserer Handlung wäre ein Misserfolg oder Scheitern.

Eine unmittelbare Beurteilung im direkten zeitlichen Kontext einer Handlung kann »Scheitern« lauten. In der Retrospektive mehrerer Jahre oder Dekaden kann sich diese Bewertung vollständig drehen. Zunächst eine Binsenweisheit, jedoch relevant in der Betrachtung der persönlichen Biografie – und zunehmend auch in der kurzfristigen Perspektive relevant. Denn hier im Artikel geht es ja darum, das Scheitern als lohnend betrachten zu können, weil es in einer sich rasch verändernden Umwelt, also in einem Rahmen sich rasch verändernder Parameter, geschieht.

Fazit

- Verantwortung bedeutet, auf kurze und lange Sicht das eigene Handeln begründen zu können.
- Wir leben in einer Umwelt, die sich in den Bereichen »Beziehung, »Familie, »Beruf, Gesundheit und Gesellschaft beschreiben lässt und die die vorgenannten Erwartungen an uns herantragen.
- Aufgrund konkurrierender Erwartungen der Umwelt ist ein immer wiederkehrendes Scheitern auf einer Seite, um auf einer anderen Seite diesen Erwartungen zu entsprechen, unausweichlich.
- Dieses immanente Scheitern wird zusätzlich befeuert, weil sich diese Umwelt zwingend permanent verändert und vor allem auch diese Veränderung imperativ an uns heranträgt.
- Ob dies »rasch« oder »langsam« geschieht, unterliegt den persönlichen Faktoren der Adaptionsfähigkeit und bestehender Resilienz.
- Erfolg oder Scheitern unterliegt der persönlichen Bewertung – unserer eigenen und der unserer Mitmenschen.
- Egal ob Erfolg oder Scheitern – ob es sich lohnt, unterliegt der Betrachtung auf zeitlicher Dimension. Ein heutiger Misserfolg kann nach Jahren als lohnend empfunden werden. Die Zeitebene der Re-Bewertung wird zunehmend kürzer, da sich

die Welt immer rascher verändert. Ein heutiges Scheitern kann zunehmend kurzfristiger als lohnend empfunden werden.

Nun lassen Sie uns schauen, wie sich Beispiele im praktischen Leben finden lassen, wo die Konflikte lauern und ob es Empfehlungen für ein möglichst erfolgreiches Handeln inklusive der Option eines zunächst vordergründigen oder auch nachhaltigen Scheiterns gibt.

Beispiele und Herausforderungen im praktischen Leben

Nachdem wir im ersten Teil die Begrifflichkeiten und Zusammenhänge geklärt haben, möchte ich Ihnen, liebe Leser, zeigen, dass es oft gar nicht so einfach und selbstverständlich ist, all den Ansprüchen zu genügen.

Manchmal ereilt uns nämlich eine »große Verantwortung« auf ganz stille und unauffällige Weise, manchmal sind es die kleinen Verantwortungen, die sich summieren und kumulieren und uns in Schwierigkeiten bringen.

Wann lohnt sich Scheitern also?

Ich möchte Ihnen ein Beispiel für die Tragweite des Themas nennen: Die Erfindung der Atomtechnologien führte dazu, dass Wissenschaftler, »die nur ihren Job machten« eine Energiequelle verfügbar machten, die sowohl segensbringend (z.B. Strom für Lebenserhaltungssysteme in Krankenhäusern) wie auch zerstörerisch (z.B. Waffentechnik, Störfälle in Fukushima und Tschernobyl) wirkt. Wäre ein Scheitern dieser Forschung verantwortungsvoll lohnend gewesen?

Könnte aktuell ein Scheitern bei der Forschung zu künstlicher Intelligenz, zu den Technologien der Analyse großer Datenmengen verantwortungsvoll lohnend sein?

Lassen Sie uns bei den gesellschaftlichen Veränderungen bleiben und betrachten, wo wir uns Verantwortungen stellen müssen:

Veränderungen und Verantwortung
in der gesellschaftlichen Umwelt

Nie war es schwieriger einzuschätzen, welche Form von gesellschaftlicher Verantwortung auf dem Einzelnen liegt. Jetzt zum Zeitpunkt der Entstehung dieses Artikels, im Sommer 2018, leben wir in Deutschland in einem Gefühl von Freiheit, in einem Gefühl von Sicherheit und einem Gefühl von politischer Stabilität vorhandener Parteien und einer gewählten Regierung.

Die politischen Veränderungen der letzten fünfzehn Jahre, beginnend mit dem Ereignis um das World Trade Center im September 2001 und allen folgenden Anti-Terror-Gesetzen, veränderten die Grundwerte von Freiheit und Sicherheit.

In Kombination mit der zunehmenden Verfügbarkeit von neuen Technologien entstehen derzeit Möglichkeiten der Massenüberwachung wie beispielsweise die Gesichtserkennung am Berliner Bahnhof Südkreuz, die nach den angekündigten sechs Monaten Testzeit zwischen Juli 2017 und Januar 2018 ohne großes Aufsehen um weitere sechs Monate in das Jahr 2018 hinein verlängert wurde – wovon totalitäre Staaten träumen und die sie vorbehaltlos bereits einsetzen.

Eine valide Frage: Wie ist es um die Verantwortung des Scheiterns der technisch Verantwortlichen bestellt? Könnte ein »Scheitern« des Machbaren im Nachhinein lohnend sein, um die Werte von Freiheit und Selbstbestimmtheit aufrechtzuerhalten? Welche Verantwortung liegt beim Einzelnen?

Welche Verantwortung verspüren wir in uns, bei gesellschaftlichem Wandel im Rahmen der Globalisierung unsere persönliche Position nach außen zu vertreten, auch wenn sie vielleicht nicht »mehrheitsfähig« erscheint?

Welche Verantwortung liegt bei uns als Einzelnem, einem gesellschaftlichen Wandel weg von »Familie« als Wert hin zu »Erwerbstätigkeit wird lebensbestimmend« zu begegnen? Spielen wir einfach gezwungenermaßen mit oder suchen wir Auswege bis hin zum Widerstand?

Hier berühren wir das nächste Feld der Verantwortung: die Erwerbstätigkeit, den Beruf und unsere berufliche Umwelt.

Veränderungen und Verantwortung in der beruflichen Welt

Müssen wir alle Veränderungen als gegeben akzeptieren? Welche Werte und welche Verantwortungen übernehmen wir für uns im beruflichen Umfeld? Wann lohnt sich auch hier ein Scheitern?

Aus den vielen Möglichkeiten persönlicher Verantwortung und einem möglichen Scheitern (z.B. bei der Schaffung der Voraussetzungen für Rationalisierungen und Personalabbau, Entmenschlichung von Arbeitsbedingungen, Unterwerfung unter das Diktat von »Prozessen und Abläufen« statt menschlicher Gestaltungsfreiheit und vielen anderen mehr), möchte ich das Beispiel persönlicher Verantwortung für die eigene Berufsausübung aufgreifen: das sogenannte »Burnout«.

Die dem System der Krankenkassen entstehenden Kosten durch berufliche Überforderung – landläufig als »Burnout-Syndrom« bekannt – sind enorm. Der einzelne Betroffene leidet erheblich, verliert sein Selbstvertrauen und oftmals auch das seiner Umgebung, fühlt sich defizitär und sieht sich als gescheitert.

Die Frühwarnsignale wurden übersehen oder kleingeredet, häufig manifest in Frustration im Job, anstrengender Jobatmosphäre, schlechtem Schlaf und rascher Gereiztheit (die sich dann im nächsten Kapitel betrachtet auf die Beziehung auswirkt).

Kann hier ein Scheitern lohnend sein? Ist die Übernahme der Verantwortung für dieses Scheitern lohnend?

Sehr häufig kann man diese Fragen mit einem klaren »Ja« beantworten. Allerdings wäre es ebenso häufig gesünder, bereits zu einem früheren Zeitpunkt vor dem Eintreten eines Burnouts eine »Verantwortung des Scheiterns« zu übernehmen – was aus Angst vor Jobverlust, Verlust des Ansehens, Verlust eines sozialen Status und einigen weiteren sozialen, wirtschaftlichen und gesundheitlichen Ängsten unterbleibt.

Vielleicht konkurriert sogar noch eine Verantwortungswahrnehmung – wenn es zum Beispiel eine Familie zu ernähren gilt und die Angst vor Veränderung noch größer ist.

In der Konsequenz des unausweichlichen persönlichen gesundheitlichen Crashs allerdings manifestieren sich diese Ängste nur zu oft als real. So verhindern sie eine Verantwortungsübernahme: Moderne Rahmenbedingungen können zum eigenen Vorteil genutzt werden. Homeoffice, Digital Nomad, flexible Arbeitszeiten, Teilzeitmodelle – all das anzuwenden kann in der eigenen Verantwortung liegen.

Wer sich gegen diese Veränderungen wehrt, kann dabei auch scheitern: Eine nicht-lohnende Version des Scheiterns von persönlicher Verantwortung liegt ganz offensichtlich darin (um auch ein solches Beispiel zu liefern), sich nach einem solchen »Warnschuss« unter dem Alibi »Ich passe jetzt besser auf« wieder dem Hamsterrad zu unterwerfen, statt konsequent aus dem ersten Scheitern im Burnout dem Leben ein

Re-Design zu verpassen und vielleicht sogar Beruf, Umfeld und Lebensumstände radikal zu wechseln. Denn nach einer Gewöhnungsphase geht es im Beruf dann recht rasch wieder »normal« weiter und dann lässt der nächste Ausfall nicht mehr lange auf sich warten.

Und daraus resultieren dann nicht selten Spannungen in Familie und Beziehung. Gerade letztere unterliegt in der Bedeutsamkeit und Verbindlichkeit einem gewissen Wandel – steigende Scheidungsraten und ein Zerbrechen eheähnlicher Gemeinschaften im Lebensalter 40 plus lassen Fragen an der Verantwortung aufkommen.

Veränderungen und Verantwortung in der Welt der Beziehungen

Die Vorstellungen von »Beziehung« (im Sinne einer Lebensgemeinschaft, einer Ehe oder einer eheähnlichen Gemeinschaft) unterliegen zweifellos einem steten Wandel. Allein die Begriffsklärung wäre vermutlich in den 1960er Jahren so nicht notwendig gewesen: alles außer einer Ehe war gesellschaftlich nicht akzeptiert.

Welche persönliche Verantwortung und welche rasche Veränderung sehe ich hier?

Die Verantwortung liegt darin, einer eingegangenen Beziehung durch die eigenen Handlungen eine Basis zu geben. Als Erwartungen kommen die Anforderungen des Partners auf einen zu. Das eigene Handeln soll langfristig die Beziehung sichern.

Die rasche Veränderung sehe ich hier in der Akzeptanz des Scheiterns. Eine Ehescheidung, eine Trennung sind heute keine gesellschaftlichen Fauxpas, sondern eine akzeptierte Handlungsoption.

In einer Beziehung, die beiden Partnern gesundheitliche Beeinträchtigungen durch permanenten Stress und Streit verursacht, darf die Trennung kein Tabu mehr sein. Gleichzeitig konkurriert aber das langfristige Ziel der Aufrechterhaltung der Beziehung als gesellschaftliches und vielleicht auch religiöses sowie kulturelles Ziel. Praktisch: Wir beobachten oft das Zögern, »die Flinte ins Korn zu werfen«.

Die unausweichliche Verantwortung liegt also hier darin, welche Handlungen ich als akzeptabel betrachte: Vom Fremdgehen in unbefriedigender Beziehung, dem entfremdeten Nebeneinander-her-leben bis hin zur Sicherung des Erhalts eines wirtschaftlichen Lebensstandards, die Nutzung einer Mediation zum Interessenausgleich und zur Wiederbelebung der Beziehung, oder zuletzt das Scheitern der Beziehung als Option zur Verbesserung der Lebenssituation beider Partner (neue Offenheit für neue glücklichere Beziehungen mit anderen Partnern, die Beendigung eines ungesunden und unzufriedenen Lebenszustandes). Und um die Optionen vollständig zu machen:

der Verantwortung, durch mein Handeln dem Partner der bestmögliche Partner in der Beziehung zu sein.

Scheitern lohnt sich hier allerdings auf jeden Fall unter einer Bedingung ganz sicher: Die Trennung im Konsens. Diese macht die neuen Möglichkeiten sofort verfügbar und bietet die Option, einen unhaltbaren Zustand, kurz- und langfristig, zu einem Besseren zu verändern.

Dies wirkt sich dann oftmals auch gesundheitlich aus – nach einer Phase der Destabilisierung in der direkten Trennungsfolge regulieren sich gesundheitliche Symptome wie hoher Blutdruck, stressbedingte Kopfschmerzen, Allergien etc. nicht selten wie von selbst. Lassen Sie uns daher noch auf ein letztes Feld schauen – welche gesundheitliche Verantwortung tragen wir und wo dürfen wir scheitern?

Veränderungen und Verantwortung im Umgang mit der eigenen Gesundheit

Unsere hoch technologisierte Gesellschaft folgt aktuell dem Trend des Fitness-Trackings. Mobiltelefone zählen Schritte, Apps erfassen körperliche Aktivitäten und dank Datenvernetzung liest die Krankenkasse die Daten mit und »bedankt« sich mit Rabatten und kleinen Aufmerksamkeiten.

Tür und Tor geöffnet sind damit natürlich auch Analysen, die im Krankheitsfall möglich machen, aus der persönlichen Fitness-Historie rückwirkende Verantwortungen zuzuschreiben: *Diese Person hat in den letzten fünf Jahren laut ihrer Tracking Daten keinerlei Sport gemacht, aus dem Bewegungsprofil erkennen wir das häufige Aufsuchen gehobener Gastronomie und das Fehlen von Spaziergängen und Wanderungen. An der Erkrankung trägt die Person Mitschuld, eine Kostenübernahme erfolgt daher nur anteilig zu dreißig Prozent.*

Wenn Sie, lieber Leser, mir jetzt sagen wollen »das ist unmöglich, das wird es nie geben, das wäre ja gar nicht durchsetzbar«, dann könnte eine unangenehme Realität auf Sie zukommen.

Hier kann eine Verantwortung darin liegen, sich diesen Mechanismen bewusst zu entziehen, beim Spiel »Daten gegen Rabatte« nicht mitzuspielen und somit aus Sicht des Gesundheitssystems (eigentlich ja ein »Krankheitssystem«) zu scheitern.

Denn natürlich ist es doch auch immanent, mit dem eigenen Fitnessprogramm immer wieder einmal zu scheitern, Ernährungsvorsätze zu brechen, am Ende einer Woche sich doch weniger bewegt zu haben, als man sich vorgenommen hat und erst recht den Ansprüchen von Kollegen, Freunden und Familie (»Bin heute 20 Kilometer gelaufen, täte dir auch mal gut, du hast da eine Verantwortung«) nicht zu genügen. Die Folgen wären bei »gläsernem Fitness-Tracking« für uns als Einzelne völlig unüberschaubar – oder möchten Sie eine Prognose wagen, was in fünf oder zehn Jahren mit den gespeicherten Daten von heute geschehen mag?

Lassen Sie uns noch einmal auf das große Bild schauen.

Fazit

Ob sich Scheitern lohnt – das kann nur die Zeit zeigen. Ein wesentlicher Vorteil der Schnelllebigkeit von Trends, Ansprüchen und neudeutsch »Hypes« liegt daher unter anderem darin, dass die Sichtbarkeit des Ergebnisses rascher eintritt.

Parallel lohnt es sich sicher auch, an dieser Schnelllebigkeit zu scheitern, wenn dies im Einklang mit den eigenen Werten geschieht. Gefährliche Weisheiten wie »Man muss mit der Zeit gehen, sonst muss man mit der Zeit gehen ...« sollten uns nicht in Verantwortlichkeiten drängen, die mittel- und langfristig schädlich für uns werden.

Andererseits helfen uns unsere natürlichen Abwehr- und Verarbeitungsmechanismen, die Resilienz und die Adaptionsfähigkeit, mit Veränderung umzugehen und uns auf wirklich veränderte Lebensbedingungen einzustellen.

Eine *echte Verantwortung* sehe ich klar darin, an diesen Mechanismen zu arbeiten: Wissenserwerb, lebenslanges Lernen, intensiver sozialer Austausch mit Mentoren und kritisch-hinterfragter Austausch mit den Menschen in unserem Leben helfen uns, die eigene Adaptionsfähigkeit auszubauen und immer stärkere Resilienz zu schaffen.

Dadurch wird es immer besser gelingen, wirkliche Verantwortung in maximaler Kongruenz zum eigenen Selbst, Sein und Werden zu übernehmen – ganz gleich, ob und wie rasch sich die Welt um uns verändert.

So wird der eigene Weg immer klarer, souveräner und zuletzt der Lebenserfolg und die Lebensleistung auch im gelegentlichen Scheitern verantwortbar und zu etwas, worauf es sich lohnt, stolz zu sein!

THOMAS F. MOSER

Thomas F. Moser, Jahrgang 1964, ist Diplom-Psychologe.

Er arbeitete als IT-Trainer, IT-Projektleiter und strategischer Berater. Gleichzeitig betreute er Klienten als International Business Advisor in Fragen internationaler Relokation und Allokation von intellectual properties.

Als Psychologe entwickelte er eine erfolgreiche Methodik zum Training bei Spinnen- und Schlangenphobie, hatte damit mehrere TV-Beiträge zum Thema »Angst« und gilt noch immer als Experte in diesem Feld.

Für seine Klienten hat er mit »Bodymindfit« ein Lebensentwicklungssystem geschaffen, das alle relevanten Bereiche des persönlichen und beruflichen Lebens abdeckt und zu persönlicher Erfüllung und Lebenszufriedenheit führt.

Zusammen mit seinem Kollegen Gerhard Loos ist er Autor mehrerer Audio-Mentalprogramme, beispielsweise zur Überwindung von Trauer, zur Entspannung und zum Lernen mit dem Unterbewusstsein.

Aktuell beschäftigt er sich mit »behavioral finance« (der Psychologie der Finanzwelt), Wertpapierhandel und strategischer IT-Entwicklung in der Finanzbranche.

Der Brückenschlag

Digitale Transformation geht nicht ohne Transformation der Menschen. Ein strategischer Weckruf

Dieser Buchbeitrag soll erste Denkanstöße und Anregungen zum anstehenden Wandel in die neue Zeit für Menschen und Gesellschaft geben. Welche neuen Persönlichkeiten braucht unsere Gesellschaft für die kommenden Herausforderungen? Abgerundet wird der Beitrag durch ein klares persönliches Plädoyer für die nächsten Schritte, um insbesondere Deutschland und den Menschen die ihnen zustehende Rolle in der digitalen Revolution einzuräumen.
Eine detaillierte Betrachtung, vielleicht sogar eine persönliche Streitschrift, ist in meinem kommenden Buch zum Thema vorgesehen.

Widerstand gegen die Mittelmäßigkeit oder was mich bewogen hat, diesen Beitrag zu schreiben

Ich komme mit einem Investment-Banking-Hintergrund aus der Finanzwelt und habe mich verstärkt mit den Themen Blockchain, Artificial Intelligence, Robotic Process Automation und Kryptowährungen befasst. In meiner intensiven Arbeit als Berater und Coach habe ich mit vielen Unternehmern, Führungskräften und Selbständigen einen tiefen Einblick bekommen und konnte mit ihnen entsprechende zukunftsfähige Umsetzungsstrategien erarbeiten.

All diese Erfahrungen weisen in eine Zukunft, die jeden Einzelnen betreffen wird oder bereits heute betrifft. Darauf basierend ist es mir ein Anliegen, in diesem Beitrag pointiert zu beleuchten, worauf es aus meiner Sicht in Zukunft ankommen wird.

In meiner Passion als Coach, aber auch in meiner Arbeit als Berater und Projektmanager, erlebe ich tagtäglich verschiedenste Reaktionen auf anstehende digitale Veränderungen. Diese wechseln von Faszination, Begeisterung und kopflosem Aktionismus zu tiefer Besorgnis sowie Ahnungs- bzw. Hilflosigkeit. Es zeichnet sich ab, dass zwischen dem sich in Lichtgeschwindigkeit entwickelndem Zeitalter der Digitalisierung und der Anpassungsmöglichkeit des Einzelnen ein großer Graben klafft. Hier fungiere ich als Brückenbauer zwischen dem Individuum, welches sich in diesem Umfeld behaupten möchte und den Anforderungen der Unternehmen. In diesem Zusammenhang einen herzlichen Dank an den Initiator und Inspirator Stéphane Etrillard für dieses Forum und den vielen grandiosen Persönlichkeiten.

Aus meiner Sicht hat die digitale Revolution bereits mit der intensiven Nutzung von Social Media (Facebook, Twitter etc.) begonnen. Social Media dominiert bei vielen Menschen, ob privat oder beruflich, bereits heute massiv ihren Tagesablauf. Bei ihnen, oder sollte ich sagen uns, ist Social Media schon gar nicht mehr wegzudenken. Trotzdem steht uns die entscheidende Phase der digitalen Revolution noch bevor. Unsere Arbeitswelt und die Gesellschaftsstrukturen werden sich in den nächsten Jahren und Jahrzehnten massiv verändern. Was dies für die Gesellschaft, Politik und Unternehmen bedeutet, hängt stark von den nächsten Schritten ab: Wie stellen wir uns als Individuum auf und bereiten uns auf den anstehenden Wandel vor? Werden wir uns an die Gegebenheiten anpassen oder werden wir den Wandel aktiv gestalten?

Ich bin ein Verfechter, dass wir den unaufhaltsamen Wandel aktiv gestalten sollten, um ihn für uns und zukünftige Generationen zu einer erstrebenswerten Zukunftsperspektive und einer lebenswerten human-dominierten Welt zu lenken.

Wie ist Ihre Position zu diesem Thema? Fühlen Sie sich den Herausforderungen gewappnet? Wahrscheinlich haben Sie sich diese Frage noch gar nicht gestellt bzw. konsequent durchdacht. Ich glaube, dass es an der Zeit ist, dies in Angriff zu nehmen. Bis dahin folgen Sie gerne meinen Gedankengängen als Anstoß oder Inspiration, selbst einen entscheidenden Schritt weiter zu denken und zu gehen. Ich möchte Sie einladen und motivieren, aus einer passiven Rolle in die Gestalter-Rolle zu treten.

Was brauchen wir als Gesellschaft, um in eine tragfähige Zukunft zu blicken?

Wir kennen die – meist aus dem angelsächsischen Raum stammenden – »Big Thinker« und »Political/Social Media Influencer«. Aus meiner Sicht benötigen wir als ersten

Schritt neue innovative Persönlichkeiten aus allen Schichten und Bereichen unserer Gesellschaft.

Diese sollten den Herausforderungen der neuen Zeit gewachsen sein und Antworten auf die Fragen und Nöte der Menschen entwickeln können. Wir brauchen Brückenbauer oder in neudeutsch sogenannte »Bridge Heads«. Wir sollten Menschen aus allen Alters- und Gesellschaftsschichten dorthin entwickeln – insbesondere in Unternehmen.

Menschen wollen motiviert und begeistert werden, um sich den Herausforderungen der Zukunft mit Disziplin und voller Einsatzfreude zu widmen. Nur so können sie ihren Mitmenschen als Multiplikatoren dienen. Dies bedarf einer konsolidierten Initiative, einem Schulterschluss aus Politik, Gesellschaft und Unternehmen. Daraus entstehen auf folgenden Ebenen neue Funktionen, welche gefördert werden sollten:

1. Gesellschaft: Community Influencer (Gesellschaftliche Beeinflusser) und Mentoren
2. Individuum: Influencer/Inspirator im Social Media Bereich
3. Business/Unternehmen: Corporate- /Digital Influencer
4. Politik/Gesellschaft: »Forward-Thinker« (Vordenker), Digital Ambassador (Digitale Botschafter), »Bridge Heads« (Brückenbauer als Multiplikatoren)

Jetzt werden Sie sich vermutlich, von mir provoziert, die Frage stellen: »Was sollen all die Anglizismen?«

Die Antwort ist klar und eindeutig. Hierin steckt die Antwort und Motivation für unser Land. Solange wir anderen das Feld überlassen und nicht proaktiv in den »Lead« gehen, werden wir auch in Zukunft nicht die Verantwortung tragen dürfen. Dann wird mein zukünftiges Buch zu diesem Thema nur so von Anglizismen durchzogen sein müssen, weil wir in Deutschland nicht in Führung gehen wollen. Damit meine ich explizit nicht nur die Politik, sondern insbesondere die Unternehmen und jeden Einzelnen von uns.

Ich möchte einen Schritt weiter gehen und behaupten wollen, dass unser Deutschland durch den Virus der »Konsumentenhaltung« und »Jammerkultur« infiziert ist. Wir produzieren keine Lösungen durch individuelles proaktives Handeln. Nein: Wir verschanzen uns in einer passiv-fordernden Erwartung und der unrealistischen Haltung »Alles soll so bleiben wie es ist« bzw. »Früher war alles besser«.

Auch wenn dies in Deutschland aktuell unpopulär klingen mag: Wir brauchen Menschen, die übergreifend-lösungsorientiert und kreativ-flexibel denken. Es gibt keine einfachen Lösungen und Antworten auf einige der uns bewegenden gesellschaftspolitischen Ereignisse. Dies ist übertragbar auf die noch anstehenden Fragestellungen, welche uns mit der digitalen Revolution begegnen werden. Kleingeister, Apologeten und geistig-engstirnige Scharfmacher liefern nur kurzfristig und oberflächliche Antworten. Wir als Individuum scheinen nicht mehr bereit zu sein, Verantwortung zu übernehmen und neue unbekannte Wege zu beschreiten. Jedoch genau das wird uns die Zukunft abverlangen: Das einzig Stetige ist der Wandel.

Welchen Einfluss werden die neuen Technologien auf unsere Arbeitswelt haben?

Ganz einfach, im Rahmen von Blockchain und Artificial Intelligence wie zum Beispiel. Robotics werden diese im ersten Schritt unsere Arbeitsplätz übernehmen und fast alle werden arbeitslos. Ich sage, vollkommener Quatsch. Ich möchte sogar eine Antithese aufstellen.

Die neuen Technologien werden viele Arbeitsweisen und -funktionen sinnvoll und effektiv ablösen. Dies schafft dem Individuum Raum für Arbeiten auf einem höheren Sinn- und Befriedigungsgrad. Somit hat jeder Einzelne die Chance, höherwertige und mehrwertstiftende Tätigkeiten zu verrichten. Bisher als stupide und eintönig eingestufte Tätigkeiten werden durch neue Technologien abgedeckt. Dieser neue Freiraum muss jedoch klar vom Individuum und dem Unternehmen wahrgenommen und ausgelebt werden. Das Unternehmen ist in der Verantwortung, seine Mitarbeiter und Führungskräfte auf diese neuen Aufgaben und Herausforderungen vorzubereiten und zu entwickeln. Andernfalls wird das Unternehmen den »Kampf« um neue Märkte und Kunden verlieren.

Warum ein Brückenschlag zwischen digitaler Transformation und Transformation des Menschen?

Ich möchte die Menschen und auch die Unternehmen einladen, die bereits begonnene Digitalisierung als Chance zu sehen.

Es ist an der Zeit, zu starten: Basierend auf Qualifizierungsmaßnahmen, das richtige »Mindset« zu erlangen. Dazu muss jeder Einzelne Mut beweisen, und seine Komfortzone, d.h. bekannte Muster und Gewohnheiten, verlassen sowie mit Neugier in die Zukunft blicken. Es wird in Zukunft unabdingbar sein, dass sich jeder Arbeitnehmer auch durch Eigeninitiative weiterbildet. Dies schließt vor allem eine Persönlichkeits-entwicklung und eine Veränderungsbereitschaft mit ein. Ziel ist die Fähigkeit, den stetigen Wandel im Leben und in der Berufswelt positiv anzunehmen sowie eine innere bejahende Haltung zu Veränderungen zu erlangen.

Weiterentwicklung und kontinuierliches Lernen werden in Zukunft ein stetiger Begleiter eines jeden Menschen sein. Die Angebote und Möglichkeiten auf diesem Gebiet werden in den nächsten Jahren massiver und breiter auf den Markt treten. Wir werden E-Learning, Online Coaching und Trainings als selbstverständlich annehmen dürfen.

Das Bildungssystem und die Gesellschaft sind gefordert, sich den Anforderungen der Zukunft anzupassen. Menschen muss wieder vermittelt und beigebracht werden, dass Lernen und Veränderung eine natürliche, selbstverständliche und positive Lebenseinstellung ist, die mit Spaß und einer guten Portion Begeisterung sowie Gelassenheit gemeistert werden kann.

Um all dies zu verbinden und zu meistern, ist ein Brückenschlag zwischen dem Unternehmen und dem Mitarbeiter als Individuum notwendig.

Bei der Digitalisierung in Unternehmen bedarf es eines »human touch« (einer menschlichen Note). Ich möchte an dieser Stelle nicht von Symbiose Mensch und Maschine sprechen, da dies gerade aus ethischen Gründen noch nicht ausreichend durchdacht und ausdiskutiert ist. Das sage ich bewusst, da es diesbezüglich, gerade aus den USA (Silicon Valley), starke Verfechter und Vordenker gibt.

Dies zeigt sich bereits heute in Gedankenspielen und ersten Umsetzungen. Zum Beispiel können Menschen, die keinen Partner haben, sich »lebensechte« Puppen bestellen. Diese können mit dem Menschen interagieren und auf Emotionen (Gestik, Mimik etc.) entsprechend reagieren und antworten.

Zurück zu unserem Beispiel: In der Arbeitswelt ist es wichtig, darüber nachzudenken, wie wir eine »menschliche Note « in die Digitalisierungsumsetzung einfließen lassen können, hin zu einer »human-inkludierten digitalen Revolution«.

Es ist essentiell, das Individuum derart einzubinden, dass es aus seiner negativen Gedankenrolle und seiner (teilweise unterschätzten) Anpassungsfähigkeit herausgeht. Hin zu einer Arbeitsleistung im Einklang mit der Automatisierung von Arbeitsprozessen, in dem es seinen aktiven und positiven Mehrwert erkennt.

Dies gelingt nur, wenn wir das sich bildende »neue technologische Rückgrat« der Arbeitswelt um die Erkenntnis jedes Einzelnen bereichern, dass in Zukunft kein Job mehr der gleiche sein wird und kann. Und viele durch eine offene und flexible Einstellung ihren neuen Job der Zukunft finden können und werden. Diese Einstellung (Mindset) ist der Schlüssel dafür: Adaption des stetigen Wandels. Durch proaktives Handeln und der Bereitschaft zum Wandel kann jedes Unternehmen seine Führungskräfte und Mitarbeiter mithilfe von Trainings und Coachings zu den »Zukunfts-Talenten« entwickeln, welche die Tätigkeiten der Zukunft abdecken können. Gerade an die Führungskräfte der Zukunft stellt sich die Herausforderung, die neue Mitarbeiterstruktur, bestehend aus Menschen und Robotics, in Einklang zu bringen.

Um im stetig wandelnden Markt bestehen zu können, liegt ein besonderer Fokus auf den anpassungsfähigsten und innovativsten Mitarbeitern, die ein Unternehmen und alle angestellten Mitarbeiter voranbringen können. Die Unternehmer sind in der Pflicht, neue Organisationsstrukturen, Jobs und Funktionen zu entwerfen, welche die erforderlichen Attribute mit sich bringen, um das Beste aus diesen Mitarbeitern zu holen.

Eine enge Bindung von »High-Performern« ans Unternehmen bedingt, dass diese nicht nur stetig durch Coachings und Trainings weiterentwickelt werden, sondern sie in die einmalige Lage versetzt werden, das Optimum aus ihrem Potenzial für das individuelle Wohl und das Unternehmensziel zu leben. Und dies gemäß dem Motto einer neuen Lebensphilosophie: Sei die beste Version deiner selbst.

So wichtig der Human-Faktor im digitalen Transformationsprozess ist, genauso wichtig ist es zu realisieren, dass die Technologie der Zukunft auf dem unaufhaltsamen Weg ist, uns durch den Einsatz von Maschinen und zum Beispiel Mobilgeräten als Mensch besser mit all unseren Bedürfnissen zu verstehen. Lernende Maschinen (Robotics) und künstliche Intelligenz (AI) werden dazu dienen, unser Erleben bahnbrechend zu transformieren, wie wir zukünftig grundsätzlich mit Technologie umgehen und dies untrennbarer Bestandteil unseres aktiven Lebens sein wird. Daher bin ich davon überzeugt, dass es auf der persönlichen Ebene umso wichtiger wird, in Zukunft die Priorität mehr und intensiver auf human-zentriertes Handeln zu fokussieren, um uns in dieser Transformation als Individuum nicht zu verlieren. Für den Menschen wird emotionale Intelligenz mehr und mehr der Schlüsselfaktor für persönlichen und beruflichen Erfolg werden. Die High-Potential der Zukunft werden Brückenbauer sein, welche die noch bestehende Lücke schließen.

Um die digitale Revolution zum Erfolg zu führen, ist ein human-zentrierter Ansatz daher aus meiner Sicht der notwendige unternehmerische Schlüsselfaktor. Unternehmen haben die herausfordernde Aufgabe, die Human-Transformation voranzutreiben, um zu überleben. Ein notwendiger Garant dem Sturm des digitalen Wandels standzuhalten und dessen Potenzial gewinnbringend zu heben.

Somit wäre das übergreifende zivilisatorische Ziel der digitalen Revolution erreicht: Einer drohenden und gefürchteten »Ent-Humanisierung« die Aufwertung und Stärkung des menschlichen Faktors in der neuen Arbeitswelt entgegenzustellen.

Es lebe die human-digitalisierte Revolution! Um es gesellschafts-politisch provokant zu formulieren: Verlassen wir die Old-Economy als digitale Immigranten auf unserem Weg zur digitalen Ökonomie. Die neue digitale Revolution ist nicht mehr aufzuhalten. Es ist unsere Verantwortung und Chance, diesen Weg im Sinne einer lebenswerten und wohlstandsorientierten Zukunft für alle zu gestalten und diesem höheren Ziel zu dienen. Lassen Sie uns auf diesem Weg zu digitalen Einheimischen transformieren. Willkommen, Homo Digitalis!

Wer ist aktuell in der Vorreiterrolle und was bedeutet dies für unser Land?

Meiner Einschätzung nach entspricht es der bitteren Realität, dass Deutschland noch stark nachholen muss.

Dafür, dass unser Land ein hervorragendes Potenzial birgt und die Unternehmen und die Menschen in Deutschland Spitzenklasse sind, spielen wir nur eine untergeordnete Rolle im globalen Digitalisierungswettlauf. Warum ist es also so wichtig, die richtigen Rahmenbedingungen in Deutschland zu schaffen? Weil es um die Zukunftsfähigkeit unseres Landes und die Zukunftschancen nachkommender Generationen in Deutschland geht. Bisher kommen die Hauptimpulse federführend aus den USA oder auch Israel. Haben wir das Potenzial in Europa und vor allem in Deutschland? Ja, aber wir nutzen es nicht ausreichend.

Derzeit kommen weder große Impulse noch Lösungsansätze aus unserem Land und unserer Gesellschaft in Deutschland. Wir können mehr! Es ist an der Zeit! Die fähigen Köpfe und Ideen haben wir. Die Talente in unserem Land müssen nur stärker gefördert und unterstützt werden. Jeder von uns ist aufgerufen, sich an der Gestaltung der neuen digitalen Welt zu beteiligen. Dann verschwinden vielleicht auch die Anglizismen, weil wir in Deutschland die Gestalter-Rolle übernehmen.

Am Beispiel der Start-up Nation Israel möchte ich Ihnen aufzeigen, wie es geht. Ich bin der festen Überzeugung, dass Deutschland eine zentrale und sogar führende Rolle spielen kann, wenn es einige Kernpunkte berücksichtigt, welche sich am Beispiel Israels leicht adaptieren lassen. Wie können wir also hiervon profitieren, und die Innovationskraft in Deutschland auf das verdiente und notwendige Niveau »Start-up und Digitalisierungswirtschaftswunder« – auch zum Wohle Europas und der Welt – heben?

Israel ist derzeit neben den USA ein leuchtendes Vorbild für die Gründung von Start-ups weltweit. Aus meiner Sicht sollte Deutschland gründungs- und innovationsfreudiger werden. Einige Regionen in Deutschland leben dieses Konzept im Kleinen bereits imposant vor. Lohnende Beispiele sind hier aus meiner Sicht Berlin Leipzig und Düsseldorf. Die Anziehungskraft durch positive Förderung und der richtigen Einstellung zieht und bindet innovative Köpfe und Unternehmen. Es braucht jedoch deutschlandweit mehr Innovationszentren. Die Rahmenbedingungen wie Infrastruktur, steuerliche und rechtliche Aspekte und Förderung müssen stärker ausgebaut werden. Es sollte in Deutschland Spaß machen, innovativ tätig zu sein, also sich als Entrepreneur zu versuchen, gegebenenfalls zu scheitern und wieder neu zu starten. All das muss durch innovative Rahmenbedingungen abgefedert und gefördert sein. Bereits Schulen, sicher Universitäten und insbesondere Unternehmen sollen und müssen hier die treibende motivierende Kraft für innovative Köpfe sein.

Es darf erlaubt sein, zu überlegen, was es braucht, dass weitere kluge und innovative Menschen in unser Land kommen wollen, um den Erfahrungs- und Wissensschatz in unserem Land zu bereichern oder bei uns in Deutschland zu investieren. Deutschland kann sich aus meiner Sicht zum globalen Innovationszentrum für Digitalisierung entwickeln. Wissensvorsprung, welchen wir exportieren bzw. als Innovationszentrum für Kooperationen mit anderen führenden Unternehmen nutzen können. Hierzu müssen sich unser Bildungssystem und die Unternehmen stärker zu »Brain-Pool-Schmieden« entwickeln, damit junge Generationen und Menschen im Berufsleben wesentlich zu Verantwortungsbewusstsein sowie Führungs- und Managementqualitäten beitragen und sich als eigene Unternehmer etablieren können. Die Menschen in Deutschland müssen wieder Spaß und Hunger nach Erfolg und Leistung bekommen. Sich trauen, etwas zu wagen und unternehmerisch-eigenverantwortlich zu handeln darf wieder »in« sein.

Damit ich richtig verstanden werde: Ich finde es beeindruckend, was hinsichtlich Impulse und Digitalisierung aus den USA oder Israel kommt. Meine Freunde in den USA und Israel mögen es mir nachsehen, noch besser fände ich es, wenn auch Europa und vor allem Deutschland, einen wertvollen Beitrag hierzu leistet und zukunftsfähiger wird.

Wir haben viel zu bieten und sind leistungsstark. Das hat Deutschland schon oft unter Beweis gestellt. Auf einigen Gebieten bin ich sogar der festen Überzeugung, dass wir besser sein können und auch schon sind.

Jedoch wandern immer noch innovative Köpfe und junge Unternehmen ins Ausland. Deswegen brauchen wir einen konsolidierten Aktionsplan durch Wirtschaft und Politik.

Infrastruktur, Forschung und die Gründung von Start-ups müssen noch viel intensiver gefördert werden. Universitäten und Unternehmen müssen junge, talentierte Menschen in unserem Land intensiver und finanziell begleiten. In den Unternehmen sollte hierzu eine stabilisierende Trainings- und Change-Kultur implementiert werden.

Es ist aus meiner Sicht beschämend und strategisch fatal, dass viele kluge deutsche Köpfe erst im Ausland ihre Innovationsideen umsetzen können. Zumindest hier mag die Aussage: Wir schaffen das! erlaubt sein, wenn wir alle gemeinsam in Deutschland auf dieses gemeinsame Ziel hinwirken.

BURAK ÖZGELEN

Burak Özgelen sieht sich als Impulsgeber und Begleiter der neuen Zeit für Unternehmen und Persönlichkeiten um die Herausforderungen der »neuen digitalen Revolution« zu meistern. Dafür hat er ein spezielles Strategie-Consulting-Programm entwickelt: »Das richtige Mindset: Positionierung & Digitalisierung in der neuen Zeit.« Er blickt auf über 20 Jahre Erfahrung in verschiedenen Führungspositionen im Bereich Investment Banking und Projektmanagement zurück. Daneben weist er eine langjährige Expertise im Coaching & Training für High Potentials, Selbständige und Unternehmer vor.

Im Excellence Coaching führt er Menschen zu neuen Ebenen. Bei ihm dürfen herausforderndes Business-Leben und Erfolg in Einklang mit persönlicher Lebensfreude und Glück, Familie/Partnerschaft sowie einem erfüllenden Lebens-Sinn stehen.

www.diebrueckenbauer.net

Respekt als Fundament der gesellschaftlichen Verantwortung in unserer schnelllebigen Zeit

Wozu brauchen wir heute Respekt und warum ist Respekt ein wichtiges Fundament der gesellschaftlichen Verantwortung in unserer schnelllebigen Zeit? Respekt ist heutzutage eine wichtige gesellschaftliche Haltung – mir selbst und anderen gegenüber.
Respekt baut für mich auf vier wichtigen gesellschaftlichen Säulen auf:
Respekt mir selbst und meiner Biografie gegenüber
Respekt anderen gegenüber
Respekt in der Wegwerfgesellschaft für das Wohl von Natur und Tier
Respekt für die Welt nach mir

Was bedeutet Respekt überhaupt?

Respekt heißt, sich selbst und anderen gegenüber Haltung einzunehmen. Wer respektvoll handelt, legt ein angemessenes und zur Situation passendes Verhalten an den Tag. Das Wort »Respekt« kommt ursprünglich vom lateinischen Wort »respectio« und bezeichnet eine Form von Wertschätzung, Achtung und Ehrerbietung gegenüber Lebewesen oder Systemen.

Respekt sollte gerade im Zeitalter der Digitalisierung einen hohen Stellenwert einnehmen. Respekt gehört meines Erachtens seit vielen Jahren zu den wichtigsten Werten einer Gesellschaft.

Respekt wird auch mit Achtung und Akzeptanz in Verbindung gebracht. Wenn Respekt doch so wichtig ist, frage ich mich, wie es so weit kommen konnte, dass viele

Menschen in der neuen Welt, im Zeitalter der Digitalisierung und Schnelllebigkeit, so respektlos miteinander umgehen? Hat unser Wertesystem versagt, oder sind wir selbst daran schuld? Wo beginnt Respekt und was kann ich selbst dafür tun, um Verantwortung für den nötigen Respekt zu übernehmen?

Respekt mir selbst und meiner Biografie gegenüber

Respektiere dich selbst,
wenn du willst, dass andere dich respektieren.
Adolph Freiherr von Knigge

Respekt mir selbst gegenüber: Verantwortung für meine Gesundheit und meinen Körper übernehmen

Respekt fängt immer bei mir selbst an. Normalerweise weiß ich selbst am besten, was mir, meiner Seele und meinem Körper guttut. Dennoch erleben wir oft das Gegenteil. Es gibt viele Menschen, die nicht auf ihre Gesundheit achten, respektlos mit sich selbst und ihre eigenen Ressourcen umgehen. Ist es wirklich mangelndes Interesse sich selbst gegenüber oder ist es eher so, weil wir gelernt haben, dass man in der »Opferrolle« die Schuld für unser respektloses Verhalten uns selbst gegenüber besser auf andere schieben kann? Muss es denn sein, dass wir unsere Gesundheit zu Lasten anderer aufs Spiel setzen? Was hindert uns daran, regelmäßig etwas für unseren Körper zu tun? Gesundheit fängt auch mit Gedankenhygiene und Achtsamkeit an. Achten Sie sich selbst oder leben Sie nach den Spielregeln anderer? Wie gehen Sie persönlich mit negativen Gedanken und Gefühlen um? Was können Sie selbst am besten tun, um diese »Monster im Kopf« respektvoll anzunehmen und zu hinterfragen? Ich frage mich oft, ob es der Lauf der Zeit oder die negativen Seiten der modernen Welt sind, sinnlos Dinge zu konsumieren, die niemand braucht, wie zum Beispiel aus Langeweile sinnlos stundenlang im Internet zu surfen, Fastfood zu essen, statt zu kochen oder auch regelmäßig die eigenen körperlichen Belastungsgrenzen zu überschreiten, statt regelmäßig Pausen einzulegen.

Fazit: Wann bringen Sie den Mut auf, sich selbst endlich mehr zu reflektieren, sich so zu lieben, zu wertschätzen und zu respektieren, dass sie selbst eine tragende Säule als Vorreiter von Respekt in unserer Gesellschaft werden?

Respekt meiner Biografie gegenüber

Es ist viel wertvoller, stets den Respekt der Menschen,
als gelegentlich ihre Bewunderung zu haben.
JEAN-JACQUES ROUSSEAU

Respekt meiner Familie, meinen Freunden und meinem Partner gegenüber

Wie oft lese ich Artikel über Menschen, die mit ihrer Familie verstritten sind und deswegen einsam und allein sind? Meiner Meinung nach hat das viel damit zu tun, dass wir die Andersartigkeit oder die persönliche Weiterentwicklung nicht respektieren und dadurch Feindseligkeiten hervorrufen. Die Familie –sofern diese intakt ist und gegenseitiger Respekt vorherrscht – fängt uns immer wieder auf, wenn es uns schlecht geht. Natürlich ist es oft nicht einfach, sich regelmäßig zu besuchen, aber schreiben Sie einfach Verzeihbriefe und versuchen Sie aus der Vogelperspektive, einen Blickwinkel für die Gemeinsamkeiten trotz der Unterschiedlichkeiten zu finden.

Das Gleiche gilt für den Partner oder die Partnerin. Was hindert uns im Alltag daran, respektvoll miteinander umzugehen oder dem anderen wertschätzendes Interesse entgegenzubringen, anstatt ständig von einer Beziehung in die nächste zu wechseln. Ehrlichkeit und gleiche Werte sind das Fundament einer respektvollen Partnerschaft.

Fazit: Respekt meiner Familie und meinem Partner gegenüber bedeutet für mich auch, Verantwortung für meinen inneren Zirkel zu übernehmen.

Respekt mir selbst gegenüber heißt Verantwortung für mich selbst übernehmen

Was wäre, wenn wir endlich aufhören, anderen Menschen oder Umständen aus der Vergangenheit die Schuld für unseren heutigen Istzustand in unserem Leben zuzuschreiben? Jeder ist seines eigenen Glückes Schmied. Ich frage mich oft, wo wir das gelernt haben, Verantwortung für unser Leben an andere abzugeben. Hört damit der eigene Respekt mir selbst gegenüber, mein Glaube an mich und meine Fähigkeiten damit nicht auf?

Verantwortung kann ich nur für mich selbst übernehmen, denn ich kenne mich selbst am besten. Wenn ich Verantwortung bewusst abgebe, und es zulasse, dass andere über mich bestimmen, dann verliere ich Respekt und agiere als Marionette.

Fazit: Wann fangen Sie damit an, die Chancen zu ergreifen, um die Welt mit Ihren einzigartigen Talenten, Fähigkeiten und Ideen respektvoller zu machen? Wann kommen Sie endlich in die Gänge, anstatt nur täglich zu jammern?

Respekt anderen gegenüber

> *Jeder ist für alles vor*
> *allen verantwortlich.*
> FJODOR M. DOSTOJEWSKI

Respekt Menschen aus meinem beruflichen Umfeld gegenüber: Fairness und gegenseitige Wertschätzung statt Ellenbogenmentalität

Mal ehrlich, kommen wir im beruflichen Umfeld im Zeitalter der Digitalisierung wirklich noch mit Ellbogenmentalität, Respektlosigkeit und ständigem Kräftemessen in bereits gesättigten Märkten weiter? Oder ist es eher an der Zeit, sich endlich wieder an Werte und Tugenden wie Fairness und Ehrlichkeit zu orientieren?

Heißt Respekt als Verantwortung im Business nicht auch, sich wieder mehr für seine Mitarbeiter und Geschäftspartner zu interessieren? Weg vom Egoismus und hin zum gemeinschaftlichen und wertschätzenden Miteinander? Wie sollen Werte und Leitbilder geschaffen werden, wenn Sie nicht von den Führungskräften vorgelebt werden? Junge Menschen aus der Generation Z sowie Menschen aus anderen Kulturkreisen sind die neue Sinnsucher-Gesellschaft, die sich nach Zusammenhalt sehnen. Sie sind Sinnsucher auf der Suche nach echten gesellschaftsfähigen Werten in einer Welt wo so vieles falsch läuft. Gelebte Werte wie zum Beispiel Respekt können zur neuen Unternehmenskultur für alle Mitarbeiter werden. Respekt sollte auch wieder zum Vorbild für unsere gesamte Gesellschaft im alltäglichen Miteinander werden.

Fazit: Menschen kaufen bei Menschen und arbeiten mit Menschen. Mein persönlicher Tipp an Sie: Verschenken Sie doch öfter ein ehrliches und wertschätzendes Lob oder ein kleines Dankeschön als Aufmerksamkeit, zum Beispiel. durch eine persönliche Dankeskarte. Das ist oft die schönste Form von Respekt Mitarbeitern, Kunden und Geschäftspartnern gegenüber.

Vorreiter akzeptieren statt Mobbing und Neid

Warum können einige unter uns Vorreiter, Vordenker oder Menschen, die einfach nur fleißig sind und strategisch auf ein bestimmtes Ziel hinarbeiten, nicht respektieren und achten? Anstatt sich an Menschen, die ihre Ziele in der Vorbildfunktion mit einer bestimmten Haltung erreichen, zu orientieren, legen wir oft Neid und Missgunst an den Tag. Ich persönlich finde die amerikanische Mentalität, wo Fleiß und Zielstrebigkeit anerkannt ist, angenehmer. Hier gehen Menschen zielgerichtet ihren eigenen Weg und werden nicht nach Zertifikaten und Urkunden ver- oder beurteilt. Können wir nicht von Vorreitern lernen und profitieren? Wie wäre es, wenn wir uns im Respekt miteinander bewusstmachen, dass wir unsere eigenen Ziele oft schneller erreichen können, wenn wir einen Mentor haben oder uns bewusst einen Sparringpartner suchen.

Fazit: Fragen Sie sich täglich: Wer sind meine Vorbilder? Und wer kann mein Mentor sein? Was kann ich von ihnen lernen und wo können Sie mich durch meinen Respekt und meine Demut ihnen gegenüber weiterbringen? Anerkennung fängt bei sich selbst an, indem ich bereit bin, von anderen zu lernen und mir meine persönlichen Mentoren zu suchen.

Soziales Engagement

Distanz wahren und die Privatsphäre akzeptieren

Im Zeitalter der Digitalisierung und im künstlichen »Second Life« hat leider jeder die Möglichkeit, gewisse Regeln des respektvollen Umgangs miteinander zu überschreiten und seine eigenen »Spielregeln« zu bestimmen. Das ist auch in Ordnung. Menschen sind Individuen, die sich nicht zwangsläufig einem Kollektiv unterwerfen. Gewisse Spielregeln zu beachten zeigt jedoch, dass uns das Gemeinwohl wichtig ist. Auch wenn wir überall omnipräsent sind, heißt das noch lange nicht, dass wir überall von »Fans und Groupies« umlagert und belästigt werden möchten. Übergriffigkeit in Form von Distanzüberschreitung passiert öfter als Sie denken. Können dadurch wertschätzende Beziehungen entstehen? Ich sage nein, denn Beziehungen sind wie ein zartes Pflänzchen, das die richtige Dosis zwischen Nähe und Distanz zum Wachstum benötigt.

Was bedeutet ein klares »Nein« in der persönlichen Kontaktaufnahme für Sie? Wie gehen Sie damit um, dass Sie jemand gleich mit dem Vornamen anspricht? Wie können Sie für sich ein klares System entwickeln, um Ihre Privatsphäre zu schützen? Menschen, die gerne die Etikette wahren, erkennen an der Körpersprache, welche Distanzzone und Art der persönlichen Begrüßung bei ihrem Gegenüber angemessen ist. Das Zauberwort lautet hier: echtes Interesse und absolute Aufmerksamkeit und Präsenz im persönlichen Gespräch. Jeder Mensch hat seine eigene Privatsphäre und das ist auch gut so. Ich verurteile niemanden, wenn er– so wie ich auch – eher förmlich ist. Oft bin ich jedoch erstaunt, wie schnell Menschen – gerade im Businesskontext – glauben, sie sind auf einer intimen Privatveranstaltung, indem sie gleich alle ungefragt »duzen« und unverschämte Fragen stellen, um ein gratis Coaching beim Netzwerken zu erhalten. So können meines Erachtens nach nur oberflächliche und einseitige Beziehungen entstehen.

Fazit: Nehmen Sie sich wieder mehr Zeit, Ihre Mitmenschen zu beobachten und besser kennenzulernen. Dann erkennen Sie auch den schmalen Grat zwischen Grenzüberschreitung und gewollter Nähe.

Stilsicheres Verhalten in der Öffentlichkeit

Kennen Sie die gängigen Dresscodes auf Einladungen? Würdigen und wertschätzen Sie kulturelle Anlässe und respektieren Sie die gängigen Regeln in Bezug auf Kleidung und das Verhalten im Umgang miteinander?

Wie wäre es, wenn Sie einfach wieder einmal nur grüßen würden und anderen Menschen damit Respekt zollen würden? Ich beobachte täglich in meinen Seminaren, dass viele Menschen es verlernt haben, andere Menschen richtig zu grüßen und miteinander bekannt zu machen. Verantwortung fängt damit an, wo Verantwortungslosigkeit aufhört, nämlich in einer Gesellschaft, wo jeder nur noch seine eigenen Interessen durchsetzen möchte, um sich von anderen abzuheben.

Die Dresscodes sind heute aufgelockert, was jedoch nicht bedeutet, dass wir gewisse Grundregeln der Parkettsicherheit missachten dürfen, nur um uns selbst zur Schau zu stellen. Wenn Sie unsicher sind, wie der Gastgeber den Dresscode meint, fragen Sie einfach höflich nach. Kleidung ist immer nonverbale Kommunikation und drückt Respekt mir selbst, meinem Gegenüber und dem Anlass aus.

Fazit: Nobles Verhalten im Zeitalter von Facebook und Co. macht den feinen Unterschied aus. Müssen Sie in der Öffentlichkeit oder in den sozialen Medien um jeden Preis auffallen und sich in Szene setzen? Was wäre so schlimm daran, einzigartig zu sein, sich aber dennoch respektvoll an Regeln zu halten?

Wollen Sie miteinander reden oder Robotern aus Fleisch und Blut folgen?

Kommunikation läuft heute oft parallel und rund um die Uhr. Die permanente Erreichbarkeit ist anstrengend und führt oft zur schnellen Unverbindlichkeit statt zu echten Verbindlichkeiten. Anstatt wie früher Dinge gemeinsam durch ein Gespräch, das mit einer Win-win-Situation endet, umzusetzen, werden heute sinnlose E-Mail und Chats mit einem langen Rattenschwanz genutzt. Die große Herausforderung in der globalen Welt und im kulturellen Miteinander sind lange Wege, wo oft die persönliche Kommunikation fehlt. Kleine Dankesbrief oder eine kurze persönliche Videobotschaft unterstreichen die Wichtigkeit und den Respekt in einer Beziehung und fördern die Nachhaltigkeit einer Geschäftsbeziehung.

Fazit: Wann greifen Sie endlich wieder zum Telefonhörer oder suchen das persönliche Gespräch? Das geht heute auch wunderbar über Skype oder Zoom, wo Sie Ihr Gegenüber sehen, hören und oft besser verstehen können. So können Sie an der Körpersprache wunderbar erkennen, was der andere wirklich sagt und meint. Gerade im interkulturellen Kontext können so etwaige Missverständnisse vermieden werden.

Respekt in der Wegwerfgesellschaft

Fälle nicht den Baum,
der dir den Schatten spendet.
ARABISCHES SPRICHWORT

Zurück zum Ursprung: Weniger ist mehr

Mal ehrlich: Haben wir nicht alle einen überfüllten Kleiderschrank? Müssen wir ständig neue Klamotten zu Lasten von Kinderarbeit kaufen? Können wir nicht zufrieden sein mit dem, was wir haben? Wegwerfen fängt mit Plastikmüll an und hört mit sinnlosen Technikkram auf. Wie wäre es, wenn Sie Dinge, die Sie nicht mehr brauchen, spenden würden und damit andere Menschen glücklich machen? Ich habe bei meiner letzten Wohnungsauflösung viele Sachen an bedürftige Menschen verschenkt und war hinterher innerlich befreit, weil sich über die Jahre ganz schön viel angesammelt hatte. Oftmals kaufen wir sinnlosen Kram, um unsere innere Leere auszufüllen. Wie wäre es, wenn wir uns stattdessen lieber öfters mit anderen Menschen beschäftigen?

Fazit: Wann haben Sie das letzte Mal etwas von Ihrem persönlichen »Überfluss« losgelassen und aus Respekt an andere Menschen weiter verschenkt?

Ausbeutung von Natur und Tier: Auch Pflanzen und Tiere verdienen auch Respekt

Muss es jeden Tag das billige Stück Fleisch vom Discounter sein? Müssen wir jeden Tag Milch trinken? Leider ist das Thema Respekt der Natur und den Tieren gegenüber oft ein verschwiegenes Thema, über das nicht gerne geredet wird. Warum auch, es funktioniert doch auch so. Warum fällt es vielen Menschen so schwer, die von Mutter Natur gegeben Ressourcen zu respektieren und wertzuschätzen? Warum muss die Natur ausgebeutet werden? Nur weil Pflanzen und Tiere keine Rechte haben? Müssen wir zu jeder Zeit künstlich gezüchtetes Obst und Gemüse essen?

Fazit: Mehr Respekt der Natur gegenüber sowie im respektvollen Umgang mit den uns von der Natur gegebenen Ressourcen ist ein wichtiges Zeichen gegen die sinnlose Ausbeutung. Wie können Sie heute Ihr Konsum- und Essverhalten ändern, um die Welt von morgen besser zu machen?

Respekt für die Welt nach mir

Nach mir die Sintflut: Egoismus meets Kollektivismus

In der ehemaligen DDR, wo ich aufgewachsen bin, habe ich die Gemeinschaft wie Nachbarschaftshilfe immer sehr geschätzt. Heute leben wir eher in einer Welt voller Robotern, Lobbyisten und Egoisten, die nur Profitgier im Kopf haben. Ich persönlich sehe es als wichtige Aufgabe, junge Menschen in ihrer persönlichen Entwicklung zu fördern, ihnen aber klar Grenzen zu setzen. Nur so lernen wir, dass wir unsere eigenen Wünsche nicht immer in den Mittelpunkt stellen können.

Fazit: Menschen brauchen Menschen, um in der Gesellschaft ein tragfähiges Konstrukt aufrechtzuerhalten. So schön es auch ist, seine eigene Persönlichkeit zu entfalten, so wichtig ist es auch, die »Spielregeln« der Gesellschaft, in der ich mich befinde, zu respektieren und zu achten.

Großzügigkeit und Mehrwert stiften als Win-win-Situation

Wissen sinnvoll hinterlassen

Wissen ist wertvoll. Wissen ist überall abrufbar. Wissen ist aber auch vergänglich. Heute gibt es mehr Wissen als vor vielen Jahren. Wissen ist im Zeitalter des Internets überall verfügbar, dennoch gehen einige Mitmenschen geizig mit Wissen um und behalten es lieber für sich. Fakt ist: Wissen vermehrt sich, wenn wir es großzügig teilen. Wissen macht die Welt ein Stück besser. Respekt als Fundament der Verantwortung bedeutet auch, Wissen als Wertschöpfungskette nachhaltig an alle Menschen weiterzugeben. Im Zeitalter der Digitalisierung, der Forschung und der künstlichen Intelligenz ist es einfach, Wissen für die Nachwelt nachhaltig zu hinterlassen. Wo wäre unser Wissensstandard heute, wenn die großen Bibliotheken immer noch nur für einen kleinen Teil der Bevölkerung zugänglich wäre? Würden wir dann vielleicht noch als Urvölker leben?

Fazit: Wissen ist Macht. Wissen gehört jedem Menschen. Was können wir dafür tun, dass auch sozial benachteiligte Menschen von unserem Wissen profitieren? Wie können wir im Zeitalter der künstlichen Intelligenz dafür sorgen, dass unser Wissen nachhaltig weitergegeben wird, ohne dass die Menschen sich selbst schaden?

Werte im Zeitalter der künstlichen Intelligenz

Nachhaltigkeit und Vorbildfunktion

Die Welt nach uns wird immer komplexer und verändert sich schneller als uns lieb ist. Anpassung ist wichtig. Welche Werte werden im nächsten Jahrhundert noch existieren, wenn der Werteverfall jetzt schon rapide abnimmt? Ich finde echte gelebte Werte sind die wichtigste Gemeinsamkeit und der kleinste gemeinsame Nenner, der Menschen verbindet. Fakt ist: die Welt nach uns braucht Werte, um sich selbst nicht noch mehr gegenseitig zu zerstören. Menschen brauchen Werte als Orientierung in einer oftmals orientierungslosen Zeit. Menschen, die ihre Werte kennen und leben, sind ein wichtiges Vorbild für unsere Kinder und Kindeskinder.

Fazit: Werte sind die Säulen der Gesellschaft. Wann fangen auch Sie an, Ihre Werte zu hinterfragen und anderen nachhaltig vorzuleben?

JANINE KATHARINA PÖTSCH

Janine Katharina Pötsch ist Expertin für stilsicheres Auftreten auf jedem Parkett, Botschafterin für Präsenz und Wirkung sowie Trainerin für zeitgemäße Umgangsformen und wertschätzende Kommunikation.

Die medienbekannte Impulsgeberin unterstützt ihre Kunden dabei, ihre Kompetenz optisch sichtbar zu machen, ihre Identität mit ihrer Persönlichkeit authentisch in Einklang zu bringen, mit zeitgemäßen Umgangsformen und wertschätzender Kommunikation im persönlichen unverwechselbaren Image-Profil zu punkten. Als Management-Trainerin begeistert sie Mitarbeiter, sich in Außenwirkung als Markenbotschafter des Unternehmens mit Stil und moderner globaler Etikette zu präsentieren.

Mit ihrem Erfahrungswissen und ihrer Leidenschaft für ein respektvolles Miteinander begeistert sie ihre Kunden, den Blickwinkel zu wechseln, sich Gedanken über ihre gewünschte Präsenz und Wirkung zu machen.

www.gekonnt-wirken.de

Der angekettete Elefant

MONICA REHM

Ganz viele Menschen haben verlernt, auf sich zu hören, sich wahrzunehmen, ihre Gefühle und Emotionen anzunehmen und genau hinzusehen. Sie nehmen sich vom Kehlkopf an abwärts nicht mehr wahr, weil sie es nicht mehr können und weil sie nicht wissen wie.
Ich bin überzeugt, dass alle Menschen eine Menge Potenzial und wunderbare Fähigkeiten haben – auch Sie! Doch wie sollen sie denn den Zugang dazu finden, wenn sie nicht wissen wie und sich dabei selbst im Weg stehen?
Jeder Mensch hat das Grundrecht, dass es ihm gut geht. Jeder Mensch – auch Sie und ich – hat die mentale Kraft, sich selbst aus den angelegten Ketten zu befreien.
Jeder Mensch entscheidet jedoch selbst, ob er lieber angekettet oder frei sein will.

Wie auch Sie es schaffen können, sich zu befreien

Die wenigsten Menschen schaffen es, sich von bindenden Abhängigkeiten, schlechten Gewohnheiten, negativen Gedanken, Emotionen und Gefühlen, hinderlichen Verhaltensmustern, altem Ballast sowie nicht mehr passenden Überzeugungen zu befreien. Sie dümpeln an Ort und Stelle und kommen sowohl in ihrem Berufs- als auch Privatleben keinen Schritt weiter. Und das, obwohl viele von ihnen sich noch so gerne davon trennen würden.

Warum das so ist, wird in diesem Themenabschnitt kurz erläutert. Das Gewicht liegt jedoch vielmehr auf den Möglichkeiten, wie Sie es schaffen können, sich zu befreien. Und das ist sogar noch viel einfacher, als Sie denken.

Ich werde Ihnen ein paar einfache, kurze Übungen vorstellen. Es ist mir wichtig, dass die Übungen einfach zu machen sind und nur kurz dauern. So sind sie unabhängig von Ort und Zeit und auch mitten im Alltag anwendbar. Das macht sie für Sie reizvoller. Und das animiert Sie eher dazu, die Übungen auch tatsächlich umzusetzen.

Es liegt mir besonders am Herzen, den Menschen *einfache* Wege zu mehr innerer Freiheit aufzuzeigen. Meine selbstentwickelte und hocheffektive Kurzzeit-Begleitung erspart meinen Klientinnen und Klienten langwierige Wege und/oder Therapien und führt sie rasch und nachhaltig zu einem glücklichen Leben. Denn innere Freiheit ist nicht nur möglich, sondern sie liegt in greifbarer Reichweite.

Der angekettete Elefant

»Ich kann nicht«, sagte sie. »Ich kann es einfach nicht. Ich kann nicht loslassen.«

»Bist du sicher?«, fragte ich meine Klientin. »Ja,«, sagte sie, »ich weiß, dass ich es nicht kann. Ich schaffe es nicht, mich zu trennen.«

(Anmerkung: Ich duze meine Klientinnen und Klienten nicht von Anfang an. Spätestens während der eigentlichen Sitzung werden sie jedoch mit »Du« angesprochen, weil das Unterbewusstsein nicht auf die Ansprache per Sie reagiert. Das erkläre ich im Vorgespräch genauso.)

Sie saß im Hypnosesessel, ihre Augen geschlossen, die Beine gestreckt und rutschte unruhig hin und her. Sie war in einem guten Somnambulismus (hypnotischer Zustand während der Sitzung). Und sie weinte. Ich saß an ihrer rechten Seite auf meinem Stuhl. Sie hatte vor drei Wochen diesen Termin für Hypnosetherapie bei mir vereinbart. Sie wollte sich von ihrer Partnerin trennen, schaffte es jedoch einfach nicht, von ihr loszukommen, weil sie in ihren alten Glaubensmustern gefangen war. Und deshalb war sie nun da.

Ich sah sie an und sprach leise. Das tue ich immer, wenn ich möchte, dass mir meine Klientinnen aufmerksam zuhören. Ich sagte zu ihr: »Ich erzähle dir jetzt eine Geschichte. Die Geschichte vom angeketteten Elefanten. Einverstanden?« Sie nickte und sagte: »Ja.«

»Ich war schon als kleines Mädchen von den Elefanten fasziniert. Diese Dickhäuter haben es mir besonders angetan. Sie sind groß und schwer und doch sanft. Und sie haben eine ungeheure Kraft.

Irgendwann fiel mir auf, dass die Elefanten im Zirkus immer angebunden sind. Mit einer Kette an einen Pflock. Dieser Pflock ist allerdings oft nichts weiter als ein Stück Holz, das in der Erde oder im Boden steckt. Und obwohl die Kette mächtig und schwer ist, stand für mich außer Zweifel, dass ein Tier, das die Kraft hat, einen Baum mitsamt der Wurzel auszureißen, sich mit Leichtigkeit von einem solchen Pflock befreien und fliehen könnte. Diese Vorstellung irritierte mich, und ich fragte mich: »Was hält sie zurück? Warum machen sie sich nicht auf und davon? «

Als kleines Mädchen vertraute ich noch auf die Weisheit der Erwachsenen. Also fragte ich meinen Vater, warum ein Elefant sich nicht einfach losmacht. Er erklärte mir, der Elefant mache sich nicht aus dem Staub, weil er dressiert sei. Meine nächste Frage lag auf der Hand: »Warum muss er denn angekettet werden, wenn er dressiert ist?«

Heute kenne ich die Antwort: Der Zirkuselefant flieht nicht, weil er sein ganzes Leben, seit er ein Baby war, an einen solchen Pflock gekettet wird. Als er als kleiner wehrloser Elefant versuchte, sich zu befreien, schubste, zog und schwitzte, reichte ihm die Kraft dafür nicht aus. Trotz aller Anstrengung gelang es ihm nicht, weil dieser Pflock für seine Verhältnisse viel zu fest im Boden steckte. Er schlief irgendwann vor lauter Erschöpfung ein, und am folgenden Tag unternahm er wieder einen Befreiungsversuch. Mit dem gleichen Ergebnis: Er hatte es wieder nicht geschafft. Er versuchte es am darauffolgenden Tag wieder, und am nächsten Tag wieder, und am nächsten wieder, und am nächsten ...bis er eines Tages seine Ohnmacht akzeptierte und sich in sein angekettetes Schicksal fügte.

Dieser große, kräftige und schwere Dickhäuter befreit sich nicht, weil der Ärmste glaubt, dass er es nicht kann!

Allzu tief hat sich die Erinnerung daran, wie ohnmächtig und hilflos er sich kurz nach seiner Geburt gefühlt hatte, in sein Gedächtnis eingebrannt. Und diese Erinnerung hat er nie wieder ernsthaft hinterfragt. Nie wieder hat er seine Kraft auf die Probe gestellt. (Angelehnt an die Geschichte von Jorge Bucay: Der angekettete Elefant.)

Uns allen geht es ein bisschen so wie diesem Elefanten. Wir bewegen uns in der Welt, wir verhalten uns so, als wären wir an Hunderten von Pflöcken gekettet.

Wir glauben, einen ganzen Haufen Dinge nicht zu können, bloß, weil uns das so eingetrichtert wurde. Wir haben uns immer und immer wieder genauso verhalten wie der Elefant, und in unser Gedächtnis hat sich die Botschaft eingebrannt: »Ich kann das nicht, und ich werde es niemals können.« Mit der Botschaft, dass wir schwach seien, sind wir groß geworden, und seitdem haben wir uns nicht von unseren Pflöcken befreit.«

Ich machte eine Pause. Dann rückte ich mit meinem Stuhl ein wenig näher heran und sprach weiter: »Genau dasselbe hast auch du erlebt. Dein Leben ist von der Erinnerung an dich selbst geprägt. Einerseits wurde es dir immer und immer wieder eingebläut, andererseits hast du es dir selbst eingeredet, dass du nichts auf die Reihe bekommst. Irgendwann hast du es als Tatsache akzeptiert und dich deinem Schicksal gefügt. Genau wie der kleine Elefant.« Sie hörte mir zu und nickte immer wieder. Nun holte ich ein wenig aus, um zu erklären, wie unser Unterbewusstsein arbeitet.

Unser Bewusstsein – das ist da, wo auch unsere Willenskraft sitzt – macht verschwindende zwei Prozent unseres ganzen Wesens aus. Es arbeitet mit Zahlen, Daten, Fakten, ist also der logische, analytische Teil. Die ganzen restlichen 98 % unseres Wesens nimmt jedoch unser Unterbewusstsein ein.

Unser Unterbewusstsein arbeitet mit Bildern, Formen, Farben, Gerüchen und

Emotionen. Erlebtes wird mit Hilfe dieser »Werkzeuge« abgespeichert. Kommen wir im Leben nun in eine gewisse Situation, die unserem Unterbewusstsein bekannt vorkommt, ruft es die entsprechenden Bilder, Farben, Gerüche und Emotionen dazu aus seinem Speicher ab. Und dann verhalten wir uns genauso wie in der damaligen, in der ursprünglichen Situation. Die gleichen Überzeugungen kommen wieder zur Anwendung und lassen uns Dinge einfach als gegeben hinnehmen.

Wir erleben dann nicht selten ein Déjà-Vu und denken: »Das hatte ich doch schon mal.« Wir empfinden genau dasselbe wie damals. Und schon ist die Verbindung zwischen der aktuellen und der ursprünglichen Situation hergestellt.

Wenn das eine Situation war, in der wir Angst hatten oder uns unbehaglich fühlten, dann kommt in dem Moment genau diese Angst oder dieses Unbehagen wieder in uns hoch.

Wenn das Unterbewusstsein diese negativen Gedanken und Emotionen einmal akzeptiert hat, produziert es immer wieder auch die körperlichen Reaktionen, die damit verbunden sind. Wir bekommen Herzklopfen, fangen an zu schwitzen oder zu frieren, unsere Handflächen werden nass, es schnürt uns den Hals zu, wir spüren einen Druck auf der Brust. Wir haben kein Vertrauen mehr, weder in andere noch in uns selbst, fühlen uns minderwertig, wir bekommen Angst oder haben Panik. Und schließlich werden wir davon sogar krank.

Negative Emotionen machen uns krank.

Wenn das oft genug passiert, entstehen daraus körperliche Symptome wie Kopfschmerzen oder Migräne, Übelkeit bis hin zu Erbrechen, Magen- und Bauchschmerzen, Rückenschmerzen, Verdauungsprobleme und viele mehr. Und wenn wir den Faden weiterspinnen, ist die logische Konsequenz, dass sich daraus ernsthafte körperliche Erkrankungen und tiefgreifende psychische Störungen entwickeln können, die mitunter sogar chronisch werden können. Angststörungen, Panikattacken, Zwänge, Burnout und Depressionen, Minderwertigkeitsgefühle sowie chronische Schmerzen sind nur ein Teil davon.

Unser Unterbewusstsein tut dies nicht, um uns Angst vor solchen Situationen zu machen, sondern weil es davor schützen will, dass wir immer wieder solche Situationen erleben. Und wenn es sein muss, kann es sogar so weit kommen, dass wir psychisch oder auch physisch krank werden, solange wir unsere Baustellen nicht bearbeiten.

Hypnose ist eine Möglichkeit, die Ursachen für blockierende Emotionen und Gefühle, Empfindungen, Erkrankungen sowie Schmerzen zu lösen.

Sie löst die Verbindungen zwischen den erlebten Situationen und den negativen Emotionen auf und ersetzt sie im Unterbewusstsein durch angenehme Bilder, Emotionen, Gefühle und Gedanken. So werden in Zukunft dieselben Situationen angenehm oder sogar mit Gelassenheit und Zuversicht erlebt.

»Ich erzähle dir nun die Geschichte vom angeketteten Elefanten zu Ende«, sagte ich zu ihr und fuhr fort: »Eines Tages wurde dem Elefanten die Kette abgenommen, um zu sehen, wie er darauf reagiert. Obwohl er nun hätte weglaufen können, tat er es nicht. Er verhielt sich einfach weiter so, als wäre er noch immer angekettet. Er machte weder einen Schritt vor noch einen zurück. Es schien ganz so, als wüsste er nichts anderes zu tun, als einfach dazustehen.

Bis einer der Tierpfleger des Zirkus auf die Idee kam, ihn mit etwas ganz Neuem zu beschäftigen. Der Elefant freute sich und verhielt sich auf einmal so, als wäre er wieder klein. Der Pfleger hatte es doch tatsächlich geschafft, ihn aus seinem eingefahrenen Verhaltensmuster herauszulocken.«

Unser Unterbewusstsein ist sehr träge und braucht viel Überzeugungskraft, bis es seine Tretmühle aus eingefahrenen Verhaltensmustern und negativen Gedanken aufgibt. Es hat zudem eine enorme Vorstellungskraft. Wenn ich eine Geschichte erzähle – wie beispielsweise die mit dem Elefanten – rege ich die Vorstellungskraft meiner Klienten an, und sie können sich so aus ihrem starren Verhaltens- und Gedankenmuster befreien. Ganz so, wie der Elefant in der Geschichte.

Nach der Hypnosesitzung wirkte die Klientin erleichtert und meinte: »Ich bin ein freier Elefant.« Einige Wochen später besuchte sie mich in meiner Praxis und brachte mir einen wunderschönen Blumenstrauß.

Wir sind, was wir denken

»Das Glück deines Lebens hängt von der Beschaffenheit deiner Gedanken ab.« Das wusste schon Marc Aurel.

Negative Gedanken können uns viel Energie abziehen. Wir werden müde, kraftlos und haben wenig Lust, überhaupt etwas anzupacken.

Anstatt uns auf unsere Träume zu fokussieren, und sie umzusetzen, vergeuden wir unsere Energie mit unnötigen negativen Gedanken:

- Du kannst nichts!
- Du taugst nichts!
- Du bist dumm!
- Du bist ein Versager!
- Aus dir wird nie was!
- Du bist hässlich!
- Du bist schuld!
- Schäm dich!

- Du musst es allen recht machen!
- Sei bescheiden!
- Zuerst die anderen, dann du!

Kommt Ihnen das bekannt vor?

Unsere Gedanken drehen sich im Kreis, wir diskutieren mit uns selbst. Sie formen unsere Welt. Wie im Innen, so im Außen. Wir können nicht selbstbewusst auftreten, wenn uns Selbstzweifel innerlich auffressen. Wir können nicht spontan und witzig daherkommen, wenn wir davon überzeugt sind, ein steifer und unlustiger Mensch zu sein. Wir rennen von Misserfolg zu Misserfolg, solange wir nicht auf Erfolg eingestellt sind.

Wir neigen dazu, zu glauben, was wir über uns selbst denken und sagen. Sobald wir einen Gedanken über uns selbst in Gang setzen, glauben wir daran. Es liegt in unserer eigenen Verantwortung, ob es ein negativer oder positiver Gedanke ist, den wir da in Gang setzen. Wir entscheiden selbst, ob wir ein angeketteter oder freier Elefant sein wollen.

Wir sind, was wir denken. Machen wir uns unsere Gedanken bewusst, erlangen wir Oberhand über unseren mentalen Raum und können wieder selbst bestimmen, welches Programm wir »da oben" abspielen lassen wollen. Das nennt sich *Mentaltraining*.

Übung: Die Minute(n) der Achtsamkeit

EINLEITUNG

Positive Alltagserfahrungen haben eine große verborgene Kraft, die unser Gehirn und unser Leben nachhaltig verändern können.

Neuronen, die zusammen aktiviert werden, vernetzen sich. Diese Vernetzung wird durch das verstärkt, worauf Sie Ihre Aufmerksamkeit lenken. Stellen Sie sich die Aufmerksamkeit vor wie das Zusammenspiel einer Taschenlampe und eines Staubsaugers. Sie leuchtet das an, worauf sie gerichtet ist, und dann saugt sie genau das in Ihr Gehirn. Sie entscheiden, ob das etwas Negatives ist oder etwas Positives.

Wie gut, dass wir unsere Aufmerksamkeit trainieren können. Sie können tatsächlich eine stetig bessere Kontrolle über Ihre Taschenlampe und Ihren Staubsauger entwickeln. Und hier kommt die Achtsamkeit ins Spiel. Durch Achtsamkeit können Sie Ihre Aufmerksamkeit längere Zeit auf eine bestimmte Sache richten und dort halten. Sie gewinnen mehr und mehr die Kontrolle über Ihre Aufmerksamkeit.

Achtsamkeit hat mehrere positive Wirkungen. Je achtsamer wir werden, desto weniger Wirkung haben negative Erfahrungen. Je regelmäßiger und häufiger wir unsere Achtsamkeit trainieren – so als würden wir Muskeltraining machen – desto stärken werden die positiven neuralen Vernetzungen im Gehirn.

Studien haben gezeigt, dass das regelmäßige Achtsamkeitstraining folgende Wirkungen hat:

- Die Schichten in denjenigen Bereichen der Gehirnrinde, die die Aufmerksamkeit kontrollieren, werden immer dicker – und das macht Sie stetig aufmerksamer (Lazar et al., 2005).
- Die Anzahl neurale Verbindungen in der Insula, einem Teil des Gehirns, der unsere Selbstwahrnehmung und unsere Gefühle unterstützt, wächst stetig an (Lazar et al., 2005).
- Der linke präfrontale Kortex, der direkt hinter der linken Stirnseite liegt, wird durch regelmäßiges Achtsamkeitstraining immer aktiver. Das hilft uns, negative Emotionen sowohl in ihrer Ausprägung zu dosieren, als auch in ihrer Häufigkeit zu reduzieren (Davidson, 2004).
- Das Immunsystem wird gestärkt, und dadurch verbessern Sie Ihre Gesundheit. Sie sind seltener krank und fühlen sich allgemein vitaler (Davidson et al., 2003).
- Wir haben seltener und weniger starke Schmerzen, und die Genesung sowohl nach Operationen als auch längerer Krankheit geht schneller voran, und Sie sind schneller wieder fit (Kabat-Zinn, Lipworth und Burney, 1985; Kabat-Zinn, 2003).

SO GEHT'S

Achtsamkeit ist natürlich. Wir sind uns jeden Tag von Natur aus und einfach so zahlreicher Dinge völlig bewusst. Die Herausforderung liegt darin, die Anzahl, die Ausprägung und die Dauer unserer achtsamen Momente zu steigern, zu vertiefen und zu verlängern.

Reservieren Sie sich jeden Tag nur eine einzige Minute, in der Sie mit voller Absicht achtsam sind. Konzentrieren Sie sich während dieser einen Minute (oder länger) auf das Objekt, das gerade Ihre Aufmerksamkeit erregt oder achten Sie einfach auf Ihre Atmung. Atmen Sie in den Bauch (Bauchatmung entsäuert und entgiftet unseren Körper).

Betrachten Sie das Objekt intensiv und wenn möglich von allen Seiten, oder nehmen Sie wahr, wie die Luft Ihren Körper auffüllt, wenn Sie einatmen, und wie die Luft wieder aus Ihrem Körper ausströmt, wenn Sie ausatmen. Sie dürfen das gerne auch mehrmals am Tag eine Minute lang machen.

Sie können die Achtsamkeit auch auf Ihre alltäglichen Tätigkeiten ausdehnen und so über den ganzen Tag verteilt trainieren. Je regelmäßiger Sie diese Minute(n) der

Achtsamkeit trainieren, desto klarer und friedlicher wird Ihr Geist. Dieses Training wird Ihre Aufmerksamkeit schärfen und gleichzeitig Ihre Achtsamkeit vertiefen. Sie lernen, Dinge zu beobachten, ohne sie zu bewerten. Es ermöglicht Ihnen eine Haltung der Neugier, der Offenheit, der Freundlichkeit und der Zuversicht.

Übung: Nehmen Sie die Freude an

EINLEITUNG:

Wenn Sie in Ihrem Leben Freude finden, sie zulassen und genießen können, bedeutet das nicht, dass Sie die schwierigen oder schmerzvollen Momente leugnen.

Sie öffnen sich einfach mehr für die schönen Dinge und schenken diesen mehr Beachtung.

Wenn Sie die Freude zulassen und genießen, reduzieren Sie umgehend Ihren Stress. Stressreduktion durch Freude hebt die Stimmung, mindert Angst und weitet den Blick. Das wirkt sich positiv auf Ihre Gesundheit aus, denn es stärkt Ihr Immunsystem, verbessert Ihre Verdauung und gleicht Ihren Hormonhaushalt aus.

SO GEHT'S

Beginnen Sie als Erstes mit Ihren Sinnen, einer nach dem anderen, die Freuden Ihres täglichen Lebens zu genießen.

Was riechen Sie gerne? Ist es die Schale einer reifen Orange? Oder ist es der Geruch von verbranntem Holz? Oder das Essen auf dem Herd? Sind es die Blumen im Garten? Oder mögen Sie den Duft von frisch gemähtem Gras? Oder ist es die Waldluft? Ist es die salzige Meeresbrise? Vanille, Jasmin; Weihrauch?

Was schmecken Sie gerne? Mögen Sie den Geschmack von frisch aufgebrühtem Kaffee oder von frisch zubereitetem Tee? Mögen Sie den Geschmack von frisch gebackenem Brot oder frisch gekochter Tomatensuppe? Ist es der Geschmack von bestimmten Kräutern, den Sie besonders mögen? Salat, Käse, Honig?

Was gefällt Ihnen besonders gut, weil Sie es schön finden? Ist es der Sonnenaufgang oder der Sonnenuntergang? Ist es die besondere Stimmung bei Vollmond? Sind es die bunten Herbstwälder? Sind es die Nebelschwaden, die im Herbst am frühen Morgen über den Wiesen liegen? Ist es der Neuschnee? Ist es das Meer?

Was klingt in Ihren Ohren wunderbar? Ist es das Geräusch der Wellen am Strand? Ist es das Rauschen eines Baches? Ist es das Plätschern eines Brunnens. Ist es der Klang von Kuhglocken? Oder ist es die kleine Nachtmusik von Mozart? Oder lauschen Sie einfach gerne der Stille?

Was fühlt sich auf Ihrer Haut besonders gut an? Ist es die frische Bettwäsche? Oder die Berührungen bei einer Massage? Sind es die wärmenden Sonnenstrahlen? Ist es das Wasser der Dusche, das über Ihre Haut fließt? Oder eine frische Brise an einem drückend heißen Tag? Und nun gehen Sie über zu Ihren Gedanken.

Worüber denken Sie gern nach? Woran erinnern Sie sich gern?

Denken Sie beispielsweise an einen Ihrer Lieblingsorte und stellen Sie sich, so gut es Ihnen gerade möglich ist, vor, dass Sie jetzt genau an diesem Ort sind.

Widmen Sie sich ganz Ihrem Lieblingsort. Genießen Sie es, und lassen Sie Ihr Herz vor Freude lachen!

Übung: Grinsen Sie

Grinsen hat eine überaus positive Wirkung.

Auch wenn Sie sich gerade maßlos über einen Arbeitskollegen, ein anderes Teammitglied, Ihre Sportkameraden oder Ihre Freundin geärgert haben, auch wenn Sie sich gerade – entschuldigen Sie bitte den Ausdruck – beschissen fühlen, ziehen Sie Ihre Mundwinkel nach oben, und setzen Sie für zwei Minuten ein richtig breites Grinsen auf.

Ich gebe zu, zwei Minuten können ganz schön lange sein. Doch es sind zwei Minuten, die sich unmittelbar auszahlen, denn Sie werden sich danach viel besser fühlen und sich tatsächlich fragen, weshalb Sie sich so geärgert haben. Sie werden möglicherweise sogar von Herzen über Ihren Ärger und sich selbst lachen können.

Wenn Sie nicht möchten, dass Sie andere dabei sehen, dann schließen Sie sich auf dem stillen Örtchen ein oder gehen Sie an einen Platz, wo Sie nicht gesehen werden können. Denn Sie sehen dabei schon aus wie ein Narr und werden sich deshalb im ersten Moment ziemlich bescheuert fühlen. Überwinden Sie sich, und geben Sie sich bitte einen Ruck. Tun Sie es einfach!

Schon Vera Felicitas Birkenbihl wusste um die Wirkung dieser Gesichtsübung.

Wenn Sie die Mundwinkel richtig fest nach hinten ziehen und ein breites Grinsen aufsetzen, drückt Ihr Lachmuskel auf einen ganz speziellen Gesichtsnerv. Dieser Reiz sorgt dafür, dass Botenstoffe freigesetzt werden, die dem Gehirn melden, dass Sie lachen. Und dies bedeutet schließlich, dass Sie glücklich sind.

Der Prozess von der Muskelbewegung über die Freisetzung der Botenstoffe bis zur Etablierung des Glücksgefühls dauert zwei Minuten. Sie werden es nicht bereuen, es getan zu haben. Sie werden es vielmehr immer wieder tun wollen, da bin ich mir sicher.

Übung: Wie Sie in 21 Tagen Ihr Gehirn auf Glück und Erfolg programmieren

Mit nur zwei Minuten Aufwand pro Tag an einundzwanzig aufeinanderfolgenden Tagen können Sie Ihr Gehirn neu programmieren, sodass Sie zuversichtlicher werden und erfolgreicher arbeiten.

Das gelingt Ihnen, indem Sie jeden Tag drei neue Dinge aufschreiben, für die Sie aus tiefstem Herzen dankbar sind. Ja, Sie haben richtig gelesen, nur drei neue Dinge pro Tag.

Auf diese einfache Art und Weise schaffen Sie in Ihrem Gehirn viele neue positive neurale Verknüpfungen.

Nach nur einundzwanzig Tagen scannt Ihr Gehirn die Welt dann nicht mehr zuerst nach den negativen, sondern nach den positiven Erlebnissen.

Das Negative verliert so nach und nach an Bedeutung und rückt in den Hintergrund. Das Positive wiederum gewinnt an Beachtung und rückt nach und nach in den Vordergrund.

Ihre Dankbarkeit führt Sie zu intensiverem Glücksempfinden, mehr Zuversicht und innerer Stärke. Sie macht Sie widerstandsfähiger gegenüber Stress, stärkt Ihr Immunsystem und sorgt für besseres Wohlbefinden, und das ist der Schlüssel zu Ihrem Glück und Erfolg!

Fazit: Kümmern Sie sich um die Ursache(n)

Ich hatte einmal einen kleinen Avocadobaum, den ich aus dem Kern einer von mir verzehrten Avocado selbst gezüchtet hatte. Ich hatte ihn in einen großen Topf in fruchtbare Erde gepflanzt, düngte und goss ihn regelmäßig, hegte und pflegte ihn. Denn ich wusste, wenn ich mich gut um meinen Baum kümmere, dann würde ich in einigen Jahren schmackhafte Avocados ernten können.

Doch ich konnte ihn nicht dazu zwingen, Avocados reifen zu lassen. Der mächtigste Mensch dieser Welt kann einen Baum nicht dazu zwingen, Früchte wachsen zu lassen. Und Sie können niemanden dazu zwingen, Sie zu lieben.

Wir können zwar die Faktoren, die zu Ergebnissen führen, beeinflussen, nicht aber die Ergebnisse selbst. Wenn wir also die Faktoren, die ein Ergebnis auslösen, positiv beeinflussen, dann führen sie mit größerer Wahrscheinlichkeit zu den Ergebnissen, die wir gerne hätten.

Wenn Sie sich weniger auf die Ergebnisse und mehr auf die Ursachen konzentrieren, erhöht sich die Wahrscheinlichkeit, dass die Ergebnisse eintreten, die Sie sich wünschen.

Das heißt nichts weiter als das: *Fixieren Sie sich weniger auf Ihre Blockaden (= Sym-*

ptome), sondern kümmern Sie sich um die Ursachen, die zu Ihren Blockaden führen/geführt haben, und lösen Sie sie.

Symptombekämpfung bringt Sie keinen Schritt weiter, solange Sie nicht die zugrunde-liegende(n) Ursache(n) auflösen.

Wenn Sie nicht wissen, wie Sie die Ursachen auflösen können, dann holen Sie sich kom-petente und seriöse Hilfe.

Machen Sie die täglichen kleinen Übungen, und fangen Sie an, sich damit ganz viel Gutes zu tun. Jede Reise beginnt mit dem kleinsten Schritt. Gehen Sie ihn!

Wenn Sie nicht weiterkommen, seien Sie nicht zu stolz, es zuzugeben, und holen Sie sich Unterstützung. Eine kompetente und selbsterfahrene Mentorin kann Gold wert sein.

Meine Klientin ist jedenfalls noch immer froh, dass sie sich damals für ihre (inne-re) Freiheit entschieden hatte. Sie ist glücklich, ein freier Elefant zu sein.

Ich wünsche Ihnen viel Spaß beim Üben, wunderbare Aha-Erlebnisse und alles Liebe.

Herzlich, Monica Rehm

MONICA REHM

Monica Rehm ist zertifizierte Hypnosetherapeutin (in der Schweiz ist diese Berufsbezeichnung anstelle von Hypnotiseurin gebräuchlich) und Mentaltrainerin. Sie bezeichnet sich auch als Expertin für nachhaltige Veränderung. Monica Rehm hilft ihren Klientinnen und Klienten mittels Hypnose, über ihr Unterbewusstsein Zugang zu ihren Fähigkeiten und Ressourcen zu finden und diese zu stärken. Das schafft eine wunderbare Basis für einen stabilen Selbstwert und ein Leben voller Gelassenheit, Glück und Erfolg.

Viele Menschen kommen zu ihr zur Hypnose, weil sie über einen oder mehrere Teile ihres Lebens die Kontrolle verloren haben, und diese wieder zurückgewinnen wollen.

Hypnose aktiviert Ihre Selbstheilungskraft und befähigt Sie, sich selbst zu helfen. Sie ersetzt keine psychologische Therapie oder ärztliche Behandlung. Durch die Nähe zu Ihren unterbewussten Emotionen und Mustern finden und lösen Sie dank der Unterstützung von Monica Rehm natürlich und schnell Ihre Blockaden selbst.

Das Markenzeichen von Monica Rehm ist eine hocheffektive, selbstentwickelte Kurzzeit-Begleitung, mit der sie ihre Klientinnen und Klienten rasch und wirksam zur Selbstbefreiung von nicht mehr zielführenden Verhaltensweisen und zu mehr innerer Freiheit bringt.

www.monica-rehm.com

Entschleunigungsmanagement

ULRIKE REICHE

Verantwortung zu übernehmen bedeutet, die Konsequenzen des eigenen Handelns zu bedenken und sich bewusst zu entscheiden. Dies setzt ein entschleunigtes Leben voraus: wem es gelingt, im hektischen Alltag ab und an innezuhalten, kann auch unter Höchstbelastung wohlüberlegte Entscheidungen treffen, aktiv Einfluss auf das Geschehen nehmen, statt einfach nur reaktiv zu funktionieren. Dies gelingt nur, wenn die Arbeit unterbrochen und stattdessen der Reflexion Vorzug gegeben wird.

Entschleunigung als Führungsaufgabe

Verantwortung setzt ein entschleunigtes Leben voraus: wem es gelingt, im hektischen Alltag ab und an innezuhalten, erhält sich die Möglichkeit, wohlüberlegte Entscheidungen zu treffen. Entschleunigung ermöglicht es, aktiv Einfluss auf das Geschehen zu nehmen, statt einfach nur reaktiv den Ereignissen hinterherzulaufen.

Auf den ersten Blick scheint »Entschleunigung« im beruflichen Kontext nachrangig zu sein. Die meisten Menschen assoziieren damit Aktivitäten, die sich in den Bereich der Freizeit verorten lassen. Bei einer kürzlich von mir durchgeführten Umfrage zum Verständnis von »Entschleunigung« reichten die Antworten von einer Kaffeepause über das Wellness-Wochenende bis hin zum mehrmonatigen Sabbatical.

Unter »Entschleunigung« versteht man im Allgemeinen das Streben nach Verlangsamung des Berufs- und Privatlebens, um der Dynamik des technologischen Fortschritts zu begegnen. Zu den wesentlichen Beschleunigungseffekten zählen die drastisch gestiegene Informationsflut ebenso wie ständige Erreichbarkeit und vermehrte Mobilität, aber auch die globale Vernetzung und die zunehmende interkulturelle und bereichsübergreifende Zusammenarbeit. All diese Entwicklungen führen zu einer gewissen Orientierungslosigkeit und lösen bei vielen Menschen Unsicherheit hervor. In der Folge stehen sie den notwendigen Veränderungen skeptisch gegenüber und sehnen sich nach Beständigkeit, nach Auszeiten, Arbeitszeitreduzierung und Entspannung.

Damit weist der Begriff »Entschleunigung« über das private Nice-to-have hinaus und erhält eine wirschaftlich relevante Komponente, die in die Unternehmen hineinwirkt. Anders als vielfach assoziiert, impliziert Entschleunigung eine fortwährende grundlegende produktive Aktivität – keinesfalls jedoch dauerhafte Ruhe und Stillstand. Denn der Unternehmenserfolg hängt ebenso wie das berufliche Fortkommen entscheidend davon ab, dass der Betrieb aufrechterhalten wird, dass Projekte weiterlaufen und vereinbarte Leistungen erbracht werden. Künftig kommt es noch mehr als bisher darauf an, einer drohenden Überhitzung der digital beeinflussten Arbeitswelt entgegenzusteuern.

Gebraucht wird eine Unternehmens- und Mitarbeiterführung, die den schnell aufeinanderfolgenden Anpassungsprozessen gelassen entgegentritt, ohne dabei den technologischen und wirtschaftlichen Anschluss zu verpassen. Maßnahmen zur Entschleunigung sind insbesondere in Situationen angebracht, die die Geschäftstätigkeit gefährden, zum Beispiel immer dann, wenn

- Unvorhergesehenes eintritt,
- vermehrt Fehler oder Betriebsausfälle auftreten,
- der Umsatz sinkt,
- ungewöhnlich viele Mitarbeiter ausfallen oder kündigen,
- es zu Konflikten kommt und diese sich festfahren,
- strategisch bedeutsame Entscheidungen zu treffen sind,
- Sie als Entscheider persönlich unter großem Druck stehen,
- bei Ihnen körperliche oder psychische Überlastungssymptome auftreten oder Sie krank werden.

In solchen Momenten ist es wichtig, Tempo aus dem Alltag zunehmen. Nur wer es sich in derartigen Stressmomenten erlaubt, einmal innezuhalten und auf Distanz zum Geschehen zu gehen, kann bewusst und eigenbestimmt handeln. Gerade in Drucksituationen kommt es darauf an, die jeweilige Lage komplett zu erfassen und möglichen Konsequenzen zu bedenken. Dies gelingt nur, wenn die Arbeitslast reduziert und stattdessen der Reflexion und angemessener Erholung Vorzug gegeben wird.

Wer hingegen in solchen Momenten weiter macht wie bisher, wird ungesteuert hektisch reagieren und auf die erstbeste Lösung springen. Das kann gut gehen, muss es aber nicht. Im Nachhinein erweist sich die erstbeste Lösung häufig als die schlechteste Option, die ungewollte Folgen nach sich zieht.

Verantwortung zu übernehmen bedeutet hingegen, die Konsequenzen des eigenen Handelns zu bedenken, und sich bewusst zu entscheiden. Das gilt sowohl für die persönliche Lebensplanung als auch für die Unternehmensführung.

Im Folgenden erfahren Sie, welche Bedeutung ein entschleunigter Arbeits- und Führungsstil für die verschiedenen Verantwortungsbereiche im Unternehmen hat:

1. Selbstverantwortung: das eigene (Berufs-)Leben gestalten.
2. Führungsverantwortung: Mitarbeiter, Teams und Projekte zum Erfolg führen.
3. Unternehmerische Verantwortung: das große Ganze im Blick behalten.

Persönliches Entschleunigungsmanagement

»Die größte Offenbarung ist Stille.«
LAOTSE

Ein selbstverantwortliches, eigenbestimmtes Leben zu führen, setzt voraus, dass Sie in gutes Gespür für sich selbst haben. Nur, wenn Sie in sich ruhen, werden Sie überlegt agieren und wohl überlegte Entscheidungen treffen. Mit »in sich ruhen« meine ich explizit: Sie nehmen ihre eigenen Gedanken und Emotionen wahr und können diese bewusst einordnen, regulieren bzw. steuern.

Andernfalls werden Sie sich immer dann, wenn Sie sich von den Geschehnissen oder Menschen in Ihrem Umfeld getrieben fühlen, dazu neigen, in hektischen (Re)Aktionismus zu verfallen. In diesem Zustand werden nur selten kluge Entscheidungen getroffen oder zukunftsweisende Lösungen gefunden. Im Zweifel machen Sie sich mehr Arbeit, als Sie ohnehin schon haben, durch unnötige Umwege oder Doppelarbeiten. Im schlimmsten Fall fahren Sie den Karren erst richtig in den Dreck.

Möglicherweise denken Sie jetzt spontan: »Kein Problem, ich habe das im Griff!« Aber Hand aufs Herz: Ist das wirklich in jeder Situation gegeben? Wie schaut es aus, wenn es einmal in Ihrem Umfeld hoch hergeht, wenn etwas Unerwartetes passiert oder Sie in eine Situation geraten, in der Sie stark unter Druck stehen oder jemand einen Nerv bei Ihnen trifft? Wie sieht es dann mit Ihrer Gelassenheit aus? Behalten Sie dann immer noch einen klaren Kopf? Oder gehen schon mal die emotionalen Pferde mit Ihnen durch? Spätestens, wenn bei Ihnen körperliche oder psychische Überlastungssymptome auftreten oder Sie krank werden, wird es Zeit, einmal genauer auf die eigene Fähigkeit zur Selbststeuerung zu schauen.

Besonders in herausfordernden und belastenden Situationen kommt es darauf an, Tempo aus dem eigenen (Berufs-)Leben zu nehmen. Doch erfahrungsgemäß fühlen sich die meisten Menschen unter Druck erst recht zum Handeln aufgefordert. Hochaktiv suchen sie nach Wegen, den erhöhten Arbeitsanfall zu bewältigen und die Schwierigkeiten zu beseitigen. Was zu kurz kommt, ist die Ausrichtung der eigenen Ziele, die

Suche nach einer echten Perspektive und das Entwickeln einer geeigneten Strategie. Und so wird weiter emsig im Hamsterrad gelaufen ohne Aussicht auf Besserung, im Zweifel bis zum Umfallen.

Dem einmal bestehenden Druck standzuhalten, *ohne* sofort in irgendeine Lösung hineinzuspringen, fällt den meisten Menschen sehr schwer. Dabei weiß ich aus meiner langjährigen Erfahrung in der Begleitung von Menschen mit Stresssymptomatiken, dass der empfundene Druck häufig nur teilweise den äußeren Rahmenbedingungen geschuldet ist. Ebenso bedeutsam sind die inneren Antreiber, die den Menschen um die innere Ruhe bringen. Um diesen mentalen Mechanismen entgegenwirken zu können, brauchen Sie etwas, wovon Sie gefühlt zu wenig haben: Zeit.

Dabei muss es nicht gleich ein mehrwöchiger Urlaub sein – wobei, was spricht dagegen? Doch für Ihre alltägliche Selbststeuerung braucht es nicht mehr als regelmäßige Arbeitspausen. Eine gute Pausenkultur ist das beste Mittel, um im beruflichen Alltag kontinuierlich zu entschleunigen. Das geht los mit sogenannten Mikro-Pausen, die nicht länger als einige Minuten dauern, bis hin zur längeren Mittagspause oder zur Entspannung am Ende des Tages.

Pausen kultivieren: Nutzen Sie diese Auszeiten bewusst zum Abschalten. Verabschieden Sie sich für einen Moment von allen anstehenden Aufgaben, mental wie physisch. Verlassen Sie den Arbeitsplatz, wechseln Sie die Örtlichkeit, treten Sie aus der Situation heraus. Und: entspannen Sie sich auf eine Art und Weise, die Ihnen persönlich entspricht. Das kann ein Spaziergang um den Block sein oder eine andere Art der Bewegung. Ziehen Sie sich an einen ruhigen Ort zurück und genießen Sie die Stille. Kommen Sie zur Besinnung und atmen Sie bewusst einige Male tief durch. Nutzen Sie diese Momente innerer und äußerer Stille für Ihre persönliche Reflexion. Beobachten Sie, welche Gedanken durch Ihren Kopf ziehen und welche neuen Sichtweisen sich einstellen. Suchen Sie erst dann wieder das Gespräch mit Kollegen oder Mitarbeitern, wenn Sie sich fühlbar entspannt haben. Denn nur in einem gelassenen Zustand sind Sie wirklich aufnahmebreit.

Je konsequenter Sie kürzere und längere Auszeiten in Ihren Alltag integrieren, desto leistungsfähiger bleiben Sie auf Dauer. Wenn es Ihnen darum geht, gezielt Stress abzubauen, kommt es zusätzlich darauf an, dass Sie körperliche Bewegung mit mentaler Entspannung kombinieren. Wenn Sie in meditativen Methoden wenig geübt sind, gönnen Sie sich ein Achtsamkeitstraining oder suchen Sie sich einen guten Personal Trainer, der in verschiedenen Meditations- und Entspannungstechniken bewandert ist und ein individuell auf Sie zugeschnittenes, alltagstaugliches Programm entwickelt. Auf Dauer trainieren Sie damit Ihre Widerstandsfähigkeit gegen Stress, Resilienz genannt, was Ihnen ermöglicht, auch unter Belastung gelassen und überlegt zu agieren.

Je ruhiger Sie mit Höchstbelastungen umgehen, desto besser können Sie die Zusammenarbeit mit anderen Menschen gestalten, seien es Ihre Kunden, Kollegen oder Mitarbeiter. Und selbstverständlich macht diese Entwicklung auch vor Ihrem Privatleben nicht halt. Wenn Sie jetzt noch regelmäßig Urlaub zur persönlichen Regeneration einplanen, wird es Ihnen Ihr soziales Umfeld danken!

Gelassen führen

»In der Ruhe liegt die Kraft.«
VOLKSMUND

Mitarbeiter und Projekte zum Erfolg führen, heißt in Zeiten des digitalen Fortschritts eine gelassene Haltung einzunehmen. Das meint implizit: Gelassener sich selbst und der Führungsaufgabe gegenüber zu sein! Das bedeutet für Sie als Führungskraft, sich mit der Steuerung der Mitarbeiter mehr als bisher zurückzuhalten oder sich gar angemessen zurückzuziehen. Im Gegensatz zur bislang üblichen Arbeitsweise, wo Kontrolle und klare, teils detaillierte Anweisungen in den meisten Unternehmen an der Tagesordnung sind, heißt »gelassen führen« vor allem »loslassen« innerhalb eines größeren, wenn auch abgesteckten Handlungsrahmens.

Auf Ihr Vertrauen kommt es an! Das setzt aber vor allem ein gewisses Maß an Vertrauen voraus, Vertrauen in ihre Mitarbeiter, in deren Kompetenzen und Fähigkeiten ebenso wie in ihre Leistungsbereitschaft. Da Sie hierauf nur indirekt Einfluss nehmen können, etwa bei der Personalauswahl, bauen Sie idealerweise auf etwas auf, das Sie selbst kultivieren können: Selbstvertrauen. Denn nur dann, wenn Sie in einem guten Verhältnis zu sich selbst stehen und aus Ihrem Selbstvertrauen heraus agieren, können Sie anderen Menschen Vertrauen entgegenbringen, statt kontrollierend zu eng zu führen. Der Managementberater Reinhard K. Sprenger formuliert es in seinem Buch »Radikal Digital« folgendermaßen: »Vertrauen gilt seit jeher als entscheidender Faktor für gelingende Kooperation.«

Womit sich der Kreis schließt und wir wiederum an Ihrem persönlichen Verhalten anknüpfen, wie im vorangehenden Abschnitt beschrieben. Es kommt also zunächst einmal auf Sie an, auf Ihre eigene Einstellung und Ihre Fähigkeit, sich selbst durch unruhige Zeiten zu steuern. Hierauf aufbauend können Sie einen Führungsstil entwickeln, der von Gelassenheit geprägt ist und vertrauensstiftend wirkt.

Jedes Wort zählt! Künftig wird es mehr denn je auf Ihre Kommunikations- und Kontaktfähigkeit ankommen. Wenn Sie eine gute Beziehung zu sich selbst pflegen und in sich selbst ruhen, schaffen Sie die Voraussetzung dafür, Ihr Einfühlungsvermögen und Ihre Offenheit für Neues und für andere Meinungen zu kultivieren. Beides brauchen Sie, um in hektischen Zeiten Menschen zu führen.

Zur Erinnerung: Kommunikation ist weit mehr, als selbst zu sprechen! Softskills wie Einfühlungsvermögen und Beziehungsfähigkeit gehen zunächst einmal mit der Fähigkeit einher, gut zuzuhören und sich einen Eindruck von dem Blickwinkel und der Gedankenwelt Ihres Gesprächspartners zu machen. Zuhören fällt Ihnen in einem entspannten Zustand definitiv leichter als im hektischen Alltagsgeschäft. Sorgen Sie dafür, dass Sie wichtige Gespräche in einem ungestörten Umfeld führen, und: nehmen Sie sich ausreichend Zeit! Das gilt insbesondere dann, wenn sich Konfliktthemen abzeichnen.

Darüber hinaus braucht es ein bedachtes Führungsverhalten in den Situationen, die auf eine Überhitzung der Organisation schließen lassen, zum Beispiel wenn:

- es im Team oder mit Geschäftspartnern zu Konflikten kommt und diese sich festfahren,
- ungewöhnlich viele Mitarbeiter kündigen,
- der Krankenstand steigt bzw. dauerhaft hoch ist.

Am besten begegnen Sie solchen Führungssituationen, indem Sie sich selbst, und bei Bedarf auch Ihrem Team, eine Auszeit in Form eines Workshops einräumen. So, wie Sie Ihre persönlichen Pausen dafür nutzen, Tempo aus einem hektischen Alltag zu nehmen, um die Situation zu analysieren und Ihre Gedankengänge zu reflektieren, so sollten Sie auch Ihren Mitarbeitern Gelegenheit geben, auf Abstand zu gehen und in einer entspannteren Atmosphäre gemeinsam nach Lösungen zu suchen. Ich empfehle Ihnen, einen neutralen Moderator hinzuzuziehen, besonders wenn sensible Themen auf der Agenda stehen, in die Sie selbst qua Funktion oder als Person involviert sind. Scheuen Sie nicht die Kosten und den Zeiteinsatz für derartige Arbeitsunterbrechungen: Den Aufwand, den Sie gemeinsam mit Ihrem Team betreiben, sparen Sie am anderen Ende durch kooperative Zusammenarbeit wieder ein.

Unternehmen Entschleunigung

*»Das geschieht den Menschen, die in einem Irrgarten hastig
werden: Eben die Eile führt immer tiefer in die Irre.«*
SENECA

Wenn in Ihren Verantwortungsbereich die Führung des gesamten Unternehmens fällt, ist es schon allein aus strategischer Sicht von Bedeutung, dass Sie in regelmäßigen Abständen auf Distanz gehen, um von außen auf das große Ganze zu schauen. Zeit für eine Auszeit wird es immer dann, wenn es irgendwo im Unternehmen krankt oder bedeutsame Entscheidungen zu treffen sind. In Zeiten des technologischen Fortschritts ist zudem damit zu rechnen, dass häufiger Unvorhergesehenes eintritt, auf das Sie und die Führungsmannschaft schnell reagieren müssen. In Fällen, in denen das Geschäftsmodell infrage gestellt wird, kommt es auf überlegtes Handeln, strategischen Weitblick und zügige Problemlösungen an.

In der Konsequenz ist es nötig, Ihr eigenes Arbeitstempo wie auch das Ihrer Mitarbeiter oder Geschäftspartner den Gegebenheiten zügig anzupassen. Entschleunigung ermöglicht Ihnen, die Organisation und letztendlich sich selbst erfolgreich durch unruhige Zeiten zu steuern.

Entschleunigung ist etwas, das Sie tun, das sich in Ihrem persönlichen Verhalten ausdrückt und in Ihrem Führungsalltag Wirkung zeigt. Entschleunigung entspringt einem Zustand innerer Ruhe und Gelassenheit, in dem Sie überlegte Entscheidungen treffen. Entscheidungen, die nicht nur für das Unternehmen und Sie persönlich Sinn machen, sondern auch alle anderen Beteiligten, Interessen und Auswirkungen angemessen berücksichtigen. Für Sie als Unternehmer in Ihrer Vorbildfunktion gilt es, diese Haltung immer wieder aufs Neue einzunehmen und dauerhaft zu kultivieren.

Entschleunigung auf der Ebene der Unternehmensführung ist etwas anderes als ein Offsite im besten Hotel am Platz oder ein gemeinsames Achtsamkeitstraining. Geeignete Maßnahmen gestalten die Auszeiten entspannt aber effizient und knüpfen im weitesten sowie im engeren Sinne an der aktuellen Arbeitssituation an. Idealerweise ist sie stets verbunden mit der Erweiterung des Horizonts sowie Reflexion und Erkenntnis. So führen Entschleunigungsmaßnahmen zu einem konkreten Nutzen für das Unternehmen und wirken auf die Arbeitsorganisation ein. Einige Anregungen:

- Planen Sie über das Jahr verteilt in größeren Abständen Auszeiten ein, in denen Sie sich räumlich zurückziehen und aus der Entfernung einen Überblick über den aktuellen Status quo des Unternehmens verschaffen. Beziehen Sie bei Ihren Überlegungen stets Ihre eigene persönliche Situation mit ein wie auch die der ersten

Führungsriege und/oder wichtiger Leistungsträger: nur wenn alle gleichermaßen leistungsfähig und bereit sind, ist der erfolgreiche Fortbestand des Unternehmens gewährleistet. Bei Bedarf ziehen Sie einen erfahrenen Coach als Sparringspartner hinzu, der herausfordernde Fragen aufwirft und ungewöhnliche Perspektiven einführt. So vermeiden Sie es, sich im Kreis zu drehen und im eigenen Saft zu braten.

- Führen Sie für alle diejenigen, die mit Führungsverantwortung betraut sind, regelmäßig stattfindende kollegiale Supervision ein, am besten durchgeführt von einem externen Moderator. Dort können bereichsübergreifend besondere Situationen reflektiert und relevante Fragen geklärt werden. Oder Sie lassen die Führungskräfte miteinander nach wirksamen Ansätzen suchen, wie zum Beispiel das kreative Potenzial im Unternehmen ausgeschöpft werden kann.
- Richten Sie einen Think Tank ein, zu dem beispielsweise neben ausgewählten Führungskräften und Mitarbeitern aus verschiedenen Unternehmensbereichen auch Stammkunden und wichtige Lieferanten zählen. Stellen Sie in diesen Kreis relevante Fragen und lassen Sie nach kreativen Lösungen suchen.
- Statt Fortbildung und Sonderurlaub: Bieten Sie ausgewählten Mitarbeitern »learning journeys« in andere Organisationen an, die ihnen ermöglichen, über den Tellerrand des eigenen Fachbereichs zu schauen.
- Schaffen Sie flexible Arbeitsbedingungen und sorgen Sie dafür, dass diese tatsächlich mit Leben gefüllt werden. Überprüfen Sie – gemeinsam mit dem Betriebsrat oder einer Gruppe von Mitarbeitern – die bestehenden Arbeitszeitmodelle im Unternehmen: entsprechen die aktuellen Regelungen dem zeitlichen Rahmen, den Kunden und Mitarbeiter wünschen? Welche Teilzeitregelungen sind denkbar? Wieviel Home-Office wollen Sie zulassen? Macht die Einführung von Arbeitszeitkonten Sinn? Muss im Zuge der Automatisierung von Ablaufprozessen der Schichtplan angepasst werden? Usw.
- Da all diese Fragen neben der Arbeitsorganisation und dem Servicelevel auch jede Menge gesetzliche geregelte und/oder mitbestimmungspflichtige Aspekte betreffen, empfehle ich Ihnen, auf die externe Expertise eines spezialisierten Beraters zurückzugreifen.

Mit derartigen Maßnahmen fördern Sie die übergreifende Kooperation und ermöglichen es, auf verschiedenen Organisationsebenen »einen Blick von außen« auf das eigene Unternehmen zu werfen. Dieses Heraustreten aus dem Arbeitsalltag nimmt Tempo aus der Organisation und sorgt für ein neues Verständnis von Effizienz: Sie und alle Mitarbeiter kommen weg von hektischen Reaktionen hin zu gezielten Aktionen. Überdies führen derartige Entschleunigungsmaßnahmen über längere Zeit zu einem konstruktiven Miteinander. Und das ist es, worauf es künftig vermehrt ankommt: so wie die Digitalisierung für unternehmensübergreifende Vernetzung steht, so gilt es eine kooperative menschliche Zusammenarbeit zu fördern.

ULRIKE REICHE

Ulrike Reiche berät seit 2004 Unternehmen zu wirkungsvollen Entschleunigungsstrategien und modernen Arbeitskonzepten. Manager und Führungskräfte lernen von ihr, wie sie auch unter Höchstbelastung dauerhaft leistungsfähig bleiben und ihre persönlichen Kraftquellen nutzen.

Aufgrund ihrer sechs Bücher gilt Ulrike Reiche als ausgewiesene Expertin für Entschleunigung. Derzeit arbeitet sie an einem Grundlagenbuch über dieses Thema und veröffentlicht regelmäßig Interviews mit erfolgreichen Unternehmern und Wissenschaftlern.

Ulrike Reiche führt berufsbezogene Seminare und Retreats durch, als Moderatorin und Speakerin steht sie bei Veranstaltungen auf der Bühne.

www.ulrikereiche.de

Vom Glück, im Leben schon mal durchgeschüttelt worden zu sein

INA REISEL

Zu allen Zeiten waren Menschen Veränderungen ausgesetzt und in unterschiedlichem Maße in der Lage, mit ihnen umzugehen. Heute, da wir in Deutschland und großen Teilen Europas seit Jahrzehnten weitgehend über die Freiheit verfügen, aus unzähligen Möglichkeiten schöpfen zu können, erleben wir wieder, dass selbstverständlich Geglaubtes zunehmend infrage gestellt wird. Unabhängig von individuellen Lebensthemen scheint unser westliches Weltbild, und die vermeintliche Sicherheit und Stabilität, zunehmend ins Wanken zu geraten. Die Gründe dafür sind vielfältig: Was wird die Zukunft bringen? Und wie können wir lernen, individuell oder kollektiv mit Niederlagen, Rückschlägen und künftigen Herausforderungen besser umzugehen?

Glück ist ein Gefühl auf Zeit

Das vor zwanzig Jahren vom renommierten Trendforscher Matthias Horx gegründete Frankfurter Unternehmen »Zukunftsinstitut« gilt mit seinen Beratern und Forschern als eines der führenden ThinkTanks der europäischen Trend- und Zukunftsforschung. Es hat Megatrends wie beispielsweise Wissenskultur, Urbanisierung, Gesundheit, Mobilität und Silver Society definiert.

Mit dem Wissen, dass Megatrends nicht entwickelt werden, sondern Tiefenströmungen sind, die uns Menschen als Individuum wie auch alle Teile der Gesellschaft langsam, doch grundlegend und nachhaltig beeinflussen, wird klar, warum es als »Glück« empfunden werden kann, wenn wir nach Enttäuschungen, und mehr noch, nach Schicksalsschlägen und tiefen Lebenskrisen zu neuer Stärke kommen. Die Zeiten klar umrissener Lebenspläne mit jahrzehntelanger Festanstellung beim gleichen Arbeitgeber oder vorskizzierter Karrieren sind ebenso vorbei wie strenge Vorgaben in privaten Themenbereichen. Fach- oder Führungskarriere? Mehr Erwerbsleben oder soziale Arbeit? Beruf oder Familie? Beruf und Familie? Single-Dasein? Paarbeziehungen oder Polyamorie? Sexuelle Präferenzen? Häuschen im Grünen? Wo leben? Unterschiedlichste Lebensmodelle schließen sich nicht aus, sondern ergänzen sich. Und doch wird die Zukunft nicht spannungsfrei. In allen Lebensbereichen wird es massive Veränderungen geben. Umso wichtiger ist es, dass wir als einzelnes Individuum wie auch als soziales Gebilde in Form von Unternehmen oder Gesellschaft (weitere) Flexibilität und Bewusstheit entwickeln, und Verantwortung übernehmen. Dabei ist der Spagat zu schaffen, gleichzeitig zeitlich flexibel zu agieren, um handlungsfähig zu sein wie auch achtsam und umsichtig vorzugehen, um langfristig den Anforderungen standhalten zu können. Die jeweils zunehmende Informationsflut und Fülle an Möglichkeiten wie auch das Tempo der Entscheidungs- und Lebenszyklen bringen eigene Herausforderungen mit sich. Eine Versicherung für alle Unwägbarkeiten des Lebens, die sich so manch sicherheitsliebender Mensch wünschen mag, wird es nicht geben können. Letztlich bedeutet aber Leben nicht, lediglich den Widrigkeiten des Lebens gegenüber gewappnet zu sein, sondern vielmehr das Leben mit Sinn und Genuss zu (er) leben. Wir sind unser Glückes Schmied – und zwar jeden Tag aufs Neue.

Für individuell empfundenes Glück, aber auch für Resilienz, wie die Widerstandsfähigkeit in der Wissenschaft unterschiedlicher Disziplinen genannt wird, gibt es keine Patentrezepte für jeden und für alle Zeiten. Was aber unumgänglich scheint, ist, dass jeder Einzelne Verantwortung für seinen Einflussbereich übernimmt. Seit vielen Jahren begleitet mich das Gedicht eines unbekannten Verfassers: »Glück ist ein Gefühl auf Zeit, man kann es nicht erzwingen. Wer Gutes tut, der findet's leicht – in vielen kleinen Dingen.« Für mich ist es ein Schlüssel zur Selbstmotivation in scheinbar aussichtslosen Situationen wie auch die Erinnerung daran, dass Glück weder eine Konstante noch im Außen zu finden ist. Was das »Gute« ist, ist im Einzelfall herauszufinden.

Resilienz wird in der Physik als Begriff der Materialforschung für hochelastische Werkstoffe verwendet, die nach jeder Verformung wieder ihre ursprüngliche Form annehmen; Verhaltensforscher adaptierten den Begriff für emotionale Stärke, die dazu verhilft, sich von Stress, Krisen und Schicksalsschlägen nicht brechen zu lassen, ist in Katharina Mehrleins autobiografischem Ratgeber »Die Bambusstrategie – Den täglichen Druck mit Resilienz meistern« zu lesen. Sie selbst skizziert die Metapher eines Perlentauchers: Mit dem Kopf unter Wasser und der Gabe, Wertvolles zu entdecken.

Die Anlässe, die Menschen »aus der Bahn werfen« und die Zeit, die sie benötigen, um zu vormaliger oder neuer Stabilität zu kommen, sind von verschiedenen Kriterien abhängig. So beeinflusst u. a. die jeweilige Persönlichkeitsstruktur die Regenerationsfähigkeit sowie auch soziale und interkulturelle Besonderheiten miteinfließen.

In der Persönlichkeitsforschung stellen seit Jahren die »Big Five« einen allgemeinen Konsens dar und finden weitgehende Anerkennung und Anwendung. Die »Big

Five« Persönlichkeitsmerkmale fassen die fünf Dimensionen zusammen, auf die sich Wesensmerkmale von Menschen empirisch belegbar zurückführen lassen. Sie entstanden in ihren Grundzügen in den 1930er Jahren, wurden von verschiedenen Psychologen adaptiert und finden seit den 1980er Jahren mit dem NEO-FFI Persönlichkeitsmodell der US-amerikanischen Psychologen Paul Costa und Robert McCrae Anwendung. Man ging bisher davon aus, dass sich Persönlichkeitsmerkmale jeweils etwa zu 50 Prozent aus Vererbung (Heribilität) und Umwelteinflüssen zusammensetzen. Neuere Zwillingsstudien zeigen jedoch, dass die Gene weit größere Anteile (bis zu zwei Drittel) an den Persönlichkeitsmerkmalen haben. Hinsichtlich der Umwelteinflüsse ist es z. B. nicht entscheidend, als Mitglied in der gleichen Familie aufzuwachsen, sondern findet Prägung stärker durch die individuell erlebte Umwelt statt. Die Big Five Persönlichkeitsmerkmale sind auch unter dem englischen Apronym OCEAN bekannt.

Mögliche Ausflüchte Einzelner, warum man selbst sich nicht verändern könne, helfen nicht. Resilienz ist kein angeborenes Phänomen, das man in die Wiege gelegt bekommen hat. Das menschliche Gehirn verfügt bis ins hohe Alter über neuronale Plastizität wie umfassende Forschungen belegen. Neurowissenschaftler haben nachgewiesen, dass bestimmte Fähigkeiten, wie eben auch Resilienz, sich jederzeit neu- und weiterentwickeln lassen. Und dies gerade in Zeiten besonderer Beanspruchung bzw. im reiferen Alter. Die Synapsen im Gehirn bilden sich durch intensive Nutzung (Wiederholung) besonders aus, bzw. veröden bei Nichtgebrauch. Sie sind also durchaus trainierbar und adaptierte Wiederholungsschleifen machen (uns) stärker. Das menschliche Gehirn ist nicht nur in der Lage, ständig und im fortgeschrittenen Lebensalter neue Synapsen zu bilden, um bisher nicht Gekanntes aufzunehmen und zu verarbeiten. Vielmehr ist es in der Lage, wenn nötig, ganzen Hirnrealen neue Aufgaben zuzuweisen. Dies ist insbesondere auch wichtig für Menschen, die aufgrund von Unfällen oder schweren Erkrankungen Hirnschädigungen zu verzeichnen haben. Also quasi für jeden von uns. Wer kann schon ausschließen, irgendwann einmal einen Unfall zu haben oder aufgrund angeborener Dispositionen zu erkranken? Ein »Schlaganfall« beispielsweise, unter dem eine Vielzahl von unterschiedlichen Krankheitsbildern wie Hirnblutungen oder Hirninfarkte unterschiedlicher Ursachen zusammengefasst wird, stellt eines der höchsten Risiken für im Erwachsenenalter erworbene Behinderungen dar. Gesellschaften, in denen Menschen aufgrund heutiger Lebensbedingungen und Therapiemöglichkeiten weiterhin eine stark steigende Lebenserwartung vorweisen können, sollten vor solchen Realitäten nicht die Augen verschließen. Jedes Jahr erkranken allein in Deutschland 270.000 Menschen daran. Dies betrifft Erwachsene jeglichen Alters ebenso wie Kinder, Babys, Ungeborene. Neben Herz- und Krebserkrankungen ist dies die dritthäufigste Todesursache in Deutschland. Nach Angaben der *Stiftung Deutsche Schlaganfall-Hilfe* verstirbt jeder fünfte Betroffene innerhalb der ersten vier Wochen, über 37 Prozent während des ersten Jahres. Über die Hälfte der

Betroffenen bleibt auch ein Jahr nach dem Vorfall behindert und ist auf fremde Hilfe angewiesen. Je nach Grad der Behinderung kann dies das Ende der Erwerbstätigkeit und Teilhabe am sozialen Leben bedeuten, doch muss es keinesfalls so sein. Durch meine mehrjährige aktive Mitarbeit in der Moderation einer virtuellen Schlaganfall-Selbstgruppe mit mehreren Tausend Mitgliedern, die Erkrankten und deren Angehörigen eine Plattform für Information und Austausch bietet, habe ich Einblick in unzählige Lebenswirklichkeiten bekommen, die sich allein durch diese Erkrankungen von einen Moment auf den anderen verändern können. Sie ließen mich nachdenklich und demütig werden. Eine Reihe dieser Gruppenmitglieder engagiert sich heute aktiv und mit großem Engagement in der Aufklärungsarbeit, in der individuellen Schlaganfall-Prophylaxe o. ä. Manche nutzen seit ihrer Verrentung ihre im Berufsleben erworbenen Kompetenzen oder ihre weitreichenden Netzwerke in Politik und im Gesundheitssektor. Andere haben den Schlaganfall als Wendepunkt in ihrem Leben erfahren und haben ihrer bisherigen Arbeitswelt aus freien Stücken den Rücken gekehrt, um heute als spezialisierter Coach, Heilpraktiker oder Hundetrainer wirken zu können.

Berufsgruppen, die helfend, beratend, begleitend oder therapeutisch tätig sind, wie beispielsweise Seelsorger, Pflege- und Einsatzkräfte oder solche, die mit Führungsaufgaben verbunden sind, bekommen es laufend vor Augen geführt, was teils unvorhersehbare Schicksalsschläge im Leben von Menschen bewirken können. Sie selbst sind ebenso wenig davor gefeit wie andere Menschen auch. Feuerwehrleute können ebenso Opfer von Bränden in den eigenen vier Wänden werden wie Polizisten kriminelle Übergriffe im Privatleben erfahren können. Ärzte wiederum können eigene Erkrankungen nicht ausschließen (auch wenn sie sie teils ebenso erfolgreich wie andere Patienten auszublenden vermögen) und Juristen können unverschuldete Rechtsstreitigkeiten nicht vollends vermeiden.

Würden Sie einem seriös ausgebildeten Unternehmens- oder Finanzberater vertrauen, der selbst einmal in der Situation war, Insolvenz anmelden zu müssen? Ich selbst würde diese Frage mit Ja beantworten. Allerdings bekomme ich durch meine Arbeit auch Einblick in die Lebensgeschichten von eben solchen Menschen.

Ein Finanzberater mit Schulden – ist so jemandem zu trauen?

Bereits im Alter von zweiundzwanzig Jahren wagte der charmante Endfünfziger – nennen wir ihn Walther, der mit Charme, stilvollen Umgangsformen und gepflegtem Auftreten auffällt –, den Schritt in die Selbstständigkeit. Binnen weniger Monate erarbeitete er sich innerhalb der Versicherungsgruppe eine führende Position im internen Ranking. Im Rückblick: Er hat 136 eigene Mitarbeiter aufgebaut, 1500 Mitarbeiter persönlich in unterschiedlichen Themengebieten geschult, 36 Mitarbeiter für Kollegen im Osten fachlich und persönlich entwickelt. Die verein-barte, ohnehin nur gerin-ge Umsatzbeteiligung folgte so gut wie nie. Und er unterließ es, für sich einzustehen und seine Honorierung einzufordern. Dass die von ihm seinerzeit ausgebildeten und unterstützten Mitarbeiter heute überwiegend in gehobenen Führungspositionen gro-ßer Versicherungsunternehmen agieren, lässt ihn zumindest sicher sein, dass er gute Arbeit geleistet hat. Auch der umsichtige Umgang mit einem suchterkrankten Haupt-ansprechpartner im Versicherungskonzern ist etwas, was er selbst hoch anerkennt – das Resultat früher Erfahrungen. Seine (vorläufige) wirtschaftliche Bilanz der beruf-lichen Selbstständigkeit sah folgendermaßen aus: Im Laufe von rund fünfundzwanzig Jahren hatte sich ein erheblicher Schuldenberg aufgebaut, der ihn trotz diverser Pri-vatkredite auf Vertrauensbasis und mit lukrativer Verzinsung schließlich den Schritt in die Privatinsolvenz gehen ließ. Für sein Umfeld kam dies überraschend: teils, weil nicht auf ihn und seine Themen geachtet wurde, teils weil er immer ein Faible und Händchen für das gute Leben hatte. Er trat nach außen immer souverän auf. »Ich sah nie wie ein Hungerleider aus.« Seine Schulden entstanden nicht durch Luxus und Ver-schwendung, wie manch einer vielleicht vorschnell meinen könnte, und sein Auftre-ten war keine Show. Vielmehr hatte er nie die notwendige Fähigkeit zur anhaltenden Selbstfürsorge entwickelt und seine übergroße Verantwortungsbereitschaft beinhal-tete auch die Übernahme von Verbindlichkeiten anderer – geliebte Menschen, die dies für ihre Zwecke zu nutzen wussten.

Auf meine initiale Frage, was ihn im Leben schon mal so richtig durchgeschüt-telt hätte, gewährte Walther mir vertrauliche Einblicke in Privat- und Berufsleben. Er begann seine Schilderungen schmunzelnd und in seiner überlegten Art mit der Aus-sage: »Ich war wohl schon als Kind ein Sonderling.« Tatsächlich fiel er im Kindergar-tenalter in seiner Heimat, einer Kleinstadt im Badischen, durch seine besondere Af-finität zu korrekter, stets sauberer Kleidung auf. Selbst in den späten 1950er, frühen 1960er Jahren war es ungewöhnlich, dass ein Kind dieses Alters im Hoch-sommer freiwillig Nylonhemden und Krawatten trug. Schon damals hatte er einen starken Wil-len, der auch nicht durch die teils strengen Erziehungsmethoden des Vaters gebrochen werden konnte. Er saß es buchstäblich aus, wenn ihm zum Beispiel verhasste Lebens-mittel aufgedrängt wurden. Während der Grundschulzeit kämpfte er um Anerken-nung, indem er den Klassenkasper gab. Wie andere Mitschüler Kräfte durch Raufen zu messen, lag ihm fern. Kam er nicht drum rum, sich – von anderen gepackt – behaup-ten zu müssen (was häufiger vorkam), gab er sein Bestes. Fähigkeiten wie sämtliche Fluchtwege durch den Wohnort zu kennen und schnell zu sein, kamen ihm regelmäßig zugute. Das heimische Familienleben wurde maßgeblich durch den nach außen hin an-gesehenen Vater und dessen strenge Ansichten geprägt. Als engagierter Gewerkschaf-ter und talentierter Handwerker bei einem großen Industrieunternehmen verbrachte er die wenige Freizeit überwiegend in der privaten Autogarage, wo er immer etwas zu tun fand. Die Mutter hingegen, die Wert auf Stil und Kultur legte, litt darunter, familienbedingt das Großstadtleben mit seinen Möglichkeiten, hinter sich gelassen zu haben. Als Zeichen der Rebellion genoss sie das Image der rauchenden Frau, was für eine starke Asthmatikerin vielleicht schon als ein erstes Zeichen von Selbstzerstörung zu werten wäre. Zu einer billigend in Kauf genommenen, sich aufbauenden multiplen Medikamentenabhängigkeit entwickelte sie im Laufe der Jahre eine Alkoholabhängigkeit. Walther hatte als Ältester von drei Kindern die Hauptlast im Spannungsfeld zwischen familiärer Realität und aufrechtzuerhaltender Fassade nach außen, zu tragen. Auch war er es, der versuchte, die harte Realität vor dem Vater bestmöglich zu verbergen. War die Mutter abends aufgrund ihres Alkoholkonsums und Tablettenmissbrauchs nicht mehr ansprechbar, war er es, der die Vorratsdosen durchsuchte und die versteckten Abführmittel vernichtete oder Leerflaschen entsorgte. In einem Klima von aggressiver Spannung, die sich regelmäßig durch Übergriffe mit dem Teppichklopfer entluden, besaß er trotz allem die moralische Größe und mentale Kraft, sich schützend vor die Mutter zu stellen. Verantwortung für andere zu übernehmen, was in seinem Fall Glück und Fluch zugleich war, zog sich seit seinem zehnten Lebensjahr wie ein roter Faden durch sein Leben: Während der Pubertät verhinderte er Suizidversuche gleichaltriger Freunde, übernahm nach einem alkoholisierten Fahrradunfall mit Beckenbruch die mehrmonatige Krankenpflege für die verunglückte Mutter. Elterliche Liebe und Anerkennung gingen dennoch an ihm vorbei und galt ausschließlich den beiden jüngeren Geschwistern. Obwohl ihm das Erlernen eines Instruments letztlich nur durch die Gunst und Sparsamkeit des Vaters zuteilwurde, weil der Bruder die geschenkte Flöte nicht links liegen ließ, eröffnete ihm dies die wohl intensivste Verbindung zum Vater. Es folgten Jahre gemeinsamen Musizierens in einem Posaunenchor. Walther sagt von sich, dass er in diesen Jahren gelernt hätte, Parallelleben zu führen: ein schönes und ein trauriges. Das schöne Leben beinhaltete u. a. das Abtauchen in die Welt der »Winnetou«-Romane von Karl May und die Erinnerungen und die Vorfreude auf die regelmäßig gemeinsam verbrachte Zeit mit der 400 Kilometer entfernt lebenden Großmutter. Wenngleich sie ahnte, doch sich nicht einmischte, war sie ihm eine Stütze. Ab seinem sechsten Lebensjahr genoss er gemeinsame Zeit und Urlaube in der Schweiz mit der strenggläubigen Witwe und deren Freundeskreis gleichen Alters. Durch den Einfluss älterer Menschen wurde er in seiner Sprachentwicklung und seinen Umgangsformen rasch gefördert, und sein ohnehin bereits gehobener Kleidungsstil weiter forciert. Seine schulischen Leistungen führten zu zweimaligem Wiederholen von Gymnasialklassen und erst ein umzugsbedingter Wechsel auf eine Realschule brachten ihm gute Schulnoten ein. Diese und sein reifes Auftreten ermöglichten ihm später den Zugang zu einer Ausbildung als Bankkaufmann.

Was hatte ihn die schweren Jahre seiner Kindheit und Jugend überstehen lassen? Walther sagt von sich, dass er immer in einer fröhlichen Grundstimmung war, was er selbst als Geschenk ansähe. Hinzu kam seine immerwährende Überzeugung: »Ich schaffe das!« Welche Kompetenzen hat er durch diese Erfahrungen entwickeln können? Walther sagt dazu: »Übernahme von Verantwortung für andere, zum Beispiel durch Lösungen für finanzielle Probleme anderer, meine Fähigkeit, früh Stimmungen und Energien wahrzunehmen oder auch meine Fähigkeit, Parallelleben zu führen (wörtlich: »ein trauriges wie ein schönes Leben«), eine Vermittlerrolle einnehmen zu können.«

Mit dem Wissen um seine Jugend und um die Situation der gerade zurückliegenden Jahre, hofft man beim Lauschen seiner Ausführungen, dass ihm trotz all dieser Widrigkeiten ein glückliches Liebes- und Familienleben beschert worden ist. Es gab glückliche Phasen unterschiedlicher Dauer; die nach kurzer Beziehung vielleicht zu vorschnell eingegangene Ehe scheiterte jedoch nach sieben Jahren. Wieder wurden Kompetenzen für eigene Zwecke genutzt, seine Persönlichkeit und Bedürfnisse fanden zunehmend weniger Beachtung. Wirtschaftliche Verantwortung für einen Betrieb, der nicht sein eigener war, bei gleichzeitigem Ausschluss in Entscheidungsprozessen und übertragene elterliche Fürsorge für Stiefkinder gipfelten in Selbstaufgabe, Distanz und Kühle. Das Verhältnis zum gemeinsamen Kind unterschied sich darin, doch blieb die Beziehung der beiden nicht ganz unbeeinflusst davon. Ein Vater-Kind-Verhältnis wie er es selbst erfuhr, möchte er seinem Kind ersparen und setzt viel daran, die gute Beziehung zu pflegen. Anerkennung durch seinen Vater für seinen Lebensweg, erfuhr Walther bis heute nicht.

Walther fuhr in späteren Jahren bei seinem Vater mit einem größeren Auto deutschen Herstellers vor. Der Vater, der zeitlebens fest mit einer anderen Marke verbunden war, war auch mit dieser Entscheidung seines Sohnes nicht einverstanden. Sein lapidarer Kommentar »Wenigstens ist es ein deutsches Auto« klingt Walther noch heute in den Ohren. Man kann es als Anflug von Wertschätzung Man kann es als Anflug von Wertschätzung deuten, weiß man um die Besonderheiten dieses hochbetagten, schwäbischen Handwerksmeisters aus der Automobilindustrie.

Danke, Walther! Dafür, dass du mir diese vertraulichen Einblicke in deinen Werdegang und dein Innenleben gewährt hast, und uns mit diesem Geschenk die Möglichkeit gibst, innezuhalten und unsere eigene Lebenswirklichkeit und Verhaltensweisen zu hinterfragen.

Unabhängig davon, wie selbstbestimmt oder organisiert unser eigenes Leben verläuft, sind wir nicht sicher davor, selbst Krisen aufgrund gravierender Einschnitte im Leben unserer Mitmenschen zu erfahren. Abgesehen von Menschen mit diagnostizierbaren schweren Persönlichkeitsstörungen sind wir soziale Wesen, die trotz mancher zur Schau getragenen Fassade, über Gefühle und Emotionen verfügen. In der Regel lassen sie sich nicht dauerhaft verdrängen und melden sich zuweilen zu ungünstiger Zeit mit unerwarteter Vehemenz.

Doch nicht nur unangenehme Ereignisse können uns vorübergehend oder dauerhaft aus der Bahn werfen. Grundlegend einschneidende positive Erfahrungen bringen nicht selten ebenso starke Veränderungen mit sich. Sie selbst können zu Stressoren werden, wenn das Umfeld oder wir selbst zu hohe Erwartungen stellen. Zu diesen zählen beispielsweise:

Eine neue Liebe, Hochzeiten, Geburten, Karrieresprünge, sozialer Aufstieg, Erfolg, Anerkennung, Lotteriegewinn, Umzüge.

Wie kann man wieder lachen wollen, wenn ...?« Diese Frage habe ich mir früher selbst immer wieder gestellt, wenn ich von Schicksalsschlägen Anderer hörte oder wenn das Leben es mal nicht gut mit mir meinte. Heute frage ich mich dies nicht mehr. Ich weiß, dass es funktionieren kann. Nicht jede Krise lässt sich weglachen oder ist schnell überwunden. Es wäre häufig auch gar nicht empfehlenswert. Doch sich bewusst zu machen, dass uns Abschiede und Neuanfänge ein Leben lang begleiten, ob wir uns dagegen wehren oder nicht, kann diese Lebensphasen zumindest ein Stück leichter werden lassen. Und wer weiß schon, welches »Glück« auf uns warten mag.

> *»Beachte immer, dass nichts bleibt wie es ist, und denke daran,*
> *dass die Natur immer wieder ihre Formen wechselt.«*
> Marc Aurel, römischer Kaiser und Philosoph

Quellenverzeichnis

Berndt, Christina, Resilienz, Das Geheimnis der psychischen Widerstandskraft, Was uns stark macht gegen Stress, Depressionen und Burnout. dtv Verlagsgesellschaft 2017

Fields Millburn, Joshua; Nicodemus, Ryan, Minimalismus, Der neue Leicht-Sinn. GU Gräfe und Unzer 2018

Maehrlein, Katharina, Die Bambusstrategie, Den täglichen Druck mit Resilienz meistern. Gabal 2012

Vester, Frederic, Denken, Lernen, Vergessen. dtv, 1978, 30. Auflage 2004

www.schlaganfall-hilfe.de, zuletzt abgerufen: 28.06.18, 15.30 Uhr

www.zukunftsinstitut.de/dossier/megatrends, zuletzt abgerufen: 28.06.18, 14.00 Uhr

www.zukunftsinstitut.de/artikel/slow-management-achtsam-macht-erfolgreich, zuletzt abgerufen: 28.06.18, 15:00 Uhr

INA REISEL

Ina Reisel ist im deutsch- und englischsprachigen Raum eine gefragte Führungs- und Karriere-Coach sowie Potenzial-Entwicklerin. Auf Basis solider kaufmännischer Aus- und Weiterbildung sowie akademischer Fortbildung bewegt sie sich seit rund dreißig Jahren in deutschen und internationalen Wirtschaftsunternehmen. Sie selbst sagt von sich, dass sie wiederholt vermeintlich zur falschen Zeit am falschen Ort gewesen zu sein schien. In der Retrospektive möchte sie keine ihrer eigenen und begleiteten beruflichen und persönlichen Ups & Downs missen, haben sie sie doch als Mensch und Beratende reifen lassen und die Basis für ihre heutigen Erfolge bereitet. www.ina-reisel.com

Was habe ich mit mir zu tun?

DENISE RITTER

Mit wenigen Fragen gelingt es Denise Ritter, den Leser /die Leserin mit sich selbst zu konfrontieren. Sie regt dazu an, die persönlichen Bezüge zum Thema Verantwortung zu reflektieren, und zu neuen Erkenntnissen über sich als selbstverantwortlichen Menschen zu kommen. Wo liegen meine Herausforderungen, wo gibt es Reibungspunkte und Widerstände? Weshalb lohnt es sich überhaupt für mich, Verantwortung zu übernehmen? Denise Ritter motiviert den Leser, neue Ansätze zu finden, die ihm ermöglichen, auch in Spannungsfeldern selbstbestimmt und frei zu agieren.

Impulse zur Selbstreflektion

Da dieses Buch zu Ihnen gefunden hat, gehe ich davon aus, dass Sie sich mit dem Thema Verantwortung aktiv beschäftigen und zu neuen Einsichten und Ideen über ihren Umgang mit Verantwortung kommen möchten. Ich freue mich, wenn Sie neugierig geworden sind. Lassen Sie uns den Stier deswegen gleich bei den Hörnern packen! Mich interessiert: was bedeutet Verantwortung für Sie persönlich? Wo bemerken Sie bei sich selbst offene Fragen, Schwierigkeiten oder Unsicherheiten, wenn es um dieses Thema geht?

Ob Sie sie wollen oder nicht, ob sie Ihnen bewusst ist oder nicht, ob Sie ihr aktuell nachkommen oder Sie in irgendeiner Weise umgehen – Sie haben sie: die Verantwortung! Herzlichen Glückwunsch! Wir alle haben sie. Mehr oder weniger. In verschiedenen Bereichen. Aktiv oder passiv. Allein oder zusammen. Immer. Irgendwo.

Ich meine, es braucht nicht unbedingt einen Coach, um sich dem Thema zu nähern. Wichtig ist, sich selbst diesbezüglich gute Fragen zu stellen und ehrliche Antworten zu geben. Auch wenn es vielleicht simpel klingt: Wer konkret über sein Verhältnis zur Verantwortung nachdenkt, ist schon auf dem richtigen Weg. Er übernimmt in diesem Moment bereits persönlich Verantwortung.

Ich möchte Sie hier anregen, Ihre persönlichen Bezüge zu reflektieren:

- Welche Bereiche sind mir in puncto Selbstverantwortung wichtig? Lebenssinn, körperliche und psychische Gesundheit, finanzielle Absicherung, Selbstausdruck, lebendige Beziehungen?
- In welchen Systemen oder Kreisen habe ich persönlich Verantwortung? Im Unternehmen, in der Familie, im Gemeinwesen, im Globalen?
- Welche Arten von Verantwortung habe ich? Materielle, personelle, pädagogische, ideelle?
- Wie weit reicht mein Verantwortungsbereich? Wo fängt er an, wo hört er auf?
- Wo bin ich allein verantwortlich? Wo sind wichtige Schnittstellen, Bereiche oder Zuständigkeiten geteilt?
- Stichwort Commitment: Wo trage ich selbstverständlich oder vielleicht sogar leidenschaftlich Verantwortung, wo eher mit Unlust, Ambivalenzen und Widerstand?
- Wo erlebe ich derzeit Konflikte oder Unklarheiten? Wo wünsche ich mir eine Veränderung?

Es gibt unzählige Fragen, die Sie sich stellen können. Ich erarbeite mit meinen Klienten im Einstieg gerne eine sogenannte »Verantwortungsmatrix«, die die Vielschichtigkeit und die Komplexität der persönlichen Verantwortung berücksichtigt und widerspiegelt. Allein das umfängliche sich Bewusstmachen und Bewusstwerden der eigenen Verantwortung ist schon äußerst klärend und wertvoll. Im Zuge dessen zeigen sich auch die persönlichen Baustellen. Verantwortung lässt sich ausdehnen, zurücknehmen, teilen, begrenzen, neu definieren, konsequent gestalten. Ebenso komplex wie die Möglichkeiten sind auch die Schwierigkeiten, würdig mit ihr umzugehen.

Jeder von uns hat eine ganz bestimmte Eigenart und Charakteristik, wenn es um Verantwortung geht. Ich habe Klienten, die haben keinerlei Schwierigkeiten im unternehmerischen Sektor weitreichende Verantwortung zu übernehmen, im Familiären und Privaten dagegen umso mehr – und umgekehrt. Andere engagieren sich außerordentlich erfolgreich im Bereich der globalen Verantwortung, im Gemeinwohl und im Umweltschutz, sind aber nicht in der Lage, ihr eigenes Leben vor schädlichen Stoffen und Einflüssen (z.B. Tabak) zu schützen – und umgekehrt. Und wieder andere kommen mit sich selbst gut zurecht, sind aber mit der Welt um sich herum ständig im Krieg.

- Wie sieht es bei Ihnen aus?
- Was ist Sie für ein »Verantwortungsmensch«?
- Wo tragen Sie gut und gerne Verantwortung, und wo ist es Ihnen eher ein Graus?
- Wo sind Ihre Reibungspunkte?

Bitte seien Sie ehrlich zu selbst! Nur wenn Sie ihre typischen, charakteristischen Verhaltensweisen kennen, um mit Verantwortung umzugehen – oder eben nicht – und Sie diese als solche akzeptieren können, können Sie sie überhaupt erst neu ausrichten und in andere Richtungen weiterentwickeln.

Verstecken Sie ihre verantwortungslosen und überverantwortlichen Seiten nicht. Sie sind menschlich! Wir alle haben sie, und sie verweisen darauf, wo wir noch nicht frei, noch nicht vollkommen oder unverhältnismäßig verantwortlich sind und noch etwas zu tun haben. Außerdem wird Verantwortung in unserer Gesellschaft, die sich so rapide verändert und ständig weiterentwickelt, immer größer geschrieben: in Unternehmen, in der Elternschaft, im Sport, bei der Ernährung, dem Konsumverhalten ... Wo sind Ihre Baustellen?

Zu viel oder zu wenig?

Die große Kunst ist wohl, das richtige Maß zu finden. Störungen und Konflikte treten auf, wenn wir ein Übermaß an Verantwortung zeigen, sie schleifen lassen oder uns davor drücken. Klingt logisch, ist in der Praxis aber oft schwierig.

Wer für alles verantwortlich sein will und sich zu viel ans Bein bindet, läuft Gefahr, auszubrennen und macht sich auf Dauer unbeliebt. Wer sich für nichts verantwortlich fühlt und manches gerne übersieht, hat vielleicht wenig Arbeit, wird aber von anderen leicht überrannt und an wichtigen Entscheidungsprozessen oft nicht mehr beteiligt. Wer niemals Verantwortung tragen und sich in einer Rolle oder Aufgabe eigenmächtig und selbstwirksam fühlen darf, weil er von außen über ein verträgliches Maß hinaus beschränkt oder reguliert wird – seien es Mitarbeiter oder Kinder – verliert an Selbstbewusstsein und Selbstwert. Vergleichbar ist es mit zu hoher Verantwortung. Wer beständig zu viel Verantwortung zu tragen hat oder ihr nicht gewachsen ist, erlebt echten Stress und wirft irgendwann entweder das Handtuch oder wird krank. Dauerzustände dieser Art können zu Depressionen, Ängsten, Süchten und anderen Störungen und Erkrankungen führen.

Es lohnt sich also, die eigenen Verantwortlichkeiten zu überprüfen und neu zu regeln. Verantwortung bedeutet, sich innerhalb eines (Werte -)Gefüges oder Systems zu verorten und die eigene Position deutlich zu machen. Wer so Verantwortung übernimmt, wird selten einfach verschoben und lässt sich auch nicht beliebig an eine andere Stelle versetzen. Wer selbstbewusst und erkennbar für sich sorgt, schützt sich vor schädlichen Ein- und Übergriffen von außen. Er festigt seine Position und wird als (Selbst -)Verantwortlicher wahrgenommen und respektiert.

Wo mehr und wo weniger?

Unternehmer und Führungskräfte haben häufig Schwierigkeiten Verantwortung abzugeben, zum Beispiel dann, wenn sie sich in einer Start-up-Phase oder einer starken Wachstums- oder Umbruchsperiode befinden. Für sie ist es oft eine enorme Herausforderung, ein Gleichgewicht zwischen ihrer persönlichen Kraft, ihrer unternehmerischen Pflicht und ihrem Grad an Einfluss herzustellen. Doch wenn sie erkannt haben, dass sie selbst in bestimmten Bereichen wirklich keine oder nur noch begrenzt Verantwortung nehmen können, und dass ein starres Festhalten daran der eigenen Gesundheit oder dem Erfolg des Unternehmens sogar schaden würde, können sie sich mit Alternativen anfreunden. Sie können zum Beispiel jemanden einsetzen, der bestimmte Aufgaben übernimmt oder zeitweise vertritt. Auch das ist verantwortliches Handeln.

Unternehmer müssen oft lernen, an den richtigen Stellen Verantwortung zu übernehmen und abzugeben. Die Passung und das Verhältnis müssen stimmen: Wer sich ständig zu sehr einmischt, wird und wirkt schnell übermächtig – wer sich zu rar macht oder keinen Posten bezieht, wird überflüssig.

Im urbanen Coaching arbeite ich gern mit dem Bild einer Stadt, in der ein hohes Verkehrsaufkommen herrscht und viele Güter zu verschiedenen Zielpunkten gebracht werden müssen. Wenn Sie als Verantwortlicher an zu vielen Stellen Ampeln, Kontrollen und Tempolimits errichten, wird das den Verkehrsfluss erheblich behindern. Wenn Sie zu wenige Beschränkungen und Kontrollpunkte setzen, kommt es zum Chaos.

Es geht also um eine differenzierte Betrachtung und sensible Regulation.

Wenn Sie auf Ihre »Verantwortungsmatrix« schauen, so können Sie sich fragen:

- Wo herrscht bei mir ein Ungleichgewicht?
- In welchen Bereichen müsste oder könnte ich meine Verantwortung besser regulieren?
- Wo möchte ich mich stärker einbringen und engagieren, wo möchte ich mich eher zurücknehmen und abgrenzen? Wie könnte das konkret aussehen?

Notieren Sie sich, wo und wie Sie neu Maß nehmen möchten bzw. müssen.

Warum denn ich? Freiwillig?

Wenn es um die Übernahme von persönlicher Verantwortung geht, werden nicht selten bedenkliche Stimmen laut, und es werden manchmal sehr kreative Lösungen und geschickte Ausreden gefunden, um sich ihr in irgendeiner Weise zu entledigen. Unmotivierte Mitarbeiter sind teilweise echte Meister darin. Sätze wie diese stehen dabei ganz oben auf der Tagesordnung: »*Diese Aufgabe kann doch jemand anderes übernehmen*«, »*Dazu bin ich nicht ausreichend qualifiziert, mir fehlt es an Erfahrung*«, »*Ich wüsste da jemanden ...*«, »*Das kann so bleiben!*«, »*Ich finde das unproblematisch*«, »*In meinen Augen ist das kontraproduktiv*«, »*Sollten wir nicht zuerst dies tun und dann erst dazu übergehen.*

In Unternehmen sind die Zuständigkeiten und Aufgaben oft eindeutig geregelt und doch passiert es häufig, dass sich bei bestimmten Arbeiten und Projekten niemand verantwortlich fühlt.

Verantwortung wirkt für viele auf den ersten Blick unattraktiv, denn sie bedeutet oft ein Mehr an Engagement und Investment. Lieber wird eine passive Opferhaltung eingenommen sowie Missstände mit Ohnmachtsbekundungen akzeptiert, als dass aktiv an einer Umgestaltung mitgearbeitet wird. Situationen werden beschönigt als Abwehrstrategien, um selbst nicht handeln zu müssen.

Vielleicht kennen Sie das auch von sich selbst. Verantwortungslosigkeit erscheint zeitweise bequem und erträglich, nicht besonders schädlich, auf jeden Fall nicht allzu aufwendig. Besser man äußert sich nicht, man mischt sich nicht ein und hält sich möglichst im Hintergrund. Man wird niemandem gefährlich und alles verläuft mehr oder weniger in überschaubaren Bahnen. Bloß kein Risiko eingehen, geschweige denn, Gesicht und klare Kante zu zeigen.

Hier widerspreche ich. Falsche Ausreden! Wer so handelt bzw. nicht handelt, hat auf Dauer ganz sicher das höhere Investment. Er verharrt in Scheinfrieden und Scheinfreiheit und lebt im wahrsten Sinne des Wortes selbst-beschränkt. Verantwortung abschieben funktioniert nicht. Man kann nur so tun, als hätte man sie nicht. Ist das auf Dauer nicht ziemlich beschämend und peinlich?

Natürlich sollte man grundsätzlich nur Verantwortung für das (mit)tragen, was man auch langfristig gesehen tragen kann und will. Oft wird aber keine Verantwortung übernommen aus den falschen Gründen.

Unter meinen Klienten haben viele Angst vor der eigenen Selbstwirksamkeit, dem eigenen Erfolg. Andere fürchten sich vor zu viel Autonomie und Einfluss, zweifeln an ihren Ressourcen. Wieder andere gehen Konflikten aus dem Weg und liebäugeln mit unrealistischen Alternativen.

Ganz egal, aus welchen Gründen Verantwortung ausgeschlagen wird, man beraubt sich einer Menge positiver Erfahrungen und bezahlt mit dem persönlichen Wachstum. Man bleibt in seiner Entwicklung stehen oder wird stehen gelassen. Wer über große Zeiträume hinweg verantwortungslos handelt, ist im schlimmsten Fall tatsächlich irgendwann die Verantwortung los: man wird gekündigt, entmündigt, verlassen, schwer krank.

Wesentlich sinnvoller erscheint mir, sich frühzeitig zu fragen, warum es gut und förderlich wäre, in bestimmter Hinsicht eine Chance zu ergreifen, und Verantwortung zu tragen. Natürlich kann es einen Kraftakt bedeuten. Doch wer sich zur Verantwortung entschließt, gestaltet sein Leben aktiv und selbstbestimmt. Er schafft die Grundlage für seinen ganz persönlichen (Lebens-)Erfolg und entwickelt sich eigenmächtig.

Verantwortlich zu sein bedeutet einen persönlichen Standpunkt zu haben und diesen aktiv zu vertreten. Dazu gehört auch unbequem zu sein, Tabus zu berühren, Unangenehmes anzusprechen und Konsequenzen auszuhalten. Es bedeutet Entscheidungen zu treffen und durchzusetzen, auch dann, wenn sie von Mitmenschen nicht gutgeheißen und vielleicht sogar sabotiert werden. Verantwortung kann sogar so weit gehen, dass man selbst Gefahr läuft, auf die Nase zu fallen. Dennoch: Man handelt nach eigenen Werten und Maßstäben und ist in der Lage, eine gesunde Distanz zu schaffen und sich abzugrenzen von Menschen, Aufgaben oder Verpflichtungen, die einem nicht (mehr) entsprechen. Wer verantwortungsvoll handelt, gestaltet seine Lebensbereiche selbst und folgt seiner ganz persönlichen Wahrheit – ein echtes Erfolgskonzept!

- Wo haben Sie sich bisher nicht getraut, voll und ganz Verantwortung zu übernehmen? Aus welchen Gründen?
- Welchen Preis zahlen Sie, wenn Sie sich auch in Zukunft nicht trauen?
- Wie und wo möchten Sie »neu ansetzen«?
- Wie werden Sie schon morgen damit beginnen?

Überlegen Sie sich Strategien für *Ihr* selbstverantwortliches Handeln!

Tue ich noch, was ich will? Will ich noch, was ich tue?

Wenn Sie sich aktuell in einer Phase befinden, in der es Ihnen grundsätzlich schwer fällt, sich in einer persönlichen, beruflichen oder privaten Angelegenheit zu einer eindeutigen Position durchzuringen und sich ambivalent verhalten, kann dies bedeuten, dass Sie Ihr persönliches Warum und Wofür, ihre Wahrheit, nicht mehr präsent haben oder aber, dass sich Ihre Ziele und Bedürfnisse womöglich stark verändert haben und sie Ihre Verantwortlichkeiten komplett überdenken müssen.

Sie haben dann das Gefühl, mehr zu müssen als zu wollen. Sie haben sich selbst dazu verpflichtet, auf bestimmte oder unbestimmte Zeit, bemerken aber zunehmend Unlust und anhaltende Widerstände »ständig am Ball bleiben zu müssen«. Vielleicht denken Sie auch über Alternativen nach und sehen immer mehr Vorteile auf imaginierten, anderen Wegen.

Sie hadern zum Beispiel, ob Sie eine verantwortungsvolle Aufgabe oder Position noch weiter ausführen möchten, oder ob es nicht besser wäre, sich beruflich zu verändern und neu zu orientieren. Oder Sie wissen nicht, ob es Sinn macht, eine langjährige Geschäftsbeziehung zu beenden und neue Kooperationspartnerschaften einzugehen. Vieles ist denkbar und möglich, doch das Hin und Her frustriert.

Klar ist: Es kostet Kraft. Solange Sie sich nicht voll und ganz zu einer Aufgabe, Position oder Person »committen« – und sich in der Folge auch nicht voll verantwortlich zeigen können – leben Sie innerlich und äußerlich im Zwiespalt und fühlen sich in Ihrem Tun weder erfüllt noch ausgefüllt.

Ich bin sicher, wenn Sie das Prinzip der Einfachheit walten lassen, können Sie sich (wieder) auf das einlassen, was für Sie Sinn macht, frei agieren und das tun, was Sie tatsächlich wollen und für stimmig halten.

Manchmal geht es schlichtweg darum, sich noch einmal neu zu committen.

- Was ist Ihre Wahrheit? Wovon sind Sie überzeugt?
- Was ist Ihnen wichtig? Was möchten Sie in der Weiterentwicklung (als Unternehmer, als Familienvater, Freund erreichen?
- Was ist Ihr großes Ziel?
- Was wollen Sie wirklich tun? Was ist für Sie sinnvoll?

Wenn Sie sich mit dem, was Sie wollen und tun, wieder neu verbinden, wird es Ihnen leichter fallen, die Rolle der oder des Verantwortlichen auszufüllen. Sie können sich selbst motivieren. Wer Verantwortung übernehmen will, übernimmt sie auch leichter. Wer will, muss nicht so sehr. Wer etwas nicht will, muss mehr und tut sich schwer. Wem es also nicht gelingt, sich selbst aus guten Gründen zu etwas verpflichten, der will nicht und wird – vor allem wenn es eng wird – immer Schwierigkeiten haben, verbindlich zu handeln und irgendwann frustriert nach Ausflüchten und Ausstiegen suchen.

Darum: Wenn etwas für Sie wirklich keinen Sinn mehr macht, suchen Sie am besten nicht nach tausend Begründungen oder gar nach Schuldigen. Hören Sie einfach damit auf. Etwas, das sich nicht mehr stimmig anfühlt, proaktiv zu beenden und neu zu beginnen ist eine – wenn nicht sogar die größte – Herausforderung und vielleicht das beste Beispiel für gelebte Verantwortung.

Ich bin mittlerweile fest davon überzeugt, dass Verantwortung nur dann und nur dort wirklich gelebt werden kann, wenn Wille, Sinn und Ressourcen zusammenkommen.

Am Ende bleibt immer die Frage: Was habe ich mit mir zu tun?

Die Antwort darauf ist Ihre Verantwortung.

DENISE RITTER

Denise Ritter ist Pionierin und Begründerin des Urbanen Coachings. Sie zeichnet sich durch Spezial- und Intensivausbildungen im seriösen Coaching aus. Sie verfügt über einen wissenschaftlichen und therapeutischen Hintergrund und ist bereits seit Jahren als Coach für Unternehmer(innen), Führungskräfte und entwicklungswillige Privatpersonen tätig. Kernaufgabe ihres bahnbrechenden Ansatzes ist es, kreative Entwürfe und neue Lösungen für ein mutiges und selbstbestimmtes Leben zu entwickeln, und verantwortungsvolle Wege aus blockierenden Konventionen zu finden. Er nutzt das Atmosphärische von Städten, die Einflüsse aus Kunst und Kultur und orientiert sich am Puls der Zeit.

Denise Ritter ist Autorin, schreibt Zeitungs- und Fachbeiträge und etablierte einen Blog, welcher von einer wachsenden Community gelesen wird. Aktuell schreibt sie an einem unkonventionellen Buch über Coaching.

Als Künstlerin verarbeitet, reflektiert und spiegelt sie das Lebensgefühl vieler Menschen.

www.urbanescoaching.de

Anstiftung zum Selbstdenken!

BÉATRICE SCHAFER

Wer wünscht sich das nicht? Sich selbst zu vertrauen und sich selbstbestimmt zu führen?

Der infantile Mensch ist jedoch immer häufiger in unserer Gesellschaft anzutreffen – weit entfernt von Verantwortung tragen. Die Selbsthilfeangebote am Markt verführen Menschen bereits bei kleinsten Alltagsschwierigkeiten, sodass die größte Gefahr darin besteht, dass eigene Denken an andere zu delegieren, und sie sich dabei immer inkompetenter fühlen. Wie gelingt der Sprung, trotz turbulenter Zeiten, in ein selbstbestimmtes Leben?

Der folgende Beitrag dient als Leitfaden und beleuchtet dazu verschiedene Aspekte.

Raus aus der Unmündigkeit in Richtung Eigenverantwortung

Kinder lieben Märchen – Erwachsene ebenso. Märchen und andere Geschichten versuchten einst, uns die Welt näher zu bringen, damit wir Gut von Böse unterscheiden lernen. Disneys Geschichten wie Aschenputtel, Arielle oder Dornröschen entsprachen historisch betrachtet der romantisierten Darstellung überhaupt nicht, sodass ihnen die Realität entzogen und sie konform entschärft wurden. Der Mensch und sein komplexes Gehirn lieben allerdings Romantisierungsgeschichten und streben nach Vollkommenheit. Brüche oder Lücken werden als unschön empfunden. Denken Sie zunächst an die Lücken im beruflichen Lebenslauf, die allzu gerne verheimlicht werden, um sie mit kitschigen Bildern auszuschmücken. Die Angst vor dem Innenleben, bedeckt der Mensch mit bunten Masken und wird für viele Menschen ein stetiger Begleiter und mündet in alltäglich narzisstischen Kriegen, welche am Ende mehr Verlierer als Gewinner hervorbringen. Sehen Sie selbst!

Die Utopie ewiger Jugend, entpuppt sich als Angst vor der eigenen Endlichkeit. Um diese aufrechtzuerhalten, wird vieles in Kauf genommen. Die Kosmetik, sogar die

Chirurgie machen es möglich. Statt dem Alterungsprozess mit Demut, innerer Gelassenheit und einer Prise Humor zu begegnen, bedient man sich Produkten, die nur den Herstellern dienen. Sie verkaufen aber keine Produkte, sondern lediglich Illusionen. Dasselbe versprechen Wunderdiäten, um das schnell erworbene Wunschgewicht zu erhalten. Die Physiologie des Essens zeigt, dass Diäten nutzlos oder nur für eine begrenzte Zeit erfolgreich sind. Die verzerrte Wahrnehmung gegenüber dem eigenen Körper hat genauso einen Einfluss wie die Kultur, in der jeder einzelne aufwuchs. Gezügeltes Essverhalten und erneut belastende Ereignisse führen häufig zu emotionalen Essattacken und letztens zu mehr Übergewicht. Die Kunst liegt im Finden des eigenen Genuss-, Gesundheits- und Individualgewichts, abseits von konventionellen Normen und Klischees.

Dasselbe gilt für die Nachfrage an Entgiftungs- und Entschlackungskuren, die parallel zu einem gesteigerten Körperbewusstsein ansteigen, letztendlich aber nur das Portemonnaie belasten. Eine Tatsache, die Sie dazu veranlassen sollte, das Essverhalten und die eigene Bewegungsmentalität einer gründlichen Reflexion zu unterziehen.

Vor allem in den sozialen Medien werden Menschen unaufhaltsam daran erinnert, dass sie so, wie sie sind, nicht gut genug sind und wenn der »innere Schweinehund« nicht schnellst möglich überlistet wird, sehen sie sich im Licht eines Versagers. Die eigenen Ängste werden somit nicht kleiner, sondern noch größer und die Hürden, die bis dahin zu meistern sind, unüberwindbar.

Sollten Sie durch überdauernde Merkmale bzw. Eigenschaften in Ihrer Persönlichkeit blockiert sein, dann besteht Hoffnung auf Veränderung, denn das Gehirn ist genügend dehnbar, um gewisse Justierungen vorzunehmen. Professionelle Hilfe kann in gewissen Situationen unerlässlich sein, um bei der Entdeckung gewisser »blinder Flecken« zu helfen. In stressigen Lebensphasen sind Menschen in ihren Emotionen leicht manipulierbar und äußerst verletzlich, was die Empfänglichkeit gegenüber Täuschungen durch Scheinkompetenz signifikant erhöht. Verschaffen Sie sich Zugang zur Gedankenwelt des Anbieters, noch bevor sie ihn kontaktieren, denn das digitale Universum bietet für unterschiedliche Recherchen ein breites Spektrum. Bereits die Art und Weise, wie sich manche Menschen in der Öffentlichkeit präsentieren, ist ein erstes Indiz auf das Innenleben. Mit was beschäftigt sich der Mensch vorwiegend? Wo liegt seine Begeisterung? Wenn Sie wissen, was dem Anbieter gute Gefühle verschafft, haben Sie einen weiteren Orientierungspunkt, um eine Entscheidung zu treffen. Ziehen Sie in Betracht, dass eine Persönlichkeit mit Charisma, die mit Eleganz über das Parkett des Lebens tanzt, nicht über Nacht entsteht, sondern, dass es sich um einen in sich dynamischen, wechselseitigen und lebenslangen Prozess handelt. Finden Sie dabei Ihren individuellen Lebensrhythmus.

Im Bereich Beziehungen finden sich ähnliche Phänomene. Zwischen den beiden Polen »Single« und »Ehe« bestehen nämlich unterschiedliche Abstufungen, um das eigene Sexual- und Liebesleben so zu gestalten, dass es zum eigenen Lebensentwurf passt. In Zeiten des Wohlstands macht sich kein Mensch mehr Gedanken darüber, dass er überhaupt die Freiheit hat, auch hier aus(wählen) zu können. Diese Freiheit schürt innere Konflikte, die dann gerne durch einen Psychologen gelöst werden sollen. Ob Generation Single oder Generation Ehe, beides sind Lebensweisen, die nicht passiv sind. Sie bestehen aus Liebe, die von innen heraus gelebt und gepflegt werden wollen. Für alle Welten gilt: Harmoniesucht und Harmonievermeidung sind beides ungesunde Strategien. Die Lösung liegt oftmals zwischen den Polen, denn nicht selten vergessen viele, dass Lebewesen über ein gemeinsames biologisches Erbe verfügen: Ein Organismus beabsichtigt stets sein Gleichgewicht herzustellen. Dass, dies nicht immer einfach ist und gleich gut gelingt, kennt jeder aus persönlichen Erfahrungen. Entstehen Erwartungshaltungen oder gar überflügelte Ansprüche an unser Gegenüber oder an die ideale Vorstellung einer Lebensweise und werden diese dann enttäuscht oder bleiben unerfüllt, kann daraus das Gefühl von Frustration entstehen. Die darauf aufbauende Entscheidung beinhaltet, auch dann ein gutes Leben zu führen, wenn sich Wünsche nicht gleich oder gar nicht erfüllen oder wenn, äußere Gegebenheiten verloren gehen oder abhandenkommen. Kurz gesagt: Das Leben beginnt *Jetzt!*

Berufliche Lebensentwürfe sind auch nicht gänzlich immun gegenüber Fremdsteuerung, wie Trotzgefühlen und anderen Abhängigkeiten. Zum Teil werden Entwürfe ohne jegliche Reflexion von nahen Bezugspersonen oder Eltern übernommen, unabhängig davon, ob diese für die persönliche Vision passen oder nicht. Arbeitsplätze werden aus Furcht vor Arbeitslosigkeit nicht gewechselt, obschon der Inhalt sie weder fördert, noch ihrem Lebenszeiteinsatz entsprechend entlohnt werden. Droht irgendwann Überforderung am Arbeitsplatz oder im Privatleben, steigt die Nachfrage nach Entspannungs- oder Outdoor-Seminaren. Statt Aktivität zu entziehen und sich abzugrenzen, wird noch mehr Energie hinzugefügt, obwohl die tiefe Auseinandersetzung mit den eigenen überhöhten Ansprüchen zielführender wäre. Dergleichen scheint berufliches Scheitern nach wie vor ein Tabu zu sein, dabei sind Misserfolge und Erfolge sehr eng miteinander verwoben, sodass aus den kleinsten Sandkörnern Perlen entstehen.

Was treibt den Menschen auf diese Weise an, derart an sich vorbei zu leben?

Ist nicht gerade das stetige Streben nach Perfektion, nach Vollkommenheit, dem künstlichen Füllen von geistiger Leere mittels Konsumwahn und der ständigen Ausrede nach zu wenig Zeit eine Reaktion auf ungenügende Kompetenzerfahrungen, auf ungestillte Begierden und einem Mangel an Selbstliebe, um mit Arbeit, Krankheit und anderen Problemen sinngemäß umzugehen? Versteckt sich dahinter die Sehnsucht nach Anerkennung, Bestätigung und Sicherheit? Dieses Mangeldenken und die darunterliegende Sehnsucht erfordern einen hohen Tribut, denn so werden die verschiedensten Strategien gewählt, damit all dies nicht gefühlt werden muss und es solange praktiziert wird, bis irgendwann physische und psychische Krankheiten nicht mehr abgewendet werden können und sich Ausdruck verschaffen

Dieses Informationsdefizit über die eigenen Werte, über die eigene Körperwahrnehmung und dem eigenen Dasein findet sich sozusagen durch alle Bildungsschichten. In unserer gesättigten Informationsgesellschaft gibt es genügend Optionen, diese Lücken zu schließen. Daher scheint die Nutzung verschiedenster Coaching- oder Beratungsangebote oftmals die Lösung für die vielseitigen Probleme zu sein. Dass es sich womöglich um Ablenkungsmanöver handelt, um von der wahren Problematik abzulenken, wird dabei gerne ausgeblendet. Das Märchen des perfekten Lebens, ohne jeglicher Stürme und Blessuren kann durch das Annehmen der ungeschönten Wahrheit überwunden werden, um die eigenen Sinne zu reaktivieren.

Für berufliches, persönliches und finanzielles Glück gibt es keine Garantie im Leben. Es liegt in der Eigenverantwortung all dies wahrscheinlicher zu machen, ohne darauf zu warten oder es sogar zu erwarten, dass dies jemand anderes übernimmt. Denn auch das ist eine Illusion, welche auf Überlegenheit beruht. Die Wahrscheinlichkeit, dass persönliche Zufriedenheit gesteigert und erlangt wird, gelingt, indem wir beginnen selbst zu denken. Ein Gut, welches verkümmert, wenn wir es ungenügend nutzen.

Wenn Sie soeben die Kündigung erhalten haben, sozusagen vor dem Nichts stehen, Sie sich inmitten einer Trennung oder in einer Lebens- oder Sinnkrise befinden, oder ob sich gerade eine finanzielle Katastrophe anbahnt, ob selbst verschuldet oder durch äußere Einwirkungen hervorgerufen, dann liegt häufig mangelnde Objektivität vor, welche das eigene Denken einschränkt. Blindes agieren, infolge emotionaler Affekte, führt hier vielmehr zu neuen Abhängigkeiten, statt zu neuen Möglichkeiten. Finden sich innere Trägheit und Stagnation in Ihrem Leben vor, ist, physikalisch betrachtet, zu wenig Kraft vorhanden, die Sie antreibt. Beide Konstitutionen bedingen einer Neuausrichtung des Denkens – ob blinder Aktionismus oder das Leben selbst entscheiden zu lassen – beides ist weder sinnvoll, noch zielführend.

Um Klarheit zu erlangen, lässt sich die Neuausrichtung des inneren Navigators durch *mentale Präsenz, Selbstdistanz und Gelassenheit* deutlich steigern. John Gray schrieb im letzten Abschnitt seines Buches *Von Menschen und anderen Tieren – Abschied vom Humanismus:* »*Andere Tiere brauchen kein Lebensziel. Das Tier Mensch kommt, da es im Widerstreit mit dem eigenen Wesen lebt, nicht ohne ein solches Ziel aus. Könnte es nicht darin bestehen, einfach zu sehen, was ist?*« Ist es nicht so, dass der Fokus durch Alltagsballast verloren geht, und dass sich Menschen immer mehr nach längeren Auszeiten sehnen und dadurch das Wesentliche im Leben, gar nicht mehr erkennen können? Ruhe beginnt im Kopf, und die daraus resultierende *mentale Präsenz* ist die Kraftquelle des gegenwärtigen Moments, eine bewusste Entscheidung, ein Zustand, der immer wieder von Neuem gefunden wird und die Grundlage von Selbstdistanz und Gelassenheit bildet. *Selbstdistanz* ist ein menschliches Phänomen, eine menschliche Fähigkeit oder eine Entscheidung. Sie erlaubt es dem Menschen, sich in die Perspektive eines Beobachters zu begeben, um einen klaren Blick auf das, was ist und was nicht ist, zu erhalten. Immer und überall wo Konflikte, Unstimmigkeiten, Widerstände, auftauchen besteht die Möglichkeit innezuhalten, innerlich beiseitezutreten, um die Situation von oben zu betrachten. Selbstdistanz betrachte ich als die Kunst, den Autopiloten im richtigen Moment wahrzunehmen und auszuschalten – die Basis zu innerer Gelassenheit.

Damit das menschliche Gehirn optimal funktionieren kann, um anspruchsvolle Aufgaben zu lösen und um Herausforderungen kreativ anzugehen, ist zum einen eine gewisse geistige Fähigkeit Voraussetzung und zum anderen die Freisetzung von Sauerstoff notwendig. Um in einer sich stets verändernden Welt hohe geistige Leistungen zu vollbringen, ist es unumgänglich, den Zugang zu den mentalen Prozessen wieder zu erlangen. Der Schlüssel dazu nennt sich *Gelassenheit* und unterstützt das Gehirn beim Denken. Durch stetige Regeneration des eigenen Körpers und Geistes, einer individuellen Ernährung, einer Portion Sonnenlicht, einer Dosis Humor und einer bewussten Atmung ist dies ziemlich gut zu erreichen. Kein Leistungssportler dieser Welt vermag es ohne Erholungszeiten auszukommen, deshalb beinhaltet genüssliches »Nichtstun« oft mehr Geist als dauernde Aktivität und ermöglicht ein Mehr an Klarheit und sogar einen tieferen Schlaf.

Damit Sie Ihr persönliches Gleichgewicht immer wieder erneut finden, ist es wichtig, dass Sie Ihr emotionales Spektrum kennen und wissen, wie Sie sich selbst beruhigen. Dies bedingt auch das Sprechen über die eigenen seelischen Verletzungen, Ängste, und die tiefsitzenden Schamgefühle. Es gilt die Sprache des Herzens wieder zu finden, denn unsere tiefsten gefühlten Empfindungen teilen nur wir mit uns selbst, was uns wiederum dazu veranlasst, dass wir eine materielle Sprache verwenden, die uns letztendlich trennt. Das Aussprechen von erfahrenen Verletzungen, reißt die Fassade nieder und setzt eine geballte Energie frei. Die treibende Kraft unter der Oberfläche, welche daraus hervorgeht, verbindet genau diejenigen Menschen wieder, die sich mutig und tief auf das Leben einlassen, die sich abenteuerlustig auf den eigenen Weg begeben und wieder dazu bereit sind, aufeinander zuzugehen, um mit aufrichtiger Anteilnahme dem Menschen und seiner Umwelt zu begegnen. Dies nennt sich Menschlichkeit. Menschlichkeit wird dadurch zu einer chancenreichen Kernkompetenz, in Unternehmen, in zwischenmenschlichen Beziehungen, im Umgang mit unseren Tieren und anderen Lebewesen und der Umwelt. Dies bedeutet, dass wir weit über den eigenen Horizont hinweg uns dem Leben öffnen, um wieder von- und miteinander zu lernen. Der Umgang mit den eigenen Gefühlen hat daher einen wesentlichen Einfluss auf Gesundheit und Zufriedenheit und beeinflusst den beruflichen als auch persönlichen Erfolg.

Fehlen Ihnen in der gegenwärtigen Situation Wissen, Vernetzungen oder bestimmte Erkenntnisse, dann nutzen Sie unterschiedliche Inspirationsquellen wie Ihre eigenen Sinnesleistungen, die Natur, die Kunst, die Musik, die verschiedenen Wissenschaften, die eigene Biografie oder finden Sie neue Inspirationsquellen. Kehren Sie wieder zu Ihrer ursprünglichen Entdeckungs- und Experimentierfreude zurück, stellen Sie sich kreative Fragen, die größere Räume eröffnen. Kinder bedienen sich dem spielerischen und explorativen Vorgehen, wie auch Forscher es tun, und diese wissen: Forschung bedeutet, ohne bekannten Ausgang, die innere Neugier zu erhalten und gelegentlich der Intuition mehr Raum gewähren, an Stelle der Ratio.

Dr. Joachim Bauer postuliert in seinem Buch *Warum ich fühle, was du fühlst – Intuitive Kommunikation und das Geheimnis der Spiegelneurone:* »*Allerdings kann der analytische Verstand auch hinderlich dabei sein, intuitiv das Richtige zu erkennen. Beides, Intuition und Intellekt, können uns in die Irre führen, wenn wir das eine ohne das andere benutzen*«. Damit Intellekt und Intuition optimal gemeinsam arbeiten können, müssen Voraussetzungen geschaffen werden: Es bedingt die Entwicklung der Sensibilität für innerliche als auch äußerliche Veränderungen. Dabei geht es darum, das zu erkennen, was das Gegenüber und auch die Umwelt aussendet, mitteilt und was es bei uns auslöst. Dazu muss der Mensch wieder lernen, seine Sinnesorgane zu benutzen. So gelingt es dem eigenen Grundgefühl, der Intuition wieder zu vertrauen, welche vielfach über die Qualität der Entscheidungen und auch der Beobachtungen der Umwelt gegenüber entscheidet. Der Intellekt hilft bei jeglicher Bewertung und folglich dann auch bei der Umsetzung. Konkret heißt das: umso eingeschränkter das Wissen in Bezug auf verschiedene Sachverhalte ist, desto enger wird auch die Bewertung ausfallen. Der Intellekt verhilft daher Beobachtungen zu differenzieren, um die Quote der »richtigen« Entscheidungen im Leben zu erhöhen, insofern Intuition und Intellekt gemeinsam als eingespieltes Team arbeiten.

Um Ihre Aufnahmefähigkeit gegenüber neuen Perspektiven und neuem Wissen zu steigern, ist es von Vorteil, wenn Sie gelegentlich jegliche Annahmen über Bord verwerfen. Befreien Sie sich davon, was Sie glauben, zu wünschen glauben, immer geglaubt haben, Ihr persönliches Umfeld geglaubt hat oder weil es Ihnen bislang genützt hat. Freies Denken beginnt nämlich dort, wo Sie beginnen, Gewohnheiten, Routine und Denkansätze anzuzweifeln. Hat sich nichts bewährt, können Sie jederzeit zu diesen Annahmen zurückkehren. Die ersten Schritte auf unbekanntem Terrain können sich »wehenartig« entwickeln, dabei ist es wichtig, dass Sie Wachstum und Reife nicht wie eine wütende Amazone oder ein wütender Krieger erkämpfen – die Gefahr wäre zu groß, sich in weitere Abhängigkeiten zu verstricken. Unsicherheiten und Unbeholfenheit sind wesentliche Merkmale dieses Prozesses, da sich manche Situationen neu und ungewohnt anfühlen. Genau hier beginnt der eigene Weg, dem Sie selbst Sinn verleihen.

Ein sinnstiftendes Leben geschieht eben nicht durch Zufall. Ihre proaktiven Handlungen und das eigene Erleben unterstützen Sie dabei Sinnhaftigkeit wahrscheinlicher zu machen. Die Ratio ist daher nicht immer hilfreich, um den wichtigsten Sinnesorganen zu vertrauen. Die berührende Geschichte von Helen Keller (Meine Welt), welche im Alter von 19 Monaten ihr Hör- und Sehvermögen verloren hat, zeigt auf eindrückliche Art und Weise, wie sie lernte, die Welt über ihre Haut wahrzunehmen, um ihren persönlichen Weg zu finden. Ein Zeichen dafür, dass wir uns in unserer sehenden und hörenden Welt nur allzu oft vom Wesentlichen ablenken lassen und nur mühsam den Weg zum wahren Wesenskern finden. Es liegt an jedem persönlich, die eigenen Sinne als Frühindikator zu nutzen, damit wir wieder achtsamer für uns selbst werden und so zusätzlich den Grundbaustein für eine innere Orientierung und eine natürliche Lernbegeisterung legen.

Eine der biologischen Gesetzmäßigkeiten besagt, dass je früher ein System oder Sinnesorgan ausgebildet wird, desto essentieller ist es für den einzelnen Organismus. So erhält die Haut als das größte menschliche Sinnesorgan auf diese Weise elementar wichtige Aufgaben übertragen, welche sich nicht auf ihre Regulation- und Ausscheidungsprozesse beschränken. Eine erweiterte Funktion findet sich im Finden und Ausrichten innerer Orientierung.

Wagen wir zum Schluss ein Gedankenexperiment und benutzen wie Helen Keller, die Haut als Sprachrohr für innere Orientierung:

- Was geht Ihnen unter die Haut und verletzt Sie? Woran erkennen Sie dies? Was tun Sie gegenwärtig und zukünftig, um tiefe Bereicherung zu erfahren oder Verletzungen zu minimieren?
- Auf was/wen reagieren Sie allergisch? Was muss Ihre Haut in solchen Momenten leisten? Gibt es Möglichkeiten anders zu reagieren? Und wenn ja, unter welchen Voraussetzungen?
- Was berührt Sie im Herzen und was bereitet Ihnen Gänsehaut?
- In welchen Situationen fahren Sie aus der Haut? Wie fühlt sich dies für Sie an? Welche Optionen stehen Ihnen zurzeit zur Verfügung, um die Situationen langfristig für Sie besser zu gestalten?
- Was können Sie tun/unterlassen, damit Sie sich in Ihrer Hautwohlfühlen?

Wann immer Sie sich unsicher fühlen, wo Sie Ängste verspüren oder sich Bequemlichkeit eingeschlichen hat, beginnen Sie mit einem Gedankenexperiment. Und für die ganz Mutigen: Beginnen Sie mit einem Lebensexperiment, das Sie wachsen lässt.

Sind Sie nicht dafür verantwortlich, dass Sie sich in Ihrer eigenen Haut wohlfühlen und ein sinnvolles Dasein selbst erschaffen, um Ihrem Leben Lebendigkeit und Vitalität einzuhauchen?

Wenn wir unangenehmen Dingen weiterhin aus dem Weg gehen, ist kein verantwortungsbewusstes Leben möglich. Verantwortung gedeiht nur auf nahrhaftem Boden, wo die persönliche Freiheit erlaubt wird. Jeder, der selbst denkt und darum bemüht ist, trägt zur Bewusstwerdung der gesamten Menschheit bei. Dies enthält einen evolutionären Vorteil – er hilft beim Überleben im stetigen Wandel der Zukunft. Dies schließt die Welt nicht aus, sondern mit ein. Selbstdenken heißt ganz einfach Verantwortung tragen für sich und für eine mental erwachsene Welt.

Quellenverzeichnis

Joachim Bauer 2005; Warum ich fühle, was du fühlst – Intuitive Kommunikation und das Geheimnis der Spiegelneurone. Der Wilhelm Heyne Verlag

John Gray 2007; Von Menschen und anderen Tieren – Abschied vom Humanismus, Klett Verlag S. 209

BÉATRICE SCHAFER

Béatrice Schafer ist Patchworkerin mit allen Sinnen; entsprechend kurvenreich und unkonventionell ist ihre berufliche, sowie persönliche Vita. Als Bloggerin, Autorin, Konsumkritikerin und Studentin, gestaltet sie ihr Leben so, dass es zu ihrem Lebensentwurf und ihrem bunten Potpourri an Talenten passt. Sie widmet sich den Themen Lebenssinn, menschliche Substanz, Tiefe und Vielfalt – die Basis eines selbstbestimmten und gelingenden Lebens. Selberdenken setzt die Segel.
www.beatrice-schafer.com

Die digitale Zukunft: Keiner zuständig?

KRISTIN SCHEERHORN

Einige Unternehmen transformieren digital viel schneller als andere. Das liegt nicht – wie oft angenommen – an deren größeren Budgets oder technologischen Expertise. Es liegt daran, dass die Verantwortlichkeit zwischen Geschäftsleitung und Fachabteilungen zerrieben wird. Oft ist nicht einmal klar, was »Digitalisierung« überhaupt bedeutet: Niemand hat Konnotationsverantwortung übernommen. Oder die Verantwortung für die neuen, digitalen Prozesse. Deckt die Digital Corporate Accountability jedoch diese kritischen Faktoren ab, ist der Weg frei in eine glänzende, digitale Zukunft.

Wer ist für die Zukunft verantwortlich?

Führungskräfte – wofür sind sie verantwortlich? Für den Erfolg. Für »ihre« Zahlen; für KPI's, für Cash, Budget, Aufträge, Termine, Headcount, Ressourcen. Wer ist für die digitale Transformation verantwortlich?

Wir erinnern uns: Wir leben im digitalen Zeitalter. Doch in vielen Unternehmen herrscht ein von hypenden Medien und verlautbarenden Vorständen größtenteils unerkanntes Problem: Für die digitale Revolution ist keine(r) so recht zuständig.

(Fast) jedes Unternehmen hat inzwischen einen »Chief Digital Officer« oder einen »Chief Transformation«, einen Officer sowie Projektleiter und Projektleiterinnen für viele digitale Projekte. Nach dem Motto: Jeder macht ein bisschen was – aber wer trägt die Endverantwortung? Die Leute an der Basis und im Projekt verorten sie »bei denen da oben« und die da oben kommunizieren nach unten: »Fangt schon mal an!« »Macht schon mal!« So wird Verantwortung friktionsintensiv hin- und hergeschoben und verglüht in der Reibungshitze.

Dass die digitale Transformation in vielen Unternehmen nur zäh vorankommt, liegt nicht – wie oft angenommen – an zu knappen Budgets, zu wenig Ressourcen oder zu wenig Kompetenzträgern mit der erforderlichen Qualifikation. Das alles sind Hindernisse, die eine versierte Führungskraft vielleicht nicht en passant, aber zuverlässig aus dem Weg räumen kann – wenn denn die Verantwortlichkeit der Größe der Herausforderung angemessen wäre. Genau daran mangelt es jedoch oft noch.

Niemand ist so recht für die digitale Revolution zuständig, keiner übernimmt die volle Verantwortung und wenn jemand seinen Teil der Verantwortung übernimmt, hat er oder sie leider oft nicht die nötige Handlungsvollmacht, um das zu bewirken, was zu bewirken nötig wäre. Hinzu kommt, dass zwar jeder die grassierenden Verantwortungslücken peripher wahrnimmt – aber keiner darüber spricht.

Das Thema ist tabu. Alle spüren es, keiner redet darüber. Ein befreundeter Vorstand zog den ironischen Vergleich: »Die digitale Transformation ist wie Teenager-Sex: Alle Teenager reden darüber, aber keiner weiß so recht, wie's geht.« In etwas sachlicheren Diskussionen taucht mit schöner Regelmäßigkeit die Frage auf: »Ich würde ja gerne meinen Teil der Verantwortung übernehmen – aber was heißt das konkret für die digitale Transformation?« Finden wir Antworten anhand eines Beispiels.

Wo die Verantwortung beginnt

Ein Anlagenbauer möchte, dass seine Lieferanten für ein bestimmtes Programmsegment bestimmte Lieferartikel-Daten umfangreicher als bisher dokumentieren. Beim gemeinsamen Meeting sind sich alle einig, dass die Digitalisierung der Supply Chain mit vertretbarem Aufwand die Transparenz, die Nachverfolgbarkeit und die Liefertreue steigern wird. Alle sind sich darin einig, bis einer sagt: »Ja, aber dann bitte alles papierlos.« Danach bricht Tumult aus. Drei Stunden lang hatten alle über »Digitalisierung« geredet, aber jeder hatte ein anderes Verständnis davon. Gehört zur Digitalisierung, dass man alles papierlos macht? Diese simpel scheinende Frage konnte im Meeting nicht geklärt werden, weil keiner der Beteiligten die Verantwortung für Begriffsbelegung, Definition, Vokabeln und Abgrenzungen der Digitalisierung übernommen hatte, übernehmen wollte oder auch nur als Verantwortungsimperativ erkannt hatte.

Manchmal frage ich zu Beginn eines Beratungsauftrags: »Wisst ihr, was das ist, was ihr da macht?« Als Antwort ernte ich oft Kopfschütteln und kläre deshalb die verwendeten Begriffe, die von jedem Beteiligten anders interpretiert wurden. Eine Spartenleiterin kommentierte das mit: »Wenn Sie die Kernbegriffe nicht erklärt hätten, wären wir weiter im Nebel unterwegs.« Weil keiner die Konnotationsverantwortung übernommen hatte. Keiner hatte auch nur gedacht: »Es fällt in meine Verantwortung, zumindest die Begriffe zu klären und abzugrenzen.«

Die digitalen Begriffe werden vielerorts nicht abgeklärt und mit dem resultierenden Halbwissen wird dann über neue Technologien und bahnbrechende Entwicklungen wie künstliche Intelligenz und Budgets in Millionenhöhe entschieden, ohne dass auch nur die grundlegendsten Termini geklärt wurden. So kommen folgenschwere Missverständnisse zustande wie: »Digital bedeutet papierlos!« Nein, das bedeutet es nicht. Papierlos bedeutet papierlos. Digital ist etwas anderes.

Verantwortung für Prozesse

Alte, analoge Wertschöpfungsprozesse statt mit Formularen jetzt papierlos zu gestalten, ist weder Kern noch Hauptnutzen der Digitalisierung. Das größte Verdienst der Digitalisierung liegt vielmehr darin, alte analoge Prozesse komplett neu zu konstruieren; schneller, agiler, flexibler, mit gänzlich neuen Produkten, Services oder gar Geschäftsmodellen. Doch auch diese Verantwortung für das Ausmaß der Veränderung im Zuge der Digitalisierung wird leider in etlichen Unternehmen zwischen den Instanzen zerrieben: Keiner fühlt sich für die neuen, digitalen Prozesse verantwortlich.

Der CDO zum Beispiel eröffnet mit neuen, digitalen Geschäftsmodellen neue Märkte mit Millionenpotenzial, also das, was Amazon und Google ständig tun. Doch der eigene Vorstand lehnt die neuen Modelle ab. Der CDO wirft dem Vorstand deshalb »Festhalten am analogen Paradigma« vor, der Vorstand dem CDO »nebulöse Visionen statt solider Strategien«. So wird Verantwortung im Instanzenstreit pulverisiert. Wenn man sich dann zumindest auf den kleinsten gemeinsamen Nenner einigt und einiges im Unternehmen verändert, was natürlich Ängste und Widerstände provoziert, weil alte, liebgewonnene Arbeitsabläufe und Geschäftsfelder beendet oder wesentlich verändert werden, dann übernimmt keiner die Verantwortung für die Mediation solcher Widerstände.

Der CDO sieht den Vorstand verantwortlich dafür, der Vorstand den CDO: »Dafür haben wir ihn schließlich eingestellt!« Das stimmt, zweifellos, aber es regelt nicht die Frage der Verantwortlichkeit. Vor allem dann nicht, wenn der CDO »seine« Verantwortung wahrnimmt, Widerstände mediert – und der Vorstand ihm mit widersprüchlichen Äußerungen in den Rücken fällt. Tauchen wir etwas tiefer in die Problematik der Digital Corporate Accountability ein. Am Beispiel Alexa.

Wenn ich mit Führungskräften über Sprachassistenten rede, höre ich Sätze wie: »Der Assistent ist praktisch ein akustischer Lichtschalter: Ich brauche bloß etwas zu sagen und schon macht Alexa das Licht aus!« Das tut sie, wenn sie mit der Haustechnik eines Smart Home vernetzt ist. Was Zitatgeber solcher Sätze oft nicht wissen: Der Assistent, der das Licht anmacht, könnte mit derselben Technik auch die Planungs- und Entscheidungsprozesse im Unternehmen auf eine völlig neue Ebene heben. Eben weil er nicht nur klug genug ist, um den Lichtschalter zu bedienen, sondern sehr viel klüger. Das weiß sein Anwender nur leider nicht, weil er die Technik und ihre Potenziale nie auch nur gegoogelt, geschweige denn sich darin eingelesen hat. Warum nicht? Wir ahnen es: Weil es nicht in seine Verantwortung fällt. Im Brustton der Überzeugung: »Dafür haben wir schließlich unsere IT-Experten!« Das ist Verantwortungsdiffusion: Wenn alle ein bisschen verantwortlich sind, ist es letztendlich keiner.

Manchmal wird Unternehmen vorgeworfen, sie transformierten deshalb so zögerlich, weil sie die neuen Technologien nicht durchdringen. Das trifft manchmal zu, ist aber nicht das Problem. Keine der neuen Technologien ist so komplex, dass sie ein Verantwortlicher jedweder Qualifikation nicht verstehen könnte, wenn er oder sie nur wollte. Er und sie muss ja kein Experte darin werden! Doch dass jemand einen Sprachassistenten für einen Lichtschalter hält, liegt nicht in erster Linie am mangelnden digitalen Verständnis, sondern an der »habituierten Entantwortung«. Digitale Technologien? Dafür haben wir unsere Experten!« Das stimmt – bis gestern.

Digitale Verantwortung: Entweder alle oder nichts

Im analogen Zeitalter funktionierte die Verantwortungsdiffusion per Organigramm. Für die Produktion war die Produktion zuständig, für den Vertrieb der Vertrieb und für das Endergebnis die Qualitätssicherung – und trotz dieser verhackstückten Verantwortungskaskade kamen gute Autos und essbare Frühstücksflocken auf den Markt. Die weitgehend unbekannte Eigenheit der Digitalisierung dagegen besteht in einer nie zuvor so stringent wirksamen Totalität: Entweder alle übernehmen Verantwortung für das große digitale Ganze oder die Transformation verläuft so zäh wie vielerorts zu beobachten. Der Sport liefert eine hilfreiche Metapher: Wenn ich mit meiner Fußball-, Handball- oder Volleyballmannschaft Erfolg haben möchte, reicht es nicht, wenn nur der Sturm Ergebnisverantwortung übernimmt. Digitalisierung ist Mannschaftssport. Digital Corporate Accountability ist nicht teilbar, nicht delegierbar, nicht skalierbar und man kann sie auch nicht outsourcen. Das dürfte objektiv klar sein. Wer sorgt dafür, dass das auch subjektiv klar wird?

Wenn funktions- und hierarchieübergreifende Verantwortung die conditio sine qua non der digitalen Transformation ist: Wer übernimmt die Verantwortung dafür, andere auf ihre Verantwortung hinzuweisen? Die beste Antwort darauf ist nicht das Einbahnstraßen-Prinzip der Befehlskette, sondern der 360°-Ansatz. Natürlich ist es für statusverhaftete Führungskräfte gewöhnungsbedürftig, »von unten« auf Verantwortungsversäumnisse aufmerksam gemacht zu werden – in erfolgreich transformierenden Unternehmen jedoch auffällig nicht. Dort bedanken sich die Verantwortlichen für Hinweise von unten in Sachen Verantwortungswahrnehmung. Was macht man mit jenen, die sich vor ihrer Verantwortung drücken? Man spricht sie an. In vielen Unternehmen scheitert die Accountability exakt an diesem Punkt: Wer unverantwortliche Verantwortliche thematisiert, wird nicht wertgeschätzt, sondern als »Nestbeschmutzer« und »Querulant« stigmatisiert und kaltgestellt. Oder man pflichtet ihm/ihr schuldigst bei, lässt sie/ihn aber ins Leere laufen, indem man die Sache nicht weiterverfolgt (der Dieselskandal lässt grüßen).

Warum wehren sich manche Führungskräfte vehement gegen (digitale) Verantwortungsübernahme? Ein populärer Erklärungsansatz bemüht die notorisch tabuierte »Angst im Management«: Versagensangst, Angst vor Status-, Macht- und Bedeutungsverlust, Angst vor Verlust der sozialen Anerkennung, Karriereangst bei der Übernahme von »zu viel« Verantwortung: »Cover Your Ass« statt Verantwortungsübernahme. So populär diese Erklärung in Fachkreisen ist, mir begegnet in der Praxis oft eine andere Ursache: Anspruchsmentalität.

Wenn in Meetings eigentlich Verantwortliche (zusätzliche) digitale Verantwortung zurückweisen, dann erfolgt das oft im Brustton der Überzeugung: »Ich muss das nicht auch noch übernehmen! Ich habe schon genug anderes zu tun!« Will sagen: Ich habe es verdient, von der Digitalisierung ausgenommen zu werden. Sollen das mal andere übernehmen. Ich habe einen Anspruch darauf, dass der digitale Kelch an mir vorübergeht.

Dieses Anspruchsdenken lässt Geschäftsleiter, Vorstände und Aufsichtsräte zunehmend fragen: »Auch wenn es nicht die Mehrheit ist – was fängt man mit solchen Leuten an?« Viele glauben: »Da ist Hopfen und Malz verloren. Mindestens ein Drittel der Belegschaft sind digitale Verantwortungsverweigerer. Am besten wir machen einen glatten Schnitt und fangen mit neuen Leuten neu an.« So unbarmherzig das klingt: Es wäre nicht einmal die Lösung. Denn schon ein kleiner »Restbestand« an Verantwortungsallergikern kann die neuen, motivierten und digital verantwortungsbewussten Kollegen und Kolleginnen infizieren.

Deshalb »immunisieren« transformationserfahrene Unternehmen ihre Belegschaft gegen die Versuchungen der Entantwortung durch eine Firmenkultur der Digital Corporate Accountability: Wird die Kultur breit und tief genug gelebt, bietet sie den besten Schutz vor Verantwortungserosion. Das ist auch nötig, denn die Tendenzen der Entantwortung nehmen gerade in Zeiten des Umbruchs zunehmend militante Züge an.

Eine Kultur der Verantwortung

Wir alle kennen die Winkelzüge der Entantwortung. Kaum macht jemand einen Vorschlag, der die Abteilung oder das Unternehmen digital voranbringen könnte, setzt »Friendly Fire« ein: Das ist zu riskant, zu kompliziert, zu teuer; wir sind doch erfolgreich mit dem, was wir machen; unsere Auftragsbücher sind auf fünf Jahre hinaus voll, don't rock the boat. Wenig verwunderlich, dass sich derart verantwortungsgebremste Unternehmen lediglich inkrementell weiterentwickeln. Wenn ein Verantwortlicher dagegen in Quantensprüngen digital denkt, also auch in neuen digitalen Geschäftsmodellen, mit KI-Einsatz, mit Apps, digitalen Assistenten, Open Innovation und Open Foresight, Cyber-physischen Systemen, Startins, Inkubatoren oder Akzeleratoren – dann wird er ausgebremst: »Ist doch alles Utopie! Außerdem ist das nicht unsere Kernkompetenz!« Ja, klar: Jetzt noch nicht, aber in einer digitalen Zukunft sehr wohl.

»Kultur der Verantwortung« bedeutet in diesem Zusammenhang nicht nur Verantwortung für kühne digitale Innovationen, für die Technologie und die neuen Geschäftsfelder, sondern auch für die Menschen, die diese neuen Felder erschließen sollen. Dieser Aspekt der Verantwortung ist oft noch am problematischsten. Gerade die kühnsten digitalen Ideen provozieren zu oft die Replik: »Ach, das taugt doch nichts!« Das mag aus technischen oder finanziellen Gründen objektiv zutreffen – subjektiv ist es unverantwortlich. So redet man nicht mit Menschen, die das Unternehmen digital vorbringen sollen. Viele der erfolgreichsten neuen digitalen Unternehmen beeindrucken deshalb mit verantwortlicher Kommunikation. Es herrscht ein Klima der Offenheit, der Neugier, des »jede Idee ist erst einmal eine gute Idee – verwerfen können wir sie später immer noch«.

Verantwortung im digitalen Zeitalter bedeutet auch: mehr Eigenverantwortung. Dieses Mehr an Eigenverantwortung nehmen viele junge und ältere Digital Natives leider zum Schaden ihrer Unternehmen wahr: Werden ihre Ideen zu oft abgelehnt, übernehmen sie selbst die Verantwortung für ihre Karriere – und kündigen. Der daraus resultierende Braindrain bremst die Transformation noch weiter. So lobenswert die Ausübung dieser Eigenverantwortung ist – bevor man/frau vor lauter Frust ein Magengeschwür oder ein Burnout erleidet – es wird dabei ein spezifischer Aspekt der Eigenverantwortung häufig übersehen. Eine erhöhte Eigenverantwortung bedeutet auch: Nicht mein Vorgesetzter ist allein dafür verantwortlich, meine genialen digitalen Ideen großartig zu finden. Vielmehr sollte und werde ich meine Ideen so lange und so gut »verkaufen«, bis Vorgesetzte, Kollegen und (interne) Kunden überhaupt die Chance haben, sie gut zu finden.

Ich werde das immer auch mit der Frage im Hinterkopf tun: Wieviel kann ich meinen größtenteils noch analog denkenden Rezipienten zumuten? Wenn Digital Natives, Millennials und der Generation Y vorgeworfen wird, diesen Aspekt ihrer digitalen Eigenverantwortung (noch) nicht vollumfänglich wahrzunehmen, trifft das leider oft zu: Sie überfordern ihr weitgehend noch analoges Biotop.

Wie Verantwortung gelebt wird

So kritisch wir das Thema Digital Corporate Accountability bisher auch betrachtet haben: Es gibt kaum Verantwortliche, die seine Relevanz bestreiten. Viele springen nach dessen Diskussion spontan in den Transfer und nehmen Passagen in ihr Führungsleitbild auf wie: »Für unsere digitale Transformation und die Weiterentwicklung meiner persönlichen digitalen Qualifikation übernehme ich die Verantwortung.« Das ist gut gemeint, bewirkt aber meist wenig. Wirklich alle würden die eben zitierte abstrakte Aussage unterschreiben – und sich bei konkreten Anlässen weiter ihrer Verantwortung entziehen.

Unternehmen mit hohen Skalenwerten in Verantwortung haben diese meist nicht mit abstrakten Absichtserklärungen, sondern mit der gemeinschaftlichen Behandlung (in Workshops und Team-Coachings) konkreter Pain Points erreicht, zum Beispiel: Ein Teammitglied hat eine geniale Idee, die heute vielleicht noch unrealistisch erscheint und der Teamleiter sagt: »Geht nicht, können wir nicht, machen wir nicht.« Wird er damit seiner Verantwortung gerecht – ja oder nein? Und wenn nein, mit welcher Formulierung tut er es? Wie formuliert man überhaupt verantwortlich? In Workshops erleben wir viele schöne Stunden bei der Suche nach dem richtigen Verantwortungsvokabular, was nur wieder zeigt: Menschen können nur das tun, wofür sie Worte haben.

Das gilt auch für einen der häufigsten Pain Points: »Unser Geschäftsleiter sagt immer nur »Macht mal!« Wie bringen wir ihn dazu, dass er seinen Teil der Verantwortung für die Digitalisierung übernimmt?« Oder auch: »Unsere Programmierer programmieren häufig an den Bedarfen der End-User vorbei. Wie können wir ihnen klarmachen, dass sie nicht nur für den Code Verantwortung übernehmen müssen, sondern auch für die Anwendung? Was könnten sinnvolle Sanktionen bei Verantwortungsvermeidung sein?« Das ist ein kritischer Punkt beim Accountability Development. Denn »Du wirst deiner Verantwortung nicht gerecht!« entspricht zwar gegebenenfalls den Tatsachen, dürfte als Sanktion jedoch eher Trotzverhalten provozieren. Eine sehr viel bessere Sanktion ist keine Sanktion, sondern die Fehlersuche: »Was ist der Grund, dass du das so und nicht anders gemacht hast?« Diese Frage eröffnet meist ein etwas heikles Gespräch – sich ihm nicht zu entziehen, steht ebenfalls für aufgeklärte Verantwortungsübernahme.

In Projektteams, Abteilungen und Unternehmen mit starker Verantwortungskultur können wir beobachten, dass die digitale Transformation sehr viel schneller vorankommt, Mitarbeiter und Führungskräfte mit mehr Leidenschaft am Werk sind. Ein gutes Arbeitsklima, hohe Wertschätzung, ein starkes Wir-Gefühl und ein ausgeprägtes Vertrauen kennzeichnen die Zusammenarbeit. Solche Unternehmen transformieren nicht nur schneller, sondern haben auch mehr Erfolg. Denn wer seine wahrgenommene Verantwortung auch und gerade auf seine Kunden ausdehnt, für den übernehmen (die meisten) Kunden dann auch reziprok die Verantwortung: Verantwortungsvoll behandelte Kunden übervorteilen »ihr« Unternehmen zum Beispiel nicht – und begleichen ihre Verbindlichkeiten zuverlässiger. Für die Nachhaltigkeit des Unternehmenserfolgs ist diese Erweiterung der Verantwortlichkeit auf die komplette Supply-Chain ein zentraler Faktor: Verantwortungsvoll gestaltet sich die Zukunft.

KRISTIN SCHEERHORN

Kristin Scheerhorn gilt als Pionierin der Digital Excellence. Als Speakerin, Digital Coach und ausgewiesene Expertin der Digitalen Transformation unterstützt sie Unternehmen und Führungskräfte, digital zukunftsfähig zu werden. Zum Thema sind ihre Bücher »Digital Winner« und »Der Gott des Digitalen« erschienen. Sie ist Gründerin und Leiterin von Be-U!
Ihr transformatives Know-how basiert auf 25 Jahren internationaler Konzernpraxis und auf ihr Coaching mehrerer tausend Coachees in internationalen Teams. Im Gegensatz zur verbreiteten Unsitte, sich lediglich auf die digitale Hochtechnologie zu kaprizieren, stellt Kristin jene Menschen in den Mittelpunkt, die die Hochtechnologie zum Laufen bringen sollen.

www.kristin-scheerhorn.com

Wer Freiheit wählt, wählt Verantwortung

HERMANN SCHERER

Freiheit und Verantwortung gehören untrennbar zusammen. Wer frei sein will, muss Verantwortung übernehmen. Und wer die Bürde der Verantwortung lieber nicht tragen möchte, der entscheidet sich gegen die Freiheit. Dafür bekommt er jedoch etwas anderes: Sicherheit und Regeln, die das Leben etwas leichter machen. Doch das ist meist der schlechtere Deal.

Wollen Sie Freiheit und Verantwortung oder lieber Sicherheit und Regeln?

Stellen Sie sich vor, Sie wären James Bond. Für James Bond ist die Welt so viel einfacher als für uns. Er akzeptiert immer ohne Murren die Realität. Es ist wie es ist – was mache ich jetzt damit? Ich habe zu tun, was zu tun ist, ich habe eine Mission, und wenn sie auch noch so unmöglich, unwahrscheinlich und unbeherrschbar ist. Der Bösewicht muss aufgespürt und unschädlich gemacht werden. Der Bösewicht ist nicht in Hongkong? Gut, dann bleibt James Bond eben nicht in Hongkong, bloß weil es da so interessant ist, sondern fliegt schnellstmöglich nach Moskau. Und dort besucht er nicht zuerst den Roten Platz, um sich in Stimmung zu bringen, nein, James Bond ist immer in Stimmung, genau das zu tun, was gerade seine Aufgabe ist. Er verfolgt sein Ziel mit aller Leidenschaft, er hat nur diese eine Sache im Kopf.

Zum Jammern hat James Bond keine Zeit. Ist eine Bombe zu entschärfen und ist es eigentlich schon zu spät dazu, dann stellt er sich nicht hin und jammert, dass ihn seine Majestät zu spät angerufen hat. Nein, James Bond geht einfach hin und entschärft die Bombe, die Zeitanzeige bleibt bei exakt 007 Sekunden stehen. James Bond ist nicht wie Adam, der das Paradies aufgab, nur weil er sich geschmeichelt fühlte. Nach dem Rauswurf war klar: Die Schlange war schuld. Adam konnte doch nichts dafür. James

Bond wäre das nicht passiert. Am Ende hätte er das Paradies behalten, den Apfel gegessen, Eva vernascht und die Schlange gekillt. Schuld wäre niemand gewesen.

Müssen wir jetzt alle wie James Bond sein?

Wir sind nicht wie James Bond. Niemand von uns ist es! Statt mal eben zwischen Hongkong und Moskau die Welt zu retten, kommen wir normalerweise morgens ins Büro und schalten unseren Rechner an. Der fährt hoch, und er fährt hoch und er fährt immer noch hoch. Und was machen wir? Wir jammern. Der blöde Rechner. Das blöde Softwarehaus in Redmond, die dieses blöde Betriebssystem zusammengeflickt haben. Bill Gates stiehlt uns die Zeit und Steve Ballmer hat es nur noch schlimmer gemacht! Und wir schließen uns zu Jammerzirkeln zusammen und berichten uns gegenseitig von unserem Leiden beim Hochfahren des Rechners. Leiden ist einfacher als Lösen.

Hätten wir, wie James Bond, ein Bewusstsein dafür, dass wir prinzipiell frei sind und etwas tun können, anstatt wartend zu jammern, dann würden wir vielleicht auf die Idee kommen, an dieser Situation etwas zu ändern: Wir könnten schon einmal den Tagesablauf planen, solange der Rechner hochfährt. Den Anrufbeantworter abhören, den Toner im Drucker wechseln oder den Papiervorrat auffüllen, die Blumen gießen oder einfach schon einen Kunden anrufen. Oder wir würden überlegen, den Rechner abends erst gar nicht auszuschalten, sondern im Stand-by-Modus zu lassen. Okay, Strom sparen, aber man könnte das ja mal überlegen ... zum Beispiel während der Rechner hochfährt.

Nach Schätzungen von Gallup können bis zu elf Prozent des Bruttosozialprodukts durch ständiges Kommentieren und Lamentieren verschwendet werden. Schlimm ist, dass die Leute dem Jammern gegenüber immer toleranter werden. Jammern ist mittlerweile so normal, dass wir gar nicht mehr bemerken, wie viele Sekunden, Minuten, Stunden, Tage, Wochen wir dafür verschwenden. Wenn wir die Zeit, die wir fürs Jammern verwenden, dafür nutzen würden, den beklagenswerten Zustand zu ändern, wäre das Ergebnis unglaublich.

Trotzdem: Mir geht es nicht darum, dass wir alle James Bond sein müssen, dass wir alle immer starke Helden sind, die wie James Bond (zumindest bevor Daniel Craig die Rolle übernommen hat) niemals Selbstzweifel haben und niemals in die Opferrolle gehen, die niemals jammern, die jede Entscheidung sofort treffen und immer wissen, was sie wollen. Mir geht es nicht darum, dass wir immer die vollen 100 Prozent Freiheit ausnutzen, die wir theoretisch haben. Mir geht es vor allem um das Bewusstsein unserer Freiheit! Und um das Bewusstsein, dass mit Freiheit Verantwortung einhergeht.

Freiheit und Verantwortung –
ein unzertrennliches Paar

Wer Freiheiten hat, hat Verantwortung. Freiheit ist nie allein auf dieser Welt; Freiheit und Verantwortung sind ein unzertrennliches Paar. Und wenn ich mir selbst die Frage stelle, ob ich die Freiheit habe, dieses oder jenes zu tun, dann muss ich auch gleichzeitig wissen, dass ich danach die Verantwortung dafür habe: für mein Handeln, mein Nicht-Handeln, meine Entscheidungen, meine Nicht-Entscheidungen.

Freiheit und Verantwortung bedeuten deshalb Anstrengung. Und nur zu gern vermeiden wir diese Anstrengung. Wenn wir meinen, von der Gemeinschaft, von der Gesellschaft getragen werden zu können, dann lassen wir das zu und stellen unsere eigenen Bemühungen ein. Wir bleiben auf Rolltreppen stehen und geben die Verantwortung über unsere Fortbewegung ab. Wir steigen in den Sozialstaat Deutschland ein und geben die Verantwortung für die Risiken des Lebens ab. Wir gehen ein Bündnis mit der Agentur für Arbeit ein und geben die Verantwortung für die Gestaltung unseres Arbeitslebens ab. Wir wissen, dass Arbeitgeber Trainings bezahlen, und geben die Verantwortung für unsere Weiterbildung und Weiterentwicklung an den Chef ab. Wir wissen, dass das Schulsystem von unseren Steuern bezahlt wird und geben auch da die Verantwortung ab, unsere Kinder auf das Leben vorzubereiten.

Deswegen ist die Frage: Ich habe zwar die Freiheit, etwas Bestimmtes zu tun, aber will ich das auch? Und will ich Verantwortung tragen?

In biblischen Zeiten durften diejenigen Hebräer, die einem anderen Hebräer als dessen Eigentum gehörten – also nach unserem heutigen Verständnis Leibeigene waren –, nach sieben Jahren ihren Herrn als freier Mann beziehungsweise als freie Frau verlassen. Nach sieben Jahren stand also ein Knecht oder eine Magd vor der schwerwiegenden Entscheidung: Freiheit und Verantwortung wählen, damit aber die Sicherheit des Heims für immer aufgeben? Oder die endgültige Leibeigenschaft wählen und damit Freiheit und Verantwortung für immer aufgeben – im Tausch gegen Obdach, Essen und Trinken, Verteidigung gegen äußere Bedrohungen und Zugehörigkeit zu einem Clan? Einmal getroffen, ließ sich diese Entscheidung nicht mehr umkehren. Das Loch im Ohr war für jedermann sichtbar, jeder kannte die Bedeutung dieser Kennzeichnung.

Eine solche Entscheidung ist im Prinzip eine grundsätzliche Wahl des Lebensstils. Sinkt die persönliche Waagschale zur Seite der Freiheit und der Verantwortung, dann wählt der Mensch einen individualistischen Lebensstil. Neigt sich die Waagschale zur Seite der Sicherheit, dann wählt die Person den Anschluss an die Gemeinschaft. Die Gleichung lautet also: Mehr Freiheit gleich mehr Verantwortung, weniger Regeln, weniger Gleichheit, weniger Sicherheit. Und umgekehrt: Mehr Sicherheit gleich mehr Regeln, mehr Gleichheit, weniger Verantwortung, weniger Freiheit.

Wer sich für die Freiheit entscheidet, bezahlt dafür mit Sicherheit. Und umgekehrt.

Viele Menschen entscheiden sich angesichts dessen lieber für die Sicherheit, vorsichtshalber. Vorsichtshalber Vitamin C, vorsichtshalber eine zusätzliche Versicherung, vorsichtshalber einen Partner, vorsichtshalber einen Spatz in der Hand. Vorsichtshalber zum Arzt nach dem Motto »Herr Doktor mir fehlt nichts – bin ich krank?« Für die Vorsicht zahlen wir fast jeden Preis: keine Leidenschaft, nichts Neues, nichts Verrücktes, nichts Besseres mehr. Dafür behalten wir das Langweilige, das Alte, das Normale, das Schlechtere. Und bekommen etwas obendrauf: Sicherheit.

Aber der Preis der Vorsicht ist oftmals höher, als er uns erscheint. Und allzu oft machen wir einen schlechten Deal. Nämlich dann, wenn der Preis für die Sicherheit höher ist als der Wert dessen, was wir ohne die Sicherheit möglicherweise verlieren könnten. Und unter uns: Was heißt schon sicher? War unsere Zukunft denn jemals sicher? Wirklich?

Als Gesellschafter einer meiner Unternehmen habe ich einmal meine Führungsriege zum Abendessen eingeladen. Wir wollten uns alle ein wenig näher kennen lernen, und so waren die Gespräche fernab des Geschäfts angesiedelt, mehr bei den Hobbys, Vorlieben und sonstigen Dingen, die man gerne tut. Dabei geschah etwas, mit dem ich nicht gerechnet hatte: Es geschah das Außergewöhnliche, das Schreckliche, etwas, das mich hinterher beinahe verzweifeln ließ. Und das war: Ich sah jeden Einzelnen bei der Beschreibung seiner Hobbys mit einem riesigen Lachen und einem strahlenden Gesicht vor mir sitzen. Ja, mit einem geradezu seligen, erfüllten Ausdruck und einer Aura des Glücks.

Es war grauenhaft. Keine Sorge, ich habe kein Problem damit, wenn Menschen glücklich sind. Nein, ich gönne so einen Ausdruck strahlenden Glücks jedem Menschen dieser Erde. Es war ein so schönes Bild. Es war großartig. Ich war ehrlich bewegt. Grauenhaft war etwas ganz anderes: Nämlich die Tatsache, dass ich dieses Glück bisher im Rahmen der Arbeit bei keinem einzigen dieser Führungskräfte meines Unternehmens gesehen hatte.

Noch nie. Noch nicht einmal mit zehn Prozent des Ausmaßes an Spaß und Freude, zu dem diese Menschen offenbar außerhalb der Arbeit fähig waren. Ich bin ja eine Heulsuse, und darum brachte mich diese Diskrepanz, die mich wie ein Blitz aus heiterem Himmel überfiel, noch am Tisch beinahe zum Weinen. Am schlimmsten war es bei dem Geschäftsführer, der geradezu beseelt über seine Erlebnisse als Kick- und Thaiboxer sprach. Während er schwärmte, dachte ich: »Mensch Junge, bitte kündige sofort. Du bist eindeutig am falschen Platz bei mir. Ich kann dir so ein Glück nicht bieten. Geh. Werde Boxlehrer, Profisportler, mach ein Studio auf oder sonst was, aber mach dich doch nicht selbst so unglücklich mit dem, was du in meinem Unternehmen tust.«

Damals war ich noch viel zu verwirrt, um das anzusprechen. Und wahrscheinlich war ich auch zu feige. Immerhin hatten mir ja auch alle versichert, dass sie ihren Job gerne machen. Aber zu sehen, welchen Preis diese Menschen für die vermeintliche Sicherheit eines guten Jobs zu zahlen bereit waren – das erschütterte mich sehr.

Für mich war schon damals klar: Ich will frei sein, frei entscheiden und frei handeln, wann immer es geht. Und die Verantwortung, die sich damit auf meine Schultern legte, die Unsicherheiten, denen ich mich gegenübersah, die begrüßte ich mich offenen Armen. Denn sie trugen für mich große Versprechen in sich.

Es gibt nur ein Entweder-oder, kein Sowohl-als-auch

Man könnte wohl sagen, ich sei ein Individualist. Und das trifft es wahrscheinlich ganz gut. Individualismus bringt die Freiheit, eröffnet eine Welt voller Möglichkeiten und Chancen, bedingt aber, dass man auf sich allein gestellt ist. Nichts ist vorgegeben, alle Lebensentscheidungen trifft man selbst. Auf den schützenden Rahmen der starken Gemeinschaft, des Dienstherren und seiner Einflusssphäre verzichtet man ganz bewusst. Und man weiß nicht, was morgen sein wird, die Welt wird unberechenbar und risikoreich. Man kann sich nur noch auf sich selbst verlassen.

Der entgegensetzte Lebensansatz dagegen bringt zwar die Sicherheit der starken Gruppe oder der übergeordneten Institution, bedingt aber, dass man sich ihr rückhaltlos unterordnet und sich ihr auf Gedeih und Verderb anvertraut. Man wird zum Diener eines Herrn. Ob das nun in heutiger Zeit der Chef, die Aktionäre des Arbeitgebers, der Staat oder der Ehepartner ist. Das Leben wird berechenbarer, viele Unsicherheiten sind so eliminiert. Aber damit fallen die meisten Chancen und Möglichkeiten ebenfalls weg. Die Sorge um das tägliche Überleben ist dem Schützling abgenommen. Dafür muss er sein Leben dem Wohl der Gemeinschaft widmen und seine eigenen Hoffnungen, Träume und Ideen unterdrücken oder unerfüllt lassen.

Beide Lebensentwürfe sind legitim und keineswegs grundsätzlich zu kritisieren. Jedenfalls dann, wenn sie freiwillig verfolgt werden. Aber es sind grundlegende Entscheidungen. Ein Vogel, der im Käfig lebt, wird ihn nicht so ohne Weiteres verlassen wollen, auch wenn man die Tür öffnet. Und umgekehrt: Ein Vogel, der in Freiheit lebt, lässt sich nicht so ohne Weiteres in einen Käfig sperren. In beiden Fällen braucht es erheblichen Antrieb – oder Gewalt. In diesem Sinne werden Sie schwerlich aus einem Menschen, der seit mehreren Jahrzehnten die Welt durch die kollektivistische Brille sieht, einen Individualisten machen können. Und umgekehrt. Es ist ein dauerhaftes Entweder-oder.

Und beides gleichzeitig zusammen geht nun mal nicht. Die Probleme beginnen immer dann, wenn Menschen das Beste aus beiden Welten wollen, wenn sie die Sicherheit der Gemeinschaft gerne annehmen, sich aber nicht unterordnen wollen, sondern den Boss spielen. Diese Menschen (und das sind gar nicht so wenige) maßen sich an, beides zu fordern: unternehmerische Freiheit und Sicherheit zugleich. Das kann nur Ärger geben. Und umgekehrt: Menschen, die die Freiheit genießen, aber gegen alle möglichen Risiken, die die Freiheit mit sich bringt, abgesichert sein wollen und diese Sicherheit beispielsweise von »Vater Staat« einfordern. Das ist die noch häufigere Variante. Diese Menschen werden niemals die Chancen und Möglichkeiten der Freiheit nutzen können, denn alles hat seinen Preis: Die süßen Früchte der Freiheit sind ohne die schwere Last der Freiheit nicht erhältlich. Und diese Last, der Preis, ist die Übernahme der vollen Verantwortung.

Ein Lehrstück über die Freiheit

Robinson Crusoe gab ganz bewusst die Sicherheit auf, in die er hineingeboren war, und suchte die Freiheit. Er wuchs in geordneten Verhältnissen im sicheren Europa auf, aber es zog ihn auf das Meer und in die Welt hinaus. Er bekam, was er wollte, nur anders, als er es sich vorgestellt hatte.

Die aufgegebene Sicherheit rächte sich schnell. Es erwischte ihn vor Nordafrika, als er von Piraten für zwei Jahre versklavt wurde, bevor ihm die Flucht gelang. Mit dieser Erfahrung, nämlich der, wie dünn das Eis ist, auf dem er so scheinbar frei balancierte, und welche Konsequenzen die Wahl der Freiheit haben kann, verschlug es ihn nach Brasilien. Dort übernahm er eine Zuckerplantage, die nur mit Sklavenarbeit profitabel sein konnte. Nun hatte er also erneut die Seiten gewechselt: Zuerst war er vom freien Mann zum Sklaven und nun selbst zum Sklaventreiber geworden. Um Nachschub an Menschenmaterial zu besorgen, schiffte er sich ein, geriet aber in einen Sturm, den er bekanntlich als einziger Überlebender überstand – gestrandet auf einer einsamen Insel.

Sein Schiffbruch war für ihn der Super-GAU, der totale Zusammenbruch. Denn plötzlich war er mutterseelenallein auf einer kleinen Insel gefangen, weitab von jeder menschlichen Ansiedlung, völlig auf sich allein gestellt. Robinson war naturgewaltsam gefangen auf einer Insel: Das ist in gewisser Hinsicht das größtmögliche Maß an Unfreiheit, noch unfreier als auf einer Sklavengaleere oder in einem Gefängnis.

Doch innerhalb des begrenzenden Rahmens, den der Ozean bildete, war Robinson auch unendlich frei. Es gab von einem Tag auf den anderen keine Regeln und Normen mehr, keine gesellschaftlichen Ansprüche und Verhaltenskodizes, niemanden, nach dem er sich richten musste, keinen vorgefertigten Tages-, Wochen-, Jahres- oder Lebensablauf. Robinson konnte buchstäblich tun und lassen, was er wollte, inklusive der Freiheit zu sterben oder zu überleben – ganz nach Belieben, es kümmerte außer ihm niemanden.

Er war zurückgeworfen auf seine Fähigkeiten, Stärken und Talente, abhängig von der Funktionsfähigkeit seines Körpers, angewiesen auf seine geistige Gesundheit – das bedeutete, er musste die volle Verantwortung für seinen Körper und seinen Geist übernehmen. Jede Entscheidung, die er traf – wo und wie er seine Schutzhütte errichtete, wie er seine Energie für den Nahrungserwerb einsetzte, wie er sich vor der Sonneneinstrahlung und der Witterung schützte, wie er sich gegenüber den Wilden, die er auf der Insel vermutete, verteidigte, wie er mit der Einsamkeit umging –, hatte unmittelbare Konsequenzen. Aber nur für ihn.

Ein allmähliches Verlottern und Verrohen hätte für ihn einen Rückschritt ins Höhlenmenschenzeitalter zur Folge gehabt. Er entschied sich dafür, das geistige Level und das kulturelle Niveau des 17. Jahrhunderts in Europa so weit wie möglich aufrechtzuerhalten und zu verteidigen. Einfach deshalb, weil er es für richtig hielt.

In seinem früheren Leben war Robinson kein praktizierender Christ gewesen, auf seiner Insel wurde er aber plötzlich gläubig und las jeden Tag in einer Bibel, die er aus dem Wrack hatte retten können. Er schuf sich feste Strukturen, baute sich eine Festung, züchtete Ziegen, zählte die Tage und richtete sich das Leben auf der Insel sehr diszipliniert ein, sodass es für ihn sinnvoll und lebenswert wurde. Er nutzte die Freiheit also, um sich selbst die Freiheiten freiwillig einzuschränken, Entscheidungen zu treffen und sich Sicherheitsstrukturen zu schaffen.

Man kann den Robinson auf verschiedenste Weisen lesen – als Abenteuergeschichte, als Gesellschaftskritik, als philosophischen Roman über die Einsamkeit. Ich lese ihn als ein Lehrstück über die Freiheit. Für mich reflektiert diese fantastische Geschichte von Daniel Defoe die Ambivalenz von Freiheit und Sicherheit. Sie zeigt für mich, wie wir Menschen mit der trügerischen Sicherheit und der trügerischen Freiheit klarkommen müssen, indem wir letztendlich jede Form von Freiheit oder Unfreiheit, auf die wir uns einlassen, mit voller Verantwortung und letzter Konsequenz selbst wählen.

Das ist für mich der Schlüssel: Es geht nicht um die Wahl zwischen extremer Freiheit oder extremer Sicherheit, sondern um die freie Entscheidung für Freiheiten oder Sicherheiten: ohne Jammern, ohne Schuldzuweisungen, ohne Hass und Groll. Wir sind immer frei zu entscheiden, doch wenn wir Entscheidungen getroffen haben, dann tragen wir die Verantwortung dafür.

Die Freiheit im Alltag leben

Keine Sorge, wir müssen jetzt auch nicht alle wie Robinson Crusoe sein. Wir müssen aber Wege finden, wie wir unsere Freiheit im Alltag leben können. Der beste Weg, den ich dafür kenne, ist der Zustand von Verwirrung, Verwunderung, Wachheit und Bewusstheit – die engste Verbundenheit mit der Gegenwart, die möglich ist. Oder einfach: präsent sein.

Das heißt nicht, dass man immer nur im Hier und Jetzt leben soll. Aber das heißt zumindest für mich, dass sich die Zeiten nicht vermischen sollten. Wenn Sie an gestern denken, dann tauchen Sie rückhaltlos ein in die Erinnerungen, in die glücklichen und freudvollen, aber auch in die dunklen und tragischen Momente Ihres Lebens. Durchleben Sie die Emotionen, die Ihr Gehirn für jede Zeit der Vergangenheit abgespeichert hat, noch einmal, als ob Sie sie heute fühlen würden. Aber wenn Sie wieder aus der Vergangenheit auftauchen, dann muss es sein wie das Durchbrechen einer Wasseroberfläche, die Rückkehr in einen anderen Aggregatzustand. Sie können den Schatz der Vergangenheit mitbringen, egal ob dunkel oder hell, und sich durch ihn gestärkt und gerüstet fühlen für die Aufgaben der Gegenwart, aber sobald Sie in der Gegenwart sind, muss die Vergangenheit ausgeschaltet sein. Was passiert ist, hat schlicht keine Bedeutung für Ihre Gegenwart. Tauchen Sie auf und trocknen Sie sich ab!

Und wenn Sie an morgen denken und Pläne schmieden, dann heben Sie ab und fliegen Sie in die Zukunft. Verlieren Sie ruhig den Boden unter den Füßen. Kappen Sie die Beschränkungen der Vergangenheit, die Sie an den Grund fesseln wollen. Seien Sie frei! Spinnen Sie herum und bauen Sie Luftschlösser, entwerfen Sie eine Traumwelt und schwelgen Sie darin. Und wenn Sie zurückkehren in die Gegenwart und beide Beine fest auf den Boden setzen, dann mit einem Strahlen im Gesicht. – Und außerhalb dieser Gedankenreisen? Seien Sie völlig bei dem, was Sie gerade tun. Denken Sie nicht gleichzeitig an gestern oder morgen. Yesterday is history, tomorrow a mystery, today is a gift, that's why it's called the present.

HERMANN SCHERER

Über 3.000 Vorträge vor rund einer Million Menschen in über 3.000 Unternehmen in 30 Ländern, 50 Bücher in 18 Sprachen, 1.000 Presseveröffentlichungen, Forschung und Lehre an mehreren europäischen Universitäten, über 30 erfolgreiche Firmengründungen die meist zur Marktführerschaft führten, eine anhaltende Beratertätigkeit, immer neue Impulse und Inspiration für Welt und Wirtschaft – das ist Hermann Scherer:

Der Life-Euphoric stürzt sich ins die Welt, feiert das Leben, diniert mit Bill Clinton, gibt Michelle und Barak Obama einen Korb, füllt mit seinen Vorträgen weltweit Säle, zeigt seinen Teilnehmern, wie sie ihrem Leben eine neue Richtung geben, die Bremsen lösen und manchmal zu den Sternen greifen.

»Der Bestsellerautor gehört zu Deutschlands besten Coaches« (Wirtschaftswoche)

»Einer der einflussreichsten Managementexperten unserer Zeit.« (Huffington Post)

»Spitzentrainer und Highlight des Jahres.« (RTL)

»hat den Ex-Präsident Bill Clinton für ein Zukunftsforum in Augsburg gewinnen können.« (Süddeutsche Zeitung)

»Hermann Scherer gilt als der bekannteste und »coolste« Vortragsredner, den die deutsche Motivationsbranche hervorgebracht hat.« (Wirtschaft + Weiterbildung)

»zählt zu den Besten seines Faches. Seine Seminare sind gefragt – bei Marktführern und solchen, die es werden wollen.« (Süddeutsche Zeitung).

www.hermannscherer.com

Verantwortung für die Zukunft

RICHARD C. SCHNEIDER

Der Titel dieses Beitrags kommt gewichtig daher. Bedeutungsschwanger, mit einer gewissen Gravitas. Was ist das – Verantwortung für die Zukunft? Welche Verantwortung? Welche Zukunft?
Man kann sich alles und nichts vorstellen und so überbleibt es dem Autor, sich etwas auszudenken, was er sich unter Verantwortung – und vor allem für die Zukunft –vorstellt.

Tun Sie jetzt etwas und wiederholen Sie nicht die Fehler Ihrer Vorfahren

Nichts von dem, was uns beschäftigt, spielt eine größere Rolle als die Gesundheit. Für sie können wir eine gewisse Verantwortung übernehmen, aber ob das auch alles später dann auch eine »Dividende« bringt, wissen wir nicht wirklich. Also erlauben Sie mir das Thema Gesundheit hier sogleich wieder auszuklammern. Denn ich will eigentlich woanders hin. Nein, mir geht es nicht ums Geldverdienen, um Geschäfte, um Business oder »Erfolg«, ganz egal, wie man das auch immer für sich individuell definieren will. Denn all diese Dinge sind nur wirklich möglich, wenn der Markt »frei« ist, wenn wir, mit anderen Worten, in einem politischen System leben, das liberal ist, demokratisch, weltoffen.

Wer glaubt, wir täten das, ist entweder ignorant, naiv oder: er/sie hat Angst, der Realität ins Gesicht zu schauen. Denn wir sind derzeit drauf und dran, die liberale Demokratie zu verlieren. Wir, das sind die Menschen in der Welt, die wir die »freie, westliche Welt« nennen, ein Gesellschaftssystem, das uns seit 1945 in ganz Europa, den USA und in einigen anderen Flecken der Welt Wohlstand, Sicherheit und persönliche Freiheit beschert hat.

Doch wir sind schon seit längerem auf dem besten Wege, diese freie Welt zu verlieren, zu verspielen. Wer sich informiert, weiß, in welch instabilen Zeiten wir leben.

Ob Brexit oder der Rechtspopulismus, ob »illiberale Demokratie« à la Ungarn oder Rassismus, ob Antisemitismus oder ausgrenzender Nationalismus, ob Abbau demokratischer Grundregeln oder die mutwillige Zerstörung der EU, oder auch nur den »Hass auf Brüssel« – überall können wir beobachten, wie wir all das verlieren, was wir und unsere Eltern und Großeltern in den vergangen Jahrzehnten mühselig aufgebaut haben. Und das alles unter dem Eindruck des verheerenden Zweiten Weltkriegs, der Europa verwüstete und die größten Menschheitsverbrechen der Geschichte ermöglicht hat.

Wir leben in einer Zeit, in der wir die Gesellschaftsordnung, so wie wir sie zum Beispiel in der Bundesrepublik kennen, als ein »Given« ansehen, als eine unverrückbare Tatsache, die nicht mehr rückgängig zu machen ist. Ob AfD oder Pegida, ob Misstrauen gegenüber den Institutionen, ob Shitstorms gegen alles und jeden auf Social Media Seiten oder die Wut auf die angebliche »Lügenpresse«, überall sehen wir die Zeichen an der Wand und tun: nichts. Oder verdrängen. Oder glauben, es »werde schon nicht so schlimm werden«. Kennen wir das nicht schon zur Genüge aus der Geschichte? Haben wir nichts dazugelernt? Wissen wir nicht, dass im Laufe einer – negativen – gesellschaftlichen Entwicklung mehrere »Points of no Return« kommen, und dass es danach anders weitergeht, als man es noch unmittelbar zuvor sich hat vorstellen können? Wie hoch wollen wir unsere Messlatte noch legen, damit wir stets noch bequemer unten drunter durchkommen? Die Messlatte für die Politik und für uns, die wir immer neue Ausreden finden, um nicht aktiv zu werden, weil wir uns einreden, dass wir ja als Einzelne doch nichts tun können, weil wir behaupten, wir seien zu klein, zu schwach; und außerdem halte einen das tägliche Leben doch so auf Trab, dass man keine Zeit hat, sich auch noch um die Probleme der Kommune, der Stadt, des Staats, der Gesellschaft zu kümmern?

Aber sehen Sie nicht, wie »die anderen« die Zeit aufbringen? Wie die antiliberalen, die antidemokratischen, die rassistischen und antipluralistischen Kräfte die Zeit eben doch haben? Auch sie haben Familien und müssen sich kümmern. Aber sie brennen für eine Idee, die menschenverachtend ist, sie glauben an sie und wollen sie umgesetzt wissen.

Und wofür brennen Sie? Für nichts? Nur für Ihr Geschäft, Ihr »Business«? Wollen Sie also lieber abwarten, bis sie – metaphorisch oder buchstäblich – verbrannt werden?

Was bedeutet Verantwortung? Nehmen wir doch den Begriff wörtlich: Wir müssen Antworten finden, Antworten geben, wie wir eine Situation haben und bewahren wollen, wie wir eine Zukunft *nicht* haben wollen, weil wir so nicht leben wollen – oder unsere Kinder nicht so leben sollen –, in einer Zukunft, die ihre Freiheit beschränkt?

Sie meinen, Sie haben für diese fundamentalste Frage keine Zeit? Sie glauben, dass Sie ihr Business weiterverfolgen können, wenn die Politik reaktionär und demokratiefeindlich wird? Wollen sie also, mit anderen Worten, in einem System wie in China leben? Totalitarismus und Neoliberalismus gleichzeitig? Dann brauchen Sie jetzt wahrlich nicht weiterzulesen, dann habe ich Ihnen nichts mehr zu sagen und Sie sind dann wohl auch eher mein Gegner, was die Gestaltung der Gesellschaft der Zukunft betrifft.

Denn ich glaube nicht daran, dass es ein schönes Leben ist, wenn man – im Idealfall – im Luxusapartment leben, aber den Mund nicht aufmachen kann, weil man um sein Leben fürchten muss. Ich glaube nicht, dass es Sinn macht, so ein Leben zu führen. Ja, gewiss, wir alle wollen erfolgreich sein, wollen gut verdienen, unsere materiellen und irdischen Träume realisieren. Dagegen ist ja auch nichts zu sagen. Aber für den Preis der inneren und äußeren Freiheit? Nein, danke. Dann verzichte ich gerne auf den »Erfolg«, der für mich keiner mehr ist. Wenn ich weiß, dass in der Gesellschaft, in der ich lebe, Menschen für ihre Meinungen inhaftiert oder ausgegrenzt, angegriffen oder gar getötet werden?

Sie glauben, ich übertreibe, das könne in Deutschland, in der EU nicht mehr geschehen? Dann denken Sie einmal darüber nach, ob die Menschen im Januar 1933, noch vor der Wahl, daran glauben konnten, wie sich Deutschland schlagartig verändern würde. Dann schauen sie einmal, was inzwischen in Polen und Ungarn geschieht. Dann schauen Sie, wie man in Österreich agiert, wie in Italien, wie dort und anderswo – und ja, auch in Deutschland – manche Politiker sprechen, wie sie sich einer menschenverachtenden, rassistischen, aggressiven, reaktionären Sprache bedienen. Wie Tabus fallen, die vorher noch gesellschaftlicher Konsens war. Was brauchen Sie eigentlich noch, um endlich aufzuwachen und Verantwortung für die Zukunft zu übernehmen?

Wann beginnen Sie sich wirklich zu engagieren? In Bürgerbewegungen, am Arbeitsplatz, in der Politik, in der Kommune? Meinetwegen auch in der Kirche?

Verantwortung übernehmen heißt, seine Komfortzone zu verlassen, da führt kein Weg daran vorbei. Es heißt, die kleine Extra-Anstrengung zu machen, um Dinge zu bewegen. Und es heißt auch, den Kopf für das Wesentliche zu öffnen. In dem Buch »Wie Demokratien sterben« beschreiben die beiden Harvard Professoren Levitsky und Ziblatt ganz richtig, dass der Zusammenbruch von Demokratien heute nicht über mehr über einen Putsch oder eine Revolution entstehen, sondern über stetige Verschiebungen, die aus liberalen Demokratien »illiberale Demokratien« machen, wie Ungarns Viktor Orbán diese neue Staatform nennt. Die Autoren nennen mehrere Kriterien, an denen man erkennen kann, dass die Demokratie in Gefahr ist:

1. Die Ablehnung demokratischer Spielregeln, indem man etwa die Rechtmäßigkeit von Wahlen oder Verfassungen anzweifelt.
2. Die Leugnung der Legitimität des politischen Gegners. Er wird wie ein Feind oder Krimineller behandelt.
3. Gewalt wird toleriert oder man ermutigt sogar zur Gewalt.
4. Die Bereitschaft, Freiheiten zu beschneiden, etwa durch Angriffe auf die Medien, die Justiz oder die Zivilgesellschaft.

Angesichts dieser Kriterien mögen Sie sagen, dass es in Deutschland ja noch nicht soweit ist, man könne sich also beruhigt zurücklehnen. Doch täuschen Sie sich nicht. Im Makrobild ist die EU bereits massiv in Gefahr. Staaten wie Ungarn, die Slowakei, Polen, allmählich auch Österreich und Italien, befinden sich eben längst auf dem Weg in eine »illiberale Demokratie« oder sind sogar schon dort angekommen. Das allein gibt Anlass zur Sorge im europäischen Binnenmarkt.

Aber auch im Mikrobild Deutschland sind die Anzeichen da. Vor allem bei der AfD und dem äußersten rechten Rand der konservativen, etablierten Parteien, aber auch bei der Linken gibt es ähnliche Tendenzen.

Und ich würde sogar noch ein Kriterium hinzuziehen für den Niedergang der Demokratie: Die Zersplitterung der Gesellschaft, und damit verbunden die Zersplitterung der Parteienlandschaft, das allmähliche Sich-Auflösen der sogenannten »Volksparteien«. Dass in Deutschland die Lage noch nicht so schlimm zu sein scheint wie in anderen europäischen Staaten (von der Türkei und den USA will ich hier gar nicht sprechen), liegt für den Moment vielleicht auch daran, dass die Wirtschaft stark ist, dass die Mehrheit der Menschen keine unmittelbare »Bedrohung« fühlt und sich deswegen auch nicht groß um das Staatswesen kümmert.

Die Gefahr des Verlustes der Demokratie ist umso größer als wir neue »Geschäftsmodelle« erleben, die so in den vergangenen Jahrzehnten eher unbekannt waren: ein autoritäres Regime bei gleichzeitiger neoliberaler Wirtschaftspolitik, die es dem Individuum gestattet, ein »freies« Leben in Wohlstand zu führen, so lange er/sie die Klappe hält. Und mit dem System kollaboriert. Dann kann jeder Einzelne richtig dicke Kohle machen, Privilegien erhalten und vieles mehr. Er muss aber nicht nur mit seinem Schweigen bezahlen. Sondern auch mit seinem Gewissen? Ist das für Sie erstrebenswert?

Nein, die Zeichen der Zeit stehen auch in Deutschland auf Sturm und Sie sind gefragt, wenn es darum geht, was man dagegen tun kann. Da genau setzt Ihre Verantwortung an, sich einzubringen in die Gesellschaft und politisch wirklich aktiv zu werden. Mit der eigenen Wahlstimme und dem einen oder anderen Gang zu einer Demonstration ist es nicht (mehr) getan. Haben Sie schon einmal daran gedacht, sich in Ihrer Stadt, Kommune, Landkreis einzubringen? In Bürgerbewegungen mitzuarbeiten? In Parteien? Haben Sie schon einmal daran gedacht, Ihr Geld zu investieren – nein, nicht in Immobilien oder Aktien – sondern in Think Tanks? In Organisationen, die aktiv für Demokratie und Freiheit kämpfen? Und selbst wenn – gehen Sie dann zu deren Veranstaltungen oder lassen Sie einfach Ihr Geld »sprechen« und meinen, das reicht schon?

Nein, es reicht nicht mehr. Gerade in Deutschland gibt es immer noch häufig diese Einstellung, dass es der Staat schon irgendwie richten wird. Aber sind wir nicht alle »der Staat«? Und indem wir unsere Verantwortung abgeben an einen Haufen von Menschen, die quasi »stellvertretend« für uns entscheiden, geben wir damit nicht auch unsere Autonomie, unsere Selbständigkeit und unsere wahre Freiheit auf?

In den USA und anderen Demokratien gibt es eine andere Haltung zum Staat: »Frag nicht, was der Staat für dich tun kann, sondern frag, was du für den Staat tun kannst!« – ich mag diese Einstellung, wenngleich ich die Folgen dieses Satzes in den USA nicht immer gutheißen kann, Stichwort: Krankenversicherung für alle.

Aber es stimmt schon: Wir müssen einfach mehr tun, um dazu beizutragen, wie der Staat und die Gesellschaft, in der wir leben, auch in Zukunft ausschauen sollen. Sie werden nicht umhinkommen, sich aus ihrem bequemen Sessel zu erheben und in ihrer Freizeit wirklich etwas zu tun.

Die Freiheit ist ein viel zu hohes Gut, um sie den Politikern allein zu überlassen.

Sie wissen nicht, wo Sie anfangen sollen? Das ist einfach: gehen Sie ins Internet, suchen Sie nach Organisationen, Vereinen, Bürgerbewegungen, die aktiv am politischen Leben teilhaben. Die sich gegen Rassismus engagieren oder für die Verbesserung von Lebensbedingungen sozial Benachteiligter. Die sich um ausgestiegene Rechtsextremisten kümmern oder für Patenschaften von Menschen sorgen, die der Staat sozial im Stich gelassen hat. Werden Sie Mitglied einer Partei. Aber nicht als passives Mitglied – sondern beteiligen sie sich: am Diskurs, an Projekten, an was auch immer. Stehen Sie endlich auf und tun sie was und belassen Sie es nicht einfach dabei, Geld zu spenden und andere etwas tun zu lassen. Denn es wird Ihnen persönlich etwas bringen, wenn Sie sich engagieren. Es wird Ihnen ein ganz neues Gefühl von Sinnhaftigkeit und Zufriedenheit schenken. Und je mehr Menschen sich für die Demokratie, für Liberalismus und Gerechtigkeit engagieren, desto mehr werden es sein, die den Feinden der Freiheit Paroli bieten können.

Fangen Sie jetzt an. Und erzählen Sie mir ja nicht, Sie hätten keine Zeit. Wenn es nämlich irgendwann zu spät sein wird, dann sind Sie mit schuld daran. Dann gibt es keine Ausreden mehr. Und wohin das führt, das hat Deutschland mehrfach in seiner Geschichte erlebt. Aus Selbstverschulden. Nicht, weil »die anderen« dafür verantwortlich waren. Wollen Sie die Fehler Ihrer Vorfahren wiederholen?

RICHARD C. SCHNEIDER

Richard C. Schneider ist Editor-at-Large bei der ARD German TV, Publizist und Dozent an verschiedenen Hochschulen. In München geboren, lebt er derzeit in Tel Aviv.

Einem breiten Publikum wurde Richard C. Schneider bekannt als Studioleiter und Chefkorrespondent des ARD Studios in Tel Aviv, wo er für Israel, die palästinensischen Gebiete und Zypern verantwortlich war. Schneider kam 2005 an das ARD Studio, übernahem es als Leiter im Jahr 2006 und blieb dort bis Ende 2015.

2016 übernahm Richard C. Schneider das ARD Studio in Rom, das für Italien, Griechenland, Malta und den Vatikan zuständig war.

Seit 2017 arbeitet der passionierte Journalist als »Editor-at-Large« für die ARD. In dieser Position macht er nur noch das »lange Format«, Dokumentation und Reportagen weltweit.

Ehe der Filmemacher Studioleiter in Tel Aviv wurde, arbeitete er ab 1987 für die ARD, vor allem für den BR, aber auch für den WDR, NDR und andere Sender. Die Redaktionen für die er tätig war: »Lesezeichen«, »Titel, Thesen, Temperamente«, »Capriccio«, »Kirche und Welt«, »Report München«, »Wissenschaft«. Vor allem aber arbeitete Schneider für die Auslandsredaktion BR und war da auch im »Brennpunkt«-Team für alle Berichtsgebiete, die der BR covert, egal ob Nahost oder Ex-Jugoslawien.

www.richard-c-schneider.com

Zahnärzte im Spannungsfeld zwischen guter Medizin und dem Unternehmertum in ihrer Praxis

BARBARA TRETTER

Gute Medizin macht noch lange keine erfolgreiche Praxis. Mehr denn je sind Zahnärzte als Unternehmer gefordert und ihr unternehmerisches Know-how entscheidet darüber, ob Sie ihren Patienten auch künftig den neuesten Standard der Medizin und Technik anbieten können.
Dieser Beitrag zeigt, wie Mut zur Veränderung hilft, eine erfolgreiche, wirtschaftlich stabile und wettbewerbsfähige Praxis, mit ausreichend Zeit für die Behandlung der Patienten, zu führen.

Hinter den Kulissen einer Zahnarztpraxis

Ein Blick in das Statistische Jahrbuch der KZBV gibt Aufschluss über die aktuelle wirtschaftliche Lage der deutschen Zahnarztpraxen. »Gegenüber 1976 ist der Gewinn der Praxen um durchschnittlich 30 Prozent gesunken. Angesicht des langfristigen Schrumpfungsprozesses ist es Praxen finanziell nicht möglich, ihren Patienten innovative Behandlungsmethoden anzubieten. Auch notwendige Aufwendungen zur Qualifizierung des Praxispersonals durch permanente Fortbildung werden hierdurch gefährdet. Letztlich geht der langfristige Liquiditätsschwund in den Zahnarztpraxen zu Lasten der Behandlungsqualität und somit zu Lasten der Patienten.« – so die Kassenzahnärztliche Bundesvereinigung.

Die Auswertungen wirtschaftlicher Rahmendaten zeigen, dass die Zahnärzte zu den Facharztgruppen mit den niedrigsten Einkommen gehören, wobei gleichzeitig das Finanzierungsvolumen im oberen Bereich der Fachärztegruppen liegt.

Bei einer gleichzeitig überdurchschnittlichen Wochenarbeitszeit von 46,7 Stunden inklusive 34,4 Behandlungsstunden, wird die chronische wirtschaftliche Krankheit der Zahnarztpraxen schnell deutlich.

Eine sichere Zukunft braucht Rezepte und Visionen, die dem medizinisch-technischen Fortschritt Rechnung tragen

In Zeiten, in denen Ärzte finanziell und kräftemäßig an ihre Grenzen geraten und die Patienten oft wochenlang auf einen Termin warten, ist Veränderung dringend notwendig.

Um den Patienten die Wartezeit auf einen Termin zu verkürzen, fordert die Politik offene Sprechstunden. Im Klartext bedeutet dies, dass Ärzte größtenteils unentgeltlich und bei gleichzeitig laufenden Kosten im Akkord Patienten behandeln sollen.

Was zunächst obsolet klingt, ist längst an der Tagesordnung, häufig sogar, ohne dass es dem Zahnarzt so explizit bewusst ist.

Die Gesundheitsbranche krankt. Gleichzeitig wird in der Öffentlichkeit gerne ein falsches Bild der Zahnärzte, als Abzocker der Patienten, gezeichnet.

Fakt ist, dass die heutige Medizin eine große Bandbreite der Behandlungen bietet, aber nur wenige Maßnahmen, welche mit dem Prädikat »ausreichend, wirtschaftlich und notwendig« belegt wurden, gesetzlich finanziert werden. Fakt ist auch, dass nicht jede durchgeführte Behandlung am Ende des Tages von den gesetzlichen Kostenträgern tatsächlich bezahlt wird.

Erbringt ein Zahnarzt zu viele Kassenleistungen, etwa, weil er viele gesetzlich versicherte Patienten innerhalb des Jahres behandelt hat, werden ihm zum Jahresende bis zu 40 Prozent seines Honorars rückwirkend abgezogen. In der freien Wirtschaft wäre ein solches Vorgehen undenkbar.

Per Gesetz ist der Zahnarzt gleichzeitig verpflichtet, jeden seiner Patienten über verschiedene Behandlungsalternativen aufzuklären. Er muss dabei auf die Möglichkeit einer Privatbehandlung durch Inanspruchnahme von Leistungen, welche gesetzlich nicht versichert sind, hinweisen.

An dieser Stelle wird deutlich, wie wichtig eine wirtschaftliche Ausrichtung der

Kassenbehandlung sowie eine klare Definition und Kommunikation häufig noch nicht ausgeschöpfter privater Behandlungspotenziale ist.

Wandel beginnt durch Veränderungen im eigenen Einflussbereich

Der Wandel gelingt, wenn jeder mit Veränderungen innerhalb des eigenen Einflussbereichs beginnt und die Verantwortung für sein Tun übernimmt. Dies gilt für Praxen, wie für jeden einzelnen von uns.

Ein gutes Praxisbeispiel hierfür ist der Umgang mit der sogenannten 100-Fall-Statistik. Noch bis vor Kurzem haben die Kassenzahnärztlichen Vereinigungen abgerechnete Durchschnittswerte einzelner Gebührenziffern an die Praxen herausgegeben. Überschreitet eine Praxis diese Durchschnittswerte, so wird sie aufgrund dieser Auffälligkeit hinsichtlich ihrer Wirtschaftlichkeit geprüft. Allein aus Angst vor einer solchen Prüfung werden in zahlreichen Praxen Leistungen erbracht, aber nicht abgerechnet. Dieses Verhalten führt am Ende dazu, dass die Abrechnungsdurchschnitte künstlich auf niedrigem Niveau gehalten werden und jede Praxis, die alle erbrachten Leistungen vollständig abrechnet, sofort auffällig wird. Erst vor einiger Zeit haben die Kassenzahnärztlichen Vereinigungen reagiert und die Herausgabe dieser Statistiken eingestellt.

Wie kann die Praxis hier einen Wandel herbeiführen?

Aus meiner Sicht ist es notwendig, alle erbrachten Leistungen korrekt und unter Beachtung der gesetzlichen Bestimmungen abzurechnen. Jede Praxis kann so dazu beitragen, dass die falschen Prüfschwellen aufgehoben werden.

Welche Gewohnheiten führen in Ihrem Leben zu einem ungesunden Kreislauf und was können Sie tun, um diese zu durchbrechen?

Fangen Sie an, in dem Sie alles Bekannte infrage stellen, denn auf den ungesunden Gewohnheiten der Vergangenheit können Sie keine neue Zukunft bauen.

Schaffen Sie Raum, um Neues auszuprobieren und legen Sie die Angst vor dem

Scheitern ab. So sammeln Sie neue Erfahrungen und können auf Grundlage dieser, neue Entscheidungen treffen.

In vielen meiner Coachings geht es darum, neue Strukturen zu implementieren. Um die Effizienz eines Unternehmens zu steigern, können zum Beispiel Veränderungen des Vorgehens bei der Terminvergabe notwendig werden.

Einige Unternehmer werden an dieser Stelle mit der Angst konfrontiert, die Veränderung könnte negative Auswirkungen auf ihre Praxis haben. Sie erstarren in alten Strukturen und das geplante Vorhaben droht ins Stocken zu geraten. Ganz nach dem Motto »Probieren geht über Studieren« biete ich an dieser Stelle an, den neuen Rhythmus erst einmal für eine Woche auszuprobieren, und die übrigen Wochen wie gewohnt zu terminieren. Danach soll auf Basis der neuen Erfahrung entschieden werden, welcher Rhythmus beibehalten werden soll oder welche Verbesserungen zusätzlich dafür notwendig sind.

Die Angst vor Neuem zeigt sich häufig in folgenden Sätzen: »Was werden meine Patienten über XY denken«, »Meine Patienten werden wegbleiben, wenn sie plötzlich mit Privatleistung konfrontiert werden«, »Meine Patienten werden die neuen Behandlungszeiten niemals akzeptieren«. Aus Erfahrung weiß ich, dass das Gegenteil der Fall ist.

Patienten gehen zu ihrem Arzt, weil sie ihm vertrauen. Durch ehrliche und klare Kommunikation der Neuerungen verstärkt sich dieses Vertrauen, auch wenn die Sprechzeiten gleichzeitig modifiziert werden.

Wer Veränderungen wünscht, sollte bereit sein, neue Wege zu gehen. Wer hingegen immer das Gleiche tut, darf keine Veränderung erwarten.

Die Gesellschaft im Wandel

Derzeit erleben wir einen gesellschaftlichen Wandel, der ein neues Werte- und Gesundheitsbewusstsein hervorbringt. Dieser Paradigmenwechsel macht es den Praxen möglich, dem Patienten wieder die Verantwortung für seine Gesundheit zu übertragen.

Anders als früher, gestaltet der moderne Patient seine Behandlung gerne aktiv mit. Nachgewiesenermaßen ist er auch nicht mehr bereit, Behandlungen und Materialien zu akzeptieren, die ihm möglicherweise dauerhaft schaden könnten. Biokompatible Werkstoffe, substanzschonende Behandlungsmethoden und kosmetische Korrekturen sind sehr gefragt, und die Bereitschaft der Patienten in eine hochwertige Gesundheitsdienstleistung zu investieren steigt.

Eine gezielte Ausrichtung des Behandlungsspektrums auf diesen Wandel und eine kontinuierliche Beobachtung des Marktes tragen zum nachhaltigen Praxiserfolg bei.

Kundennutzen stiften und diesen klar kommunizieren

Mediziner sind es oft nicht gewohnt, unternehmerisch zu denken und zu handeln. Da die gesetzlichen Krankenkassen allerdings nur die Grundversorgung gewährleisten, wird schnell deutlich, dass neben der medizinischen Kompetenz, Kenntnisse in den Bereichen Steuer, Betriebswirtschaft, Gebührenrecht, Marketing, Delegation usw. von großer Bedeutung für den wirtschaftlichen Erfolg einer Praxis sind.

Visionäres Denken und unternehmerisches Know-how sind gefragt! Bevor ein neues Behandlungskonzept entwickelt wird, sollte das Praxisteam überlegen, welches Produkt einen hohen Kundennutzen schafft. Diese Überlegung sollte bestenfalls am jeweiligen Wunschkunden ausgerichtet werden.

In diesem Zusammenhang ist die Definition des vorhandenen Patientenstammes und der künftig gewünschten Zielgruppe sinnvoll.

Der zentrale Faktor ist also der Patient und nicht die Behandlung.

Dank des Internets ist der Kunde meist vorinformiert. Diesen Vorsprung gilt es auszubauen, indem der Behandler durch die persönliche Beratung in eine Patienten-Arzt-Beziehung investiert. Viele Zahnärzte scheuen die zeitintensiven und meist kostenlos durchzuführenden Beratungen. Sofern Rhetorik nicht zu ihren Stärken gehört, kommunizieren sie ohnehin eher ungerne. Erfolgreich zu beraten bedeutet aber, eine gute Basis für eine erfolgreiche Behandlung zu schaffen.

Wie in vielen anderen Branchen, kaufen die Patienten die Gesundheitsdienstleistung auf Basis des Vertrauens, da sie diese zuvor nicht testen können.

Da Unsicherheiten im Patientengespräch dieses Vertrauensverhältnis eher belasten würden, ist es empfehlenswert, eine gemeinsame Teamsprache zu entwickeln. Eine genaue Definition gemeinsamer Kommunikationsleitlinien sowie die Standardisierung aller Beratungsunterlagen kann das gesamte Team bei der Patientenaufklärung unterstützen.

Gleichzeitig ist es wichtig, sich digitale Strategien zu überlegen, um den Kunden im Internet nicht allein zu lassen.

Auch ein kompetentes und herzliches Team hat enormen Einfluss auf das Vertrauensverhältnis zwischen dem Arzt und dem Patienten.

Ich traute meinen Ohren nicht, als ich einem Gespräch an der Praxisrezeption lauschte: Eine Patientin kam strahlend aus dem Behandlungszimmer, und hegte den Wunsch, sich ihre Zähne bleichen zu lassen. Im Behandlungszimmer wurde sie bereits ausführlich über die Vorgehensweise und die Kosten beraten. Als sie an der Rezeption nach einem Termin fragte, blickte sie in erstarrte Augen der Mitarbeiterin, welche dringend von dem Bleichen der Zähne abriet. »Ich würde mir auch niemals die Haare blondieren lassen« erklärte diese mit Nachdruck und verunsicherte die Kundin so sehr, dass diese die Praxis ohne einen Termin verlies.

Hier stellte die Mitarbeiterin ihre persönliche Meinung über die Praxisphilosophie.

An dieser Stelle wird deutlich, warum der Unternehmer eine klare Richtung in allen Belangen des Unternehmens vorgeben sollte. Mitarbeiter schätzen Klarheit und Verbindlichkeit. Anderseits handeln sie nach eigenen Prägungen, Erfahrungen und Werten, wenn diese durch den Unternehmer nicht klar vorgegeben wurden.

Kittelbrennfaktor Personal

Die derzeitige Praxisrealität muss sich hier der Defizitfrage stellen. Gute Mitarbeiter sind rar gesät, der Fachkräftemangel gewinnt in den Praxen an Brisanz. Da die Auswahl suchender Praxen groß ist, sind die Unternehmen derzeit gezwungen, sich um Mitarbeiter zu bewerben.

Nur, welchen Grund geben sie jemandem, in ihrem Unternehmen zu arbeiten?

Pekuniäre Aspekte stehen längst nicht mehr im Vordergrund – sie gehören bereits zu den Hygienefaktoren. Menschen wollen sich persönlich entwickeln, kreativ mitgestalten und Verantwortung tragen. Sie wollen ernst genommen, respektvoll behandelt und anerkannt werden.

Häufig erlebe ich Angestellte, die Veränderungen, etwa im Bereich der Digitalisierung anstreben und permanent von ihren Vorgesetzten ausgebremst werden. Sie resignieren.

Um Personalmangel entgegenzutreten ist es notwendig, Mitarbeiter als Wissensarbeiter zu befähigen und sie zu inspirieren. Auch Veränderungen rund um die Ausbildung neuer Mitarbeiter sind aus meiner Sicht sinnvoll.

Gelebte Vorbildfunktion, Klarheit und Menschlichkeit schaffen zusätzlich gute Vorrausetzungen für eine erfolgreiche Personalführung.

Eine der größten Herausforderungen des Lebens und folglich der Unternehmensführung ist die vollständige Übernahme der Verantwortung für sich selbst, denn wer Mitarbeiter führen möchte, sollte zunächst sich selbst führen können.

Welche Prägungen und Ängste hindern Sie daran, die vollständige Verantwortung für Ihr eigenes Leben zu übernehmen?

Wir alle leben in erlernten Rollenbildern, welche häufig über Jahrzehnte durch äußere Faktoren und unsere Mitmenschen geprägt wurden. Nicht immer sind wir mit diesen zufrieden und trotzdem fallen uns Veränderungen schwer. Es ist einfacher, andere für das, was uns widerfährt, verantwortlich zu machen und die Ursachen im Außen zu suchen. Zu groß ist die Angst, den gewohnten Weg zu verlassen und uns selbst auf dieser Reise zu begegnen.

Doch hinter dieser Angst liegt ein Geschenk. Die absolute Freiheit. Die Freiheit zu 100 Prozent sein zu können, wer wir sind und unser Leben nach unseren Vorstellungen und Wünschen zu gestalten. Die Möglichkeit, jeden unserer Schritte selbst und bewusst zu bestimmen und damit unseren Alltag selbstverantwortlich zu kreieren. Dabei gibt es keine Grenzen.

Beschränkungen existieren aus meiner Sicht nur in unseren Gedanken.

Haben Sie schon einmal über Ihre Gedanken nachgedacht? Was denken Sie über sich, Ihren Beruf und über Ihr Leben?

»Du rufst und dein Leben antwortet« war einer der Sätze, der mein Leben von Grund auf revolutioniert hat.

Wirkliche und nachhaltige Veränderungen passieren nur von innen nach außen

Stetige Entwicklung unserer Persönlichkeit verändert gleichzeitig unser Leben. Dabei geht es nicht um aufgesetzte Authentizität, hinter der sich einige wie hinter einer neumodernen Maske verstecken. Echte Authentizität ist nicht aalglatt. Zu sein heißt auch, zu polarisieren, Grenzen zu setzen, eckig zu sein, sich zu zeigen und zu sich zu stehen. Zu erspüren, wer wir sind und was wir uns für unser Leben wünschen, das Unternehmen authentisch zu führen und durch Einzigartigkeit zu überzeugen.

Vertrauen in uns und in unsere Werte ist für diese Entwicklung essenziell. Unternehmer fühlen oft intuitiv, welche Veränderungen nötig sind, um einen ungesunden Kreislauf zu verlassen. Aus Angst schrecken sie jedoch manchmal davor zurück, einen neuen Weg einzuschlagen.

Als Coach arbeite ich häufig mit Menschen, welchen wiederkehrend die gleichen

Themen auf allen Ebenen ihres Lebens begegnen. Die Kernursache dieser Themen ist nicht in den Zahlen zu suchen. Sie liegt oftmals in den Überzeugungen und Prägungen des Unternehmers.

Durch eine Art Biografie-Arbeit und Selbstreflexion wird der Ursprung der jeweiligen Thematik sichtbar und ermöglicht erste Orientierung. Bewusstheit über eigene Prägungen und Muster schafft Klarheit und machtoffen für Neues.

In einem konkreten Fall sollte ich herausfinden, weshalb sieben Mitarbeiterinnen innerhalb kurzer Zeit eine kleine Praxis verlassen hatten.

Bei meinem Praxisbesuch konnte ich feststellen, dass das verbliebene Team sehr bemüht war, die anfallenden Aufgaben perfekt zu erledigen. Die Chefin jedoch fand an unserem Coachingtag zwei winzige Fehler, die den Mitarbeiterinnen passierten und kritisierte diese wiederholt scharf. Die zu 98 Prozent perfekt erledigte Arbeit hingegen wurde nicht anerkannt. Der Drang zur Perfektion verbunden mit einem Minderwertigkeitsgefühl war der rote Faden innerhalb des gesamten Teams! Immer wieder wurde den Mitarbeiterinnen ihre vermeintliche Minderwertigkeit aufgezeigt. In Wahrheit waren es allerdings die eigenen ungeheilten Wunden, die sie zum Verlassen der Praxis bewegten.

In dem sich die Unternehmerin selbst erlaubt hat, Fehler machen zu dürfen, war der Druck, welcher auf dem gesamten Team lastete, weg, und die gemeinsame Arbeit an dieser Thematik konnte beginnen.

In diesem Zusammenhang hat sich immer wieder die folgende These bestätigt: Jeder Unternehmer bekommt die Mitarbeiter, die zu ihm passen und jede Praxis bekommt die Patienten, die ihr entsprechen. Es lohnt sich, diese Wechselwirkung näher zu untersuchen.

Je höher unsere Ziele, desto mehr müssen wir persönlich wachsen

Praxisinhaber sind Ärzte und Unternehmer zugleich und stehen häufig unter enormem Druck, beide Rollen perfekt zu erfüllen. Bleibt wirtschaftlicher Erfolg aus, führt es zu einer hohen Belastung der Unternehmer, welche dann noch mehr und noch härter arbeiten. Eine Abwärtsspirale, die Menschen kontinuierlich ausbrennen lässt.

Die Konzentration auf die vermeintlich problematischen Bereiche vernebelt den Blick für das große Ganze. Das Team verliert sich in vermeintlich dringenden, häufig aber unwichtigen Dingen, statt sich auf Wichtiges zu fokussieren.

Wichtig kann zum Beispiel die Analyse von Ursache und Wirkung, aber auch die

Arbeit an gemeinsamen Veränderungen, Werten, Prinzipien, Zielen und Standards sein. Auch das genaue Betrachten der Prägungen und Erfahrungen des Teams ist essenziel.

Negative Glaubenssätze wie »Ich muss hart arbeiten, solange ich noch jung bin und es noch schaffe«, »Ohne Arbeit kein Vergnügen«, »Ich arbeite, um zu leben«, »Ich muss mich zwischen Geld und Zeit entscheiden« haben einen entscheidenden Einfluss auf den Praxisalltag.

Eine Veränderung der Sichtweise ermöglicht persönliches Wachstum, welches die Menschen im Unternehmen wieder ein Stückchen näher zur Lebensfreude und Leidenschaft in ihrem Beruf bringt.

Den Wert seines Tuns erkennen

Nur wenn ein Zahnarzt und die Mitarbeiter den Wert einer Behandlung anerkennen, sind sie in der Lage, den Patienten adäquat zu beraten.

Vor einigen Tagen wurde ich Zeugin einer Teamdiskussion, ob denn die gebührenrechtlich korrekte Zuzahlung des Patienten zu einer hochwertigen Kompositfüllung in Höhe von ca. 80 Euro je Zahn angemessen oder doch zu hoch sei.

Hierzu stellte ich drei Fragen:
- Wie lange brauchen Sie für diese Behandlung?
- Wieviel ist Ihnen Ihre Zeit wert?
- Welchen Nutzen hat diese Füllung für Ihren Patienten?

Die Antworten waren relativ eindeutig: Eine tatsächliche Praxiskostenstunde dieses Unternehmens lag bei 450 Euro. Die Behandlung des Zahnes dauert ca. 30 Minuten. Der Patient bekommt eine hochwertige Versorgung, deren durchschnittliche Lebensdauer von der Kassenzahnärztlichen Bundesvereinigung auf ca. sechs Jahre geschätzt wird. Diese Füllung wird innerhalb der ca. sechs Jahre 24 Stunden täglich genutzt.

Schnell wurde sichtbar, dass der Wert dieser Behandlung intuitiv falsch eingeschätzt wurde und deutlich höher lag, als bei 80 Euro.

Für gesunde Entscheidungen brauchen wir Zahlen, Daten und Fakten und gleichermaßen unsere Intuition. Erst die Verbindung von Kopf und Intuition macht es möglich, stimmige Entscheidungen zu treffen.

Im Ergebnis zeigt sich eine große Compliance mit dem so gewählten Weg.

Kompetenzen bündeln und eine solide Entscheidungsgrundlage schaffen

Ein Unternehmen besteht aus vielen einzelnen Bereichen und ist nur dann erfolgreich, wenn diese gut vernetzt zusammenarbeiten.

Werden neue Standards implementiert, so ist es wichtig, schon am Anfang das Ende im Sinn zu haben, und das gesamte Vorhaben strukturiert zu durchdenken.

Gerne empfehle ich an dieser Stelle die Bildung eines Praxis-Kompetenz-Teams, welches aus Mitarbeitern verschiedener Praxisbereiche zusammengestellt wird. Auf diese Weise wird es möglich, sich aller kohärenten Wissensgebiete zu bedienen und entsprechende Schnittstellen zwischen diesen zu schaffen.

Um neue Strukturen, Standards oder Behandlungsmethoden zu entwickeln, sollte das Team überlegen, welche eine Sache, regelmäßig angewendet, einen großen Nutzen für die Patienten und die Praxis stiftet.

Eine konkrete Aufgabe für die Praxis könnte sein, dem Patienten ab sofort hochwertige Kompositfüllungen anzubieten.

Das Kompetenzteam sollte dieses Thema von allen Seiten beleuchten. Dabei sind die dazugehörigen Behandlungsrichtlinien, gebührenrechtliche Vorschriften, gesetzeskonforme Vereinbarungen und Dokumentationen, medizinische Indikationen, materialspezifische Eigenschaften, die Möglichkeiten der Patientenkommunikation sowie die zeitlichen und finanziellen Aspekte zu analysieren.

Ist die Entwicklungsphase abgeschlossen, kann die Neuerung in den täglichen Praxisablauf implementiert werden. Eine engmaschige Kontrolle der Ergebnisse ist zum Zwecke weiterer Optimierung des vereinbarten Vorgehens wichtig.

Das Team entwickelt also ein neues Produkt, welches dem Kunden ab sofort angeboten werden kann. Bei 400 Füllungen, die jährlich in einer Beispielpraxis gelegt werden, kann die Zielvereinbarung lauten, 50 Prozent der Füllungen in Komposit zu legen.

Um das Erreichen des Ziels kontinuierlich zu messen, wird wöchentlich eine Statistik aller Füllungen und Kompositfüllungen erstellt und der Prozentuale Anteil der hochwertigen Füllungen an der gesamten Füllungsanzahl errechnet.

Durch Andersdenken zur konkurrenzlosen Einzigartigkeit

Auf diese Weise können neue Behandlungen, aber auch neue Praxismodelle, zum Beispiel als Praxis für Präventionsmedizin oder eine Praxis für biologische Zahnmedizin, gestaltet werden. Diese verhelfen den Unternehmen nicht selten zu einem Alleinstellungsmerkmal. Das gesamte Behandlungsspektrum sollte dabei auf die Positionierung der Praxis abgestimmt sein. Der Fantasie und Imagination sind hier keine Grenzen gesetzt.

BARBARA TRETTER

Barbara Tretter gilt als ausgewiesene Expertin, die es sich zur Aufgabe gemacht hat, den Unternehmergeist in Praxen und Kliniken zu erwecken.

Als erstklassiger Unternehmenscoach und Visionärin verhilft sie Praxen, Kliniken und der Dentalindustrie zu einer neuen, profitablen und wettbewerbsfähigen Positionierung.

Ihr einzigartiges Know-how basiert auf mehr als 25 Jahren Branchenerfahrung.

Ihr Name fällt an erster Stelle, wenn es darum geht, Unternehmen gewinnorientiert und wettbewerbsüberlegen zu positionieren oder Praxisgründer erfolgreich in ihre Selbständigkeit zu begleiten. Darüber hinaus ist sie mutmachende Wegweiserin aus Unternehmenskrisen.

Mit Expertise, Klarheit und Menschlichkeit fördert sie persönliche Entfaltungsprozesse, welche immer eng mit der Unternehmensentwicklung verbunden sind.

www.dentalexpertise.de

Mit der Verantwortung aus der Angst

NICOLE WEBER

Der Artikel zeigt die Mechanismen der Angst in unserer Gesellschaft auf, beschreibt wie Ängste entstehen und wohin diese gesellschaftlich führen können. Der Zusammenhang von Neid und Angst wird erklärt und dieses Themengebiet mit dem Vorkommen in den USA verglichen. Es werden persönliche Ängste angesprochen und was diese stärkt oder schwächt. Schlussendlich wird aufgezeigt, warum es notwendig ist, Verantwortung zu übernehmen und dadurch lernt, seine Ängste zu überwinden.

Sich seinen Ängsten stellen

Die Deutschen sind ein Volk von Angsthasen. Das mutet etwas provokant an, de facto ist es aber so. Wir werden in unserem gesamten Leben von Angst bestimmt – nicht nur in unserem Privatleben, unseren Beziehungen zu anderen, sondern auch im Berufsleben. Wie wir eine Entscheidung treffen oder eben auch nicht, wird häufig durch unsere Ängste bestimmt. Das glauben Sie nicht? Lassen Sie es mich im Folgenden erklären und Ihnen aufzeigen, was Sie dagegen tun können.

Im englischsprachigen Raum gibt es den Begriff der »German Angst«. Die Deutschen werden als zögerliche und sorgenvolle Zeitgenossen angesehen, die sich sowohl im privaten als auch im politischen und wirtschaftlichen Kontext hauptsächlich von Angst leiten lassen. Diese »German Angst« wird den Deutschen generell unterstellt. Tatsächlich ist da etwas dran, soll aber nicht heißen, dass wir die einzige »Angsthasennation« sind.

Erst einmal ist Angst ein Gefühl, ein Urinstinkt, der unser Überleben sichert. Hätten wir keine Ängste, wären wir nicht in der Lage, Risiken einzuschätzen und vorsichtig und mit Umsicht zu agieren. Es mag das älteste und intensivste Gefühl sein, zu dem der Mensch in der Lage ist, es zu verspüren. Es gibt aber auch eine fehlgeleitete Angst, die grundlos oder krankhaft (pathologisch) ist. Denken Sie nur an einen Menschen in ihrem Umfeld – vielleicht auch Sie selbst – der Angst vor Spinnen hat. In den seltensten Fällen hatte dieser Jemand einmal eine gefährliche Begegnung mit einer Spinne und trotzdem empfindet diese Person Panik, sobald er eine Spinne erblickt. Und dann gibt es diese unterschwellige Angst, die wie ein Lebensgefühl unser Leben sorgenvoll prägt und uns in unseren Entscheidungen begleitet. In unserem Umfeld ist diese Art der Angst oftmals vollkommen irrational, dennoch bestimmt sie unser ganzes Leben. Wer kennt es nicht: lieber bleibt man mit dem Partner, von dem man sich gefühlsmäßig schon seit Jahren verabschiedet hat, zusammen, als sich von ihm zu trennen – aus Angst vor dem Alleinsein? Lieber die Stelle behalten, die man innehat, als sich woanders zu bewerben; wer weiß denn schon, ob man nicht vom Regen in die Traufe kommt? Ungewissheit macht Angst, und Dinge, die man kennt, kann man wenigstens einordnen, egal wie schmerzhaft sie sind.

Außerdem lauert da draußen um uns herum scheinbar überall Unheil. Laut dem Sicherheitsreport aus dem Jahr 2018, einer repräsentativen Umfrage des Allensbacher Institutes, haben die Deutschen insgesamt Sorge um die Bedrohung durch Terror oder ein Gewaltverbrechen. Statistisch gesehen ist diese Angst unbegründet. Die Wahrscheinlichkeit durch einen Verkehrsunfall zu sterben ist um ein Vielfaches höher als Opfer eines Terroranschlags oder eines Gewaltverbrechens zu werden. Dennoch haben signifikant deutlich weniger Menschen Angst vor dem Autofahren. In dem genannten Sicherheitsreport taucht diese Angst nicht einmal auf.

Nun ist es gerade in den sichersten Ländern der Welt so, dass die Menschen paradoxerweise um ihre Sicherheit besorgt sind und Ängste haben. Dieses Sicherheitsparadoxon mag zum Teil daran liegen, dass gerade Ereignisse wie Attentate, Ausbrüche gefährlicher Krankheiten wie Ebola, Flugzeugabstürze etc. besonders medienwirksam sind, und der Ablauf der Ereignisse minutiös übertragen wird. Das Internet hat uns auch in dieser Hinsicht näher aneinanderrücken lassen und es ist auch viel verkaufsträchtiger Ängste zu schüren, als sie einzudämmen und über tatsächliche Risiken aufzuklären. So sind wir bei den Schrecklichkeiten dieser Welt live dabei, und wenn die Einschläge auf deutschem Boden angelangt sind, weiß man, es ist vorbei mit der Sicherheit.

Diese diffuse Angst ist etwas Gefährliches, denn sie macht abhängig von Menschen, die Lösungen versprechen, die keine sind. Sieht man sich an, was in der deutschen Geschichte im letzten Jahrhundert maßgeblich war, so wird man erkennen, dass Hitler nur an die Macht kommen konnte, weil er verängstigten Bürgern Halt und eine glorreiche Zukunft versprach. Dass dies nicht eingehalten wurde, ist bekannt. Was darüber hinaus passierte ist uns ebenso bekannt und es war auch damals der Bevölkerung durchaus bewusst, wie Zeitzeugen berichten. Nur sprach man nicht darüber –

aus Angst, was passieren würde, wenn man sie aussprüche, die Wahrheit, dass Menschen mit Kalkül und System ermordet werden – auch dies nur aus Angst, was diese Juden – Nichtmenschen in den Augen der Nazis – anrichten könnten, wenn man sie denn nur ließe. So sehen wir: Angst ist gefährlich. Lebensgefährlich für diese Sündenböcke der Angst. Auch damals war die Angst vor der Angst größer als die Realität und nur aufgrund dieser Tatsache konnte Hitler seine wahnsinnigen Theorien, dass im Judentum die Wurzel allen Übels läge, populär machen und die Todesmaschinerie als Segen verkaufen. Denn dies ist gewiss: Unwissenheit darüber gab es nicht. Es ist nur ein kollektives Lippenbekenntnis: man habe es nicht gewusst.

Wie gesagt ist Angst die älteste Emotion und sie soll unser Überleben sichern. Diese Emotion haben wir mit den Tieren gemein und beheimatet ist sie im ältesten Teil unseres Gehirns, der Amygdala. Dieser Teil, welcher eine zentrale Rolle bei der Verarbeitung und Speicherung von Emotionen spielt und an der Furchtkonditionierung beteiligt ist, entscheidet in Sekundenbruchteilen, wie wir auf Sinneseindrücke reagieren. Jeder Reiz wird abgeglichen mit den Erfahrungen, die wir in unserem Leben bereits gemacht haben. Dies können auch Erfahrungen sein, die nicht direkt uns selbst betreffen. Hierzu zählen die Erfahrungen, die uns von Nahestehenden berichtet worden sind oder die Ereignisse, die wir mit starken Gefühlen im Fernsehen oder Internet verfolgt haben. Daraus lässt sich erklären, warum wir vor Krebs und anderen schweren Krankheiten, einem gewaltsamen Tod, Flugzeugabstürzen oder Terror so viel Angst haben, obwohl die wenigsten von uns in ihrem Leben damit bereits in Berührung gekommen sind. So lassen sich nächtliche Geräusche nach dem Genuss eines Thrillers als gefährlicher Einbrecher fehlinterpretieren, der den sich gerade vor dem Fernseher noch genussvoll gruselnden Zuschauer nun in ein zitterndes Häufchen Elend verwandeln lässt. Denn so ein bisschen Gruseln ist manchmal durchaus willkommen, wenn man den wohligen Schauer vom sicheren Kinosaal oder von der Couch aus erleben kann. Selbst erleben wollen wir das alles nicht und doch hat ein Teil von uns dies als Realität, als Teil unseres Lebens abgespeichert. Denn unserem Gehirn ist egal, ob wir uns etwas nur vorstellen oder es tatsächlich geschieht. Es sorgt so oder so für die Ausschüttung von Stresshormonen, der Beschleunigung unseres Pulses, der verflachten Atmung.

Bleiben wir ein wenig bei unserem Gehirn, das sich bis zum Ende unseres Lebens umbauen kann. Neuronale Verknüpfungen entstehen neu, werden verstärkt oder abgebaut. Diese Möglichkeit unseres Gehirns sich immer wieder neu zu verschalten, nennt man Neuroplastizität. Diese neuronalen Verknüpfungen funktionieren ähnlich wie ein Muskel; trainiert man die Verknüpfung, wird sie immer stärker und kann schneller angesprochen werden. Wird sie hingegen nicht benutzt, wird sie immer schwächer und irgendwann abgebaut. Aus diesem Grund können wir lernen und verlernen.

Was man noch wissen muss, ist, dass unser Denken unsere Gefühle steuert. Denn mit jedem gleichen Gedanken intensivieren wir das dazu passende Gefühl durch die

Stärkung der neuronalen Verknüpfung. Wenn Sie beispielsweise unangenehme Erfahrungen mit einem Arbeitskollegen oder ihrem Chef gemacht haben, wird jeder Gedankengang, der sich negativ um diese Person dreht, dafür sorgen, dass Sie ihm nicht mit Wohlwollen gegenübertreten. Wenn es darüber hinaus auch ein Machtgefälle zwischen Ihnen und der anderen Person gibt, kann leicht Angst vor dieser Person entstehen und wird durch ihre negativen und ängstlichen Gedanken aufrechterhalten, da sie im übertragenen Sinne jedes Mal die entstandene Verknüpfung Person ist gleich negatives Gefühl stärken.

Ein wichtiger Weg aus diesen diffusen Ängsten herauszukommen ist, sich die Realität vor Augen zu führen. Ist es wirklich so, dass um uns herum zahlreiche Menschen umgebracht werden, mit dem Flugzeug abstürzen oder Opfer von Terror werden? Statistiken sind hier durchaus aussagefähig und können uns bewusst machen, dass unsere *scheinbare* Wirklichkeit, dass die Welt ein gemeingefährlicher Ort ist, nicht an unserem Lebensmittelpunkt gilt – zumindest nicht wie wir denken.

Da sind wir auch gleich bei dem anderen wichtigen Punkt. Wenn unsere Gedanken unsere Gefühle ins Leben bringen und wir durch unsere Gedanken unsere Ängste stärken und aufrechterhalten, muss eine Schlussfolgerung sein, dass wir unsere Gedanken ändern und unseren Blickwinkel ändern müssen. Dies bedeutet nicht, dass wir uns verklärt durch die Welt bewegen sollen – komplett realitätsfremd –, sondern eben genau realitätsnah. Wir sollten uns fragen, ob unsere Gedanken stimmen und welche Grundlage sie haben. Wenn pathologische Ängste sich lebensgeschichtlich erklären lassen und wir wissen, dass sich das Gehirn permanent neu verschalten kann, ist es notwendig für sein Leben, Verantwortung zu übernehmen, um Wege zur Überwindung seiner Ängste zu finden. In dem Moment, in dem ich aufhöre, Verantwortung für mein Leben abzugeben und die Schuld für die Misere anderen aufzubürden und annehme, dass ich selbst für mein eigenes Leben verantwortlich bin und niemand anderes sonst, zeigen sich die Möglichkeiten auf, mich aus meinen Ängsten zu befreien.

Die erste Verantwortung liegt darin, Verantwortung für seine ureigenen Gedanken zu übernehmen, die einem ja nicht durch ominöse Dritte eingepflanzt werden. Natürlich werden unsere Gedanken durch unsere Erfahrungen beeinflusst und Verantwortung übernehmen bedeutet in diesem Zusammenhang auch, sich mit seiner Lebensgeschichte auseinanderzusetzen und diese anzunehmen. Wenn uns etwas nicht gelingt und wir schreiben diese Tatsache nur den Umständen zu, geben wir Verantwortung ab. Doch tragen wir wirklich keine Verantwortung an diesen Umständen? Dies bedeutet ausdrücklich *nicht*, dass wir an allem selbst schuld sind. Doch es gibt immer gewisse Umstände, auf die ich durchaus einen Einfluss habe. Wer hier nichts tut, erliegt seiner Angst vor der Verantwortung. Und da sehen wir auch bereits, dass Verantwortung und Angst in einer Beziehung stehen, die sich spiralförmig entwickeln kann. Dieses Prinzip ist überall gültig, im privaten wie im beruflichen oder ökonomischen.

Wir Deutschen haben viel Angst, auch davor, etwas nicht zu bekommen, das wir gerne hätten oder nicht genug davon haben. Aus diesem Grund ist der vorrangige Neid in Deutschland eher destruktiver Natur. Wir gönnen demjenigen der das hat, was wir wollen, diesen Umstand nicht. Nun gehen wir nicht dahin und suchen nach Lösungen, wie wir es selbst auch erreichen könnten, sondern machen den anderen schlecht und seinen Erfolg klein.

In den USA ist im Kulturgut hingegen fest verankert, dass jeder schaffen kann, was er möchte, wenn er nur dafür arbeitet, und auch, dass man sich gegen Abhängigkeiten zur Wehr setzen kann. Die Wehrhaftigkeit wird dort sehr großgeschrieben – in Deutschland hingegen wird sie verpönt. Das führt zwar einerseits dazu, dass auch Amerikaner Ängste haben, aber die Angst, dass der andere das Glück hat, das einem selbst zusteht, ist dort nicht so fest verankert, wie bei uns. Denn es gibt ihn, den amerikanischen Traum, die Möglichkeit, mit harter Arbeit sich seiner Herkunft zu erheben. Dies bedeutet auch, dass in den USA Menschen weniger Angst davor haben, nicht das zu bekommen, von dem sie meinen, es würde ihnen zustehen. Diesen Anspruch gibt es dort so einfach nicht. Man arbeitet und sät, was man geerntet hat. In den USA kennt man Neid natürlich auch, jedoch ist es hier häufig eine Art konstruktiver Neid und zwar in der Form, als dass, dass es möglich ist, das zu bekommen, was man will, wenn man nur dafür arbeitet. Neid ist dort oft eher eine Art Ansporn, es auch zu schaffen.

Nur wer anerkennt, dass es Verantwortung braucht, sich seinen Ängsten zu stellen und bereit ist, diese zu übernehmen, wird Erfolg haben. Wie gesagt, Ängste hat jeder, jedoch sind viele dieser Ängste unbewusst und es ist notwendig, sich zu fragen, ob das Ausbleiben von Erfolg gegebenenfalls mit Ängsten zu tun haben könnte. Auch unsere Gedanken sind uns oft nicht bewusst und wer beginnt, sich seinen Ängsten zu stellen, ist oft überrascht, wie oft am Tag seine Gedanken mit Sorgen, Ängsten oder Zweifel zu tun haben. Wenn wir feststellen, dass wir uns gerade um etwas sorgen, hat das eher selten mit der Gegenwart zu tun. In den meisten Fällen sorgen wir uns um die Zukunft. Schnell gleitet dies in eine Gedankenspirale ab, in welcher die Angst immer größer wird. Wenn uns bewusst wird, dass wir gerade negative Gedanken in Bezug auf die Zukunft hegen, hat auch dieses Denken mit Angst zu tun und stärkt ebendiese Angst. Beispielsweise beinhaltet die Frage, ob man etwas wohl nicht schaffen wird, die Angst, es nicht zu schaffen oder zu erreichen. Nun fangen viele an, sich dieses Nichterreichen bis in das kleinste Detail auszumalen, statt ihre Energie darauf auszurichten, welche Schritte unternommen werden müssten, um es zu schaffen. Ich möchte an dieser Stelle darauf hinweisen, dass ich nicht permanent positives Denken meine, denn das ist unrealistisch. Ich spreche hier leider von dem oft vertretenen pessimistischen Denken, das ebenfalls unrealistisch ist. Wir leben in einem Land, in dem die Menschen gerne etwas pessimistischer sind; realistisch sein, nennt man das dann gerne und nimmt dabei nicht wahr, dass dieser »Realismus« dafür sorgt, dass die erlebte Wirklichkeit immer ungemütlicher wird.

Wenn Sie also merken, dass Ihre Gedanken aktuell um eine negative Vorstellung kreisen, ist es wichtig, sich einmal zu fragen, ob diese Gedanken tatsächlich eine Grundlage haben. Fragen Sie sich: »Ist dieser Gedanke wahr?« Fragen Sie sich weiter: »Woher weiß ich, dass er wahr ist?« »Ist das Gegenteil meines Gedankens auch wahr?«

Indem Sie sich diese Fragen stellen, durchleuchten Sie Ihre Gedanken auf ihren Realitätsgehalt und übernehmen die Verantwortung für ihr Denken. Dies ist der erste Schritt. Sollten Sie nun feststellen, dass Ihre Gedanken keine Grundlage haben, sondern einfach negative Hirngespinste sind, ist es wichtig, solche Gedanken immer dann zu unterbrechen, wenn Sie bemerken, dass sie diese gerade haben. Vielleicht haben Sie in der Vergangenheit schon einmal davon gelesen, man sollte zu sich selbst »Stopp« sagen und sich vielleicht auch ein Stoppschild vorstellen. Ich habe die Erfahrung gemacht, dass diese Übung vielen Menschen schwerfällt und möchte Ihnen stattdessen etwas anderes mitgeben: Da unsere negativen Gedanken selten etwas mit der Gegenwart zu tun haben, macht es Sinn, uns wieder mit genau dieser Gegenwart zu beschäftigen – und zwar mit unseren Sinnen. Sehen Sie sich einmal um, wo sie gerade sind und benennen Sie für sich selbst fünf Dinge, die Sie sehen können. Das könnte sich wie folgt anhören: »die Lampe an der Decke«, »das gelbe Kissen«, »die Flasche Wasser«, »das Bild an der Wand« oder »die Pflanze«.

Achten Sie nun auf die einzelnen Geräusche, die Sie wahrnehmen können. Dies fällt vielen schwer, weil wir gewohnt sind, viele Geräusche, die wir oft hören, einfach auszublenden: »Das vorbeifahrende Auto«, »Vogelgezwitscher«, »das Ticken der Uhr«, »meine eigene Atmung«, »das Knarren einer Holzdiele«.

Beschäftigen Sie sich nun mit der Haptik; was können Sie an der Grenze Ihres Körpers bzw. auf ihrer Haut spüren?

»Die Schuhe an meinen Füßen«, »der Ring an meinem Finger«, »ein Haar an meiner Schläfe«, »der Hosenbund an meinem Bauch, wenn ich einatme«, »der Stoff des Pullovers an meinen Armen«.

Nachdem Sie sich nun einmal recht intensiv mit diesen drei Sinnen beschäftigt haben, werden Sie vielleicht feststellen, dass es Mühe macht, die vorherigen negativen Gedanken zurückzuholen. Dann lassen Sie es doch einfach!

Wenn Ihre Ängste sich darum drehen, etwas nicht zu schaffen oder etwas nicht zu erreichen, entwerfen Sie für sich selbst ein Bild, indem Sie Ihr Ziel bereits erreicht haben. Wie würde sich das anfühlen? Ist es eine Körperempfindung, die sie wahrnehmen, wenn Sie daran denken, ihr Ziel bereits erreicht zu haben? Vielleicht ein positives Kribbeln im Bauch oder etwas anderes? Woher würden Sie wissen, dass Sie ihr Ziel erreicht haben? Ist dieses Ziel messbar? Fällt es Ihnen schwer, sich gut zu fühlen, während Sie daran denken, ihr Ziel bereits erreicht zu haben? Gehen Sie gedanklich in die Vergangenheit. Wann haben Sie etwas erreicht und wie hat sich das angefühlt? Wo konnten Sie das körperlich spüren? Nehmen Sie dieses Gefühl mit in Ihre Zukunftsvision. Wie fühlt es sich jetzt an? Haben Sie keine positiven Gefühle, wenn Sie an Ihre Zielerreichung denken, sollten Sie sich fragen, ob Sie dieses Ziel wirklich erreichen wollen. Was würde sich für Sie ändern, wenn Sie Ihr Ziel bereits erreicht hätten? Wenn ihr Ziel fest für Sie definiert ist, lassen Sie nicht mehr zu, dass Ihre Gedanken ständig um den Misserfolg kreisen. Natürlich ist es wichtig, hier absolut realistisch zu sein. Ziele, die unrealistisch sind, sollten Sie durch realistischere Ziele ersetzen. Und es macht auch Sinn, sich einmal damit auseinanderzusetzen, was man tun würde, wenn das eintritt, wovor man Angst hat. Und für diesen Fall vorzusorgen. Wenn Sie dafür Verantwortung übernommen haben und für diesen Fall getan haben, was möglich war, fragen Sie sich, welche konkreten Schritte notwendig sind, um ihre Ziele zu erreichen. Brechen Sie diese runter und machen Sie einen ersten Schritt – noch heute! Nur, wenn Sie bereit sind, für Ihre Ziele zu arbeiten, können diese Wirklichkeit werden.

Wenn Ihre Ängste ein anderes Thema haben, wie beispielsweise das Fliegen in einem Flugzeug, können Sie etwas anders vorgehen. Auch hier unterbrechen Sie Ihre sorgenvollen Gedanken und befassen sich mit der Gegenwart. Richten Sie sich gedanklich einen Ort ein, an welchem Sie sich wohl und sicher fühlen. Das kann ein Ort in der Natur sein oder in einem Gebäude. Wichtig ist nur, dass sie sich wohl und sicher fühlen, wenn Sie daran denken. Immer, wenn Sie bemerken, dass Sie über das Fliegen nachdenken und sich dabei unwohl fühlen, gehen Sie gedanklich an Ihren Wohlfühlort. Damit unterbrechen Sie Ihre Ängste. Orientieren Sie sich danach neu in der Gegenwart, wie oben erläutert.

Wenn Sie bereit sind, Verantwortung für Ihre Ängste und Ihr Leben zu übernehmen, ist es immens wichtig, den nächsten Schritt zu gehen und für Ihre Ziele zu arbeiten. Das hört sich selbstverständlich an, aber sehen Sie sich einmal um: Wie viele Menschen haben hehre Ziele, gleichzeitig Angst, dass es nie eintritt und tun nichts dafür, dass sie ihre Ziele erreichen. Einen Schritt kann man immer in die richtige Richtung machen. Wenn Sie in einer Umgebung sind, wo das absolut nicht möglich ist, haben Sie die Alternative, diese Umgebung hinter sich zu lassen. Dieser Weg ist natürlich kein Erlebnisprogramm. Es ist sicher unbequem, Verantwortung zu übernehmen, sich seinen Ängsten zu stellen, seine Gedanken zu kontrollieren und Schritt für Schritt auf seine Ziele hinzuarbeiten. Aber der Lohn für Selbstverantwortung ist immens. Sie können sich damit aus Ihrer Angst befreien und verantwortungsvoll und unbeschwert in die Zukunft gehen.

Quellenverzeichnis

Bude, Heinz (2014): Gesellschaft der Angst. Hamburger Edition

Gardner, Dan (2009): Risk: the Science and Politics of Fear. Virgin Books

Gardner Daniel (2009): The Science of Fear: How the Culture of Fear Manipulates Your Brain. Plume

Ryan, Kathleen D. (1998): Driving Fear Out of the Workplace: Creating the High-Trust, High Performance Organization. Jossey-Bass

NICOLE WEBER

Nicole Weber beschäftigt sich als Angstforscherin mit den gesellschaftlichen Auswirkungen der Angst. Das Thema »Angst« faszinierte sie bereits während Ihres Studiums der Sozialwissenschaften. Hier näherte sie sich diesem Themenkomplex auf einer sozialpsychologischen, soziologischen und wirtschaftlichen Ebene. In ihren Berufsjahren in der Finanzwirtschaft erkannte sie die Mechanismen der Angst, wie sie in unserer Wirtschaft eine tragende Rolle spielen. International ist sie eine gefragte Vortragsrednerin zu den Themenkomplexen Angst und Traumata. In ihrer Praxis in Hannover zeigt sie Ihren Klienten Wege aus der Angst. Zusätzlich bildet Sie Therapeuten und Coaches aus und weiter. Nicole Weber ist Heilpraktikerin für Psychotherapie und Hypnoseausbilderin der National Guild of Hypnotists.

www.hypnosecoaching-weber.de

Der Weg zur eigenen Wahl

PATRICIA ZURFLUH

Das Leben ist eine kontinuierliche Herausforderung. Wie wir damit umgehen, hängt von unserer mentalen Einstellung ab. Das regelmäßige Reflektieren der zehn Schritte des Weges zur eigenen Wahl und der drei inspirierenden Tagesfragen lassen Sie selbstbestimmte und mutige Wahlen treffen. Es ist eine Einladung, Ihr Leben mit Dankbarkeit und Eigenverantwortung, von Tag zu Tag, magischer und leichter zu gestalten.

Selbstbestimmung – Schritt für Schritt

Der Weg zur eigenen Wahl ist die selbstbestimmte und eigenverantwortungsvolle Melodie unseres Lebens. Jeder Schritt will gewählt werden und zwar stets für das Jetzt, in der Gegenwart, vorausschauend auf die Zukunft – jeden Tag von neuem.

In welche Welt auch immer wir hineingeboren wurden, das Leben ist eine Herausforderung. Der Weg von der Geburt bis zum Tod verläuft nicht gerade. Irrwege und vermeintlich verpasste Abzweigungen gehören zum Leben dazu. Im Vertrauen, dass wir begleitet sind von Menschen, die uns wohlgesonnen sind und das Beste für uns im Sinn haben.

Manchmal gilt es Wahlen zu treffen, die dem eigenen Umfeld nicht passen und doch wünschen wir uns Verständnis von jenen Menschen, die uns wichtig sind. Viele Wahlen haben Auswirkungen auf das Gesamtgefüge. Und dies ist wohl auch ein Hauptgrund, weshalb viele davor zurückschrecken, überhaupt Wahlen zu treffen. Niemand soll enttäuscht sein oder negativ über uns reden. Wer oder was ist denn eigentlich dieses »Niemand«?

Das Niemand ist eine Ausrede. Eine Ausrede dafür, selbst einen entscheidenden Schritt im Leben weiterzugehen. Dazu gehört Mut. Mut, ein selbstbestimmtes und eigenverantwortliches Leben zu führen. Dies verlangt eine konsequente Vorarbeit. Es

gilt zuerst herauszufinden, was nicht mehr gewollt wird. Dazu empfehle ich drei inspirierende Fragen für den Start des Tages und zur abendlichen Selbstreflexion:
- Wofür bin ich dankbar?
- Was habe ich gut gemacht und was habe ich gelernt?
- Wie oder was kann ich verändern, dass mein Leben magisch ist?

Mit diesen Fragen schenken wir uns selbst Achtsamkeit für unser tägliches Wirken und sie lassen uns wertschätzen, was uns bereits alles geschenkt wurde. In welcher Sackgasse man auch immer stecken mag, es ist die eigene Wahl, wie der Morgen gestartet wird. Und genauso ist es die eigene Wahl, wie der Tag beendet wird.

Ich schreibe von Wahlen und nicht von Entscheidungen. Weshalb? Haben Sie sich schon mal überlegt, dass Sie sich nie sicher sein können, dass es die richtige, die wirklich absolut richtige Entscheidung war? Also weshalb machen Sie sich das Leben mit Entscheidungen unnötig schwer? Machen Sie es wie ich – ich wähle. Eine Wahl fühlt sich gleich viel leichter an. Es ist eine Wahl für den Augenblick und ich vergeude keine unnötige Zeit.

»If you can dream it, you can do it.«
WALT DISNEY

Ich halte es wie Walter Elias »Walt« Disney, und daran glaube ich. Träume ich von realistisch Umsetzbarem, dann kann ich es auch erreichen und dabei darf ich wirklich groß träumen. Die Frage ist, will ich es wirklich und bin ich bereit, alles dafür zu tun? Und dazu möchte ich Ihnen etwas vom Wertvollsten weitergeben, das ich trainiere – den Weg zur eigenen Wahl.

Der Weg zur eigenen Wahl in zehn Schritten:
1. Das *Ich* hat eine Idee und wählt selbstbestimmt und selbstbewusst das nächste Ziel. Es ist der Samen des nächsten Wegabschnittes.
2. Das *Ich* wählt ein *Du*, ein *Miteinander*, um gemeinsam darüber nachzudenken, wie das nächste Ziel umgesetzt werden kann. Es entsteht eine inspirierende und vertrauensvolle Verbindung, wenn das *Ich* gestärkt wird oder eine Trennung, wenn dem *Ich* Zweifel eingepflanzt werden.

3. Jedes Samenkorn kann nur durch Umsetzen zu einer ertragsreichen Ernte werden. Ein *Team-* oder *Wir-Gefühl* mit einer ausdrucksstarken Kommunikations- und *Tun-*Kraft entsteht.

4. *Geduld* und *Disziplin* benötigt jedes Wachsen. Dies wird genährt durch Fühlen. Wer sind die stimmigen Begleiter? Wer lebt nach den gleichen Werten? Wer erkennt, dass sich die Schritte mit Ruhe und Achtsamkeit leichter und flexibler anfühlen?

5. In Freude zu wirken und zu wachsen bedingt eine innere *Freiheit*. Wer im Inneren frei ist, kann im Miteinander eine bedingungslose Selbstbestimmung anderer fördern und annehmen. So entstehen berührende, motivierende und vertrauensvolle Beiträge für andere und ein erwartungsloses Schenken ist möglich.

6. *Selbstliebe* und damit verbunden die Liebe zum eigenen *Körper* lassen die Sucht nach Anerkennung und Wertschätzung von außen verblassen. Ob gesunde Ernährung oder körperliche Leistungskraft, es gilt regelmäßig von neuem zu wählen, für wie wichtig es erachtet wird.

7. *Inneres Wissen* und *das Erkennen* der eigenen kraftvollen Wahlen stärken den Weg. Mit der Wahl an sich zu glauben, im stetigen Reflektieren, ist der Samen für das Vertrauen in sich selbst gelegt. Hier kommen die drei Tagesfragen, wie davor gelistet, zum Einsatz. Innere Ruhe und *Fülle-Denken* werden kraftvoll gefühlt.

8. Wurden die ersten sieben Schritte des Weges zur eigenen Wahl selbstbestimmt und eigenverantwortungsvoll gegangen, kann jetzt die *Ernte* eingefahren werden. Denn ist der Samen des ersten Schrittes auf dem Weg bis jetzt eigenmächtig ernährt und gepflegt worden, stellt sich das Gefühl des Erfolges ein. Gibt es, ob beruflich, im privaten oder generell im zwischenmenschlichen Bereich, keine Harmonie, kein Einklang mit dem Gegenüber, dann gilt es jetzt nachzuforschen. Irgendwo auf dem Weg ist eine Abzweigung verpasst worden oder man hat eine rote Ampel übersehen.

9. *Loslassen* und *Veränderung* beschreiben ein Ankommen im eigenen Leben. Ein Festhalten oder ein Fixiertsein lassen stagnieren und dies ebnet den Weg für ein Jammerer-Dauerschleife-Abonnement. Die Verantwortung für seine Wahlen auf dem Weg zur eigenen Wahl zu tragen setzt voraus, die vergangenen Erfahrungen zu akzeptieren, loszulassen und was anders gewünscht gewesen wäre, nun anders für die Zukunft zu wählen. Ob gemachte Fehler, Trauer, Wut, Ärger oder Enttäuschungen, es sind Augenblicksaufnahmen. Wir wählen, wie stark ihre Kraft für die Zukunft ist. Genauso verhält es sich mit Freude, Dankbarkeit oder Erfolg. Wir wählen, wie kraftvoll sie unsere Zukunft begleiten.

10. Der zehnte Schritt ist ein *Zurückblicken* auf die zurückgelegten neun Schritte auf dem Weg zur eigenen Wahl. Ob es ein Tagesziel, ein Wochenziel oder ein Jahresziel war, nun gilt es dankbar bewusst zu werden, dass uns viele Erfahrungen bei der nächsten Wahl unterstützen werden. Das *Vertrauen* in sich selbst wächst. Das

Verstehen seiner eigenen Stärken, Potenziale und Fähigkeiten wird offensichtlicher. Die eigene *Wahrheit* will gelebt werden und der Wunsch, die Welt damit zu bereichern, lässt das eigene Herz strahlen. Mutig und selbstbestimmt wird nun der erste Schritt auf dem nächsten Wegabschnitt gemacht.

Doch was ist, wenn alle ihren Weg zur eigenen Wahl gehen? Was ist, wenn jemand in unserem näheren Umfeld selbstbestimmt eine Wahl trifft, welche uns emotional verletzt? Was ist, wenn wir damit nicht gerechnet haben und es uns wie ein Blitz trifft? Selbstbestimmte Wahlen anderer können einen so großen Einfluss auf unser eigenes Leben haben, dass wir den Fokus für unseren Weg verlieren können. Oberste Priorität ist nun, Ordnung in die Emotionen zu bringen. Ein Verdrängen der Emotionen bringt gar nichts, das zehrt noch viel mehr an den Kraftreserven. Wir können jedoch selbst wählen, wie wir darauf reagieren.

Die Möglichkeit des Jammerer-Dauerschleife-Abonnements kann ebenso gewählt werden wie das Gefühl, sich ständig rechtfertigen zu müssen oder sich als Opfer zu sehen. Die Jammerer-Dauerschleife-Abonnenten sind die selbsternannten Opfer unserer Gesellschaft. Sie nutzen ihre ganze Energie dafür uns mitzuteilen, wie ungerecht sie behandelt werden, wie mittellos sie sind, wie gemein das Leben ihnen gegenüber ist, wie das Schicksal negativ auf ihrer Seite ist und wie bemitleidenswert sie sind. Und weil sie ja so viel Energie und Zeit damit verpuffen, finden sie viele Gleichgesinnte. Und was sich daraus ergibt, ist eine Negativspirale, aus der man nur mit viel selbstbestimmter Kraft wieder herauskommen kann.

Für diese selbstbestimmte Kraft muss die Verantwortung getragen werden. Loslassen von alten Gewohnheiten. Loslassen eines Umfeldes, das nicht guttut. Loslassen von negativem Denken und damit automatisch verbunden ein Loslassen von Gefühlen und Emotionen, die die eigene Energie herunterziehen. Es wäre so einfach, wenn für diese Theorie ein Knopfdruck existieren würde. Ein Knopfdruck, der das praktische und disziplinierte Umsetzen leicht macht.

Dieser Knopfdruck existiert. Es geht um die Wahl dafür oder dagegen. Will man etwas verändern oder will man nicht? Wenn das Jammern mehr Freude bereitet als der Veränderungswunsch, dann ist das okay. Sie dürfen sich dann einfach nicht wundern, wenn Sie in Ihrem Umfeld hauptsächlich Menschen um sich herumhaben, die auch so denken. Und sich jene zurückziehen, die den Tag mit wirklichen Freuden verbringen möchten. Und unter uns: auch die überwiegend gut gelaunten Menschen unter uns haben alle auch ihre Tage, an denen sie sich nicht so gut fühlen, an denen sie an sich zweifeln und sich am liebsten den ganzen Tag unter die Bettdecke zurückziehen möchten. Doch der Unterschied zu den Jammerer-Dauerschleife-Abonnenten ist, dass jene schon bald die Nase voll haben von ihren nicht förderlichen Gefühlen. Sie kommen unter der Bettdecke wieder hervor, lüften das Bett, machen den nächsten Schritt und lassen das Gestern gestern sein.

Was auch immer getan werden kann, es kann nur im Jetzt kreiert werden. Das Gestern ist erfahrene Vergangenheit. Unsere Gefühle lassen uns den weiteren Weg bestimmen. War die Situation, das Erlebte freudig, inspirierend und wundervoll, fühlen wir uns leichter damit. Hingegen fühlen wir uns traurig, enttäuscht, verärgert, hintergangen oder sogar zornig, kann es uns viele weitere Tage so richtig die Stimmung vermiesen. Und wenn dann noch dazu die Ansicht kommt, alle anderen sind schuld, dann ist ein weiteres Zusatzabonnement der Jammerer-Dauerschleife gelöst.

Es ist wie es ist. Das Leben will gelebt und geliebt werden – von einfach war nie die Rede. Doch wir bestimmen und wählen die Energie und somit bestimmen und wählen wir ebenfalls die Qualität unseres gesamten Lebens. Manchmal ist es echt demotivierend. So extrem, dass das Licht am Ende des Tunnels nicht mehr gesehen wird. So extrem, dass man sicher ist, es wird nie wieder gut. Alle gut gemeinten und wertschätzenden Aussagen von Familie und Freunden kann man in jenen Zeiten nicht annehmen.

Dies werden dann die Erfahrungen und die Prüfungen, auf die man sehr gerne verzichten würde. Doch Prüfungen und Herausforderungen kommen nicht einfach um die Ecke geschlichen. Sie kommen auch nicht einfach, um anzuklopfen und »Hallo« zu sagen. Es sind Wake-Up-Calls. Eine Aufforderung, seinem eigenen Leben eine neue Richtung zu geben, eine Wahl zu treffen, eine Veränderung zu veranlassen.

In der Zeitspanne der Verlagsunterschrift bis zum Verfassen dieses Beitrages ist mir eine Herausforderung als Wake-Up-Call auferlegt worden, die mich wirklich ins Wanken gebracht hat. Der Boden unter den Füßen war nicht mehr spürbar. Das Licht am Ende des Tunnels war erloschen. Eine selbstbestimmte Wahl eines nahestehenden Menschen hat mein Leben auf den Kopf gestellt und sich als nicht mehr lebenswert anfühlen lassen. Und im Kopf und im Herzen hatte innerhalb weniger Stunden das Jammerer-Dauerschleife-Abonnement seinen Platz.

Wenn so etwas passiert, gibt es verschiedene Möglichkeiten, darauf zu reagieren. Ich persönlich gehöre zu den Menschen, die den Rückzug antreten. Ich brauche Ruhe und Zeit für mich. Persönlicher Raum zu reflektieren, um den eigenen Anteil zu erkennen. Während dieser größten Herausforderung, brauchte ich Vertrauenspersonen, denen ich erzählen durfte, bei denen ich weinen durfte und vor allem, die meine Person nicht werteten. Was ich sicherlich nicht brauchte, waren Menschen, die mich im Jammern unterstützten.

Heute bin ich mir absolut sicher, dies ist eines der Geheimnisse erfolgreicher Menschen. Fehler machen alle und Prüfungen und Herausforderungen werden allen gestellt. Doch die Reaktionen darauf sind unterschiedlich. Deshalb ist mein kraftvolles *Warum,* Menschen auf ihrem Weg zur eigenen Wahl zu unterstützen. Denn ich habe erfahren, dass Energie immer der Aufmerksamkeit folgt.

- Es ist lernbar, das Leben in Empfang zu nehmen und lächelnd durch den Tag zu gehen.
- Es ist lernbar, gemachte Fehler einzugestehen und sich selbst und anderen zu verzeihen.
- Es ist lernbar, wie man auf vermeintlich unveränderbare Situationen reagieren kann.
- Es ist lernbar, wie man selbstbestimmte Wahlen anderer annehmen kann.
- Es ist lernbar, den Fokus auf das zu richten, worauf man Einfluss nehmen kann.
- Es ist lernbar, egal wie alt man ist, dem eigenen Leben eine neue Richtung zu gehen.
- Es ist lernbar, selbstbestimmt und eigenverantwortlich Schritt für Schritt auf seinem Weg zur eigenen Wahl vorwärts zu gehen.

Der Weg zur eigenen Wahl funktioniert am besten, wenn er Hand in Hand mit Verantwortung tragen gewählt wird. Alltagstrott kann uns davon abhalten, da vieles als selbstverständlich betrachtet wird. Wie Gewohnheiten, an die sich jeder hält und wir nicht hinterfragen, ob wir dies überhaupt wollen. Wieso auch? Es geht uns ja oberflächlich gut und man fühlt sich wohl. Doch genau dies ist eine trügerische Angelegenheit. Wir hinterfragen nicht, ob es das Richtige für uns ist. Wenn wir nichts hinterfragen, können wir nicht erkennen, ob wir unser Leben leben oder ob wir uns als Marionetten im Leben anderer zur Verfügung stellen. Und dies kann schmerzvoll sein, wenn dann jemand zum Beispiel eine Wahl trifft, die man nicht erwartet hat.

Wir sollten uns wiederholend fragen: »Ist das, was ich jetzt mache oder lebe, auch das, was ich will? Ist es das, was mein Herz wünscht? Fühlt es sich gut an? Passt es mir? Kann ich mich damit entfalten, meine Stärken und Potenziale weiterzuentwickeln? Oder verstecke ich mich, damit sich niemand in der Harmonie gestört fühlt? Bin ich von anderen Menschen, von Geld oder von materiellen Gütern abhängig? Kombiniert mit dem regelmäßigen Reflektieren der zehn Schritte auf dem Weg zur eigenen Wahl und den drei Tagesfragen, lassen diese Fragen die Wahrheit erkennen.

Wir haben so viele Möglichkeiten, unserem Leben einen eigenen Stempel aufzutragen, wenn wir es nur wollen. Dazu gilt es, aktiv zu werden. Jeder Wegabschnitt auf dem Weg zur eigenen Wahl bedingt einen ersten Schritt, eine erste Handlung. Idealerweise mit einer klaren Vorstellung, wohin der Weg führen soll und nicht, welcher Weg nicht mehr gegangen werden will. Hat man eine Wahl getroffen, gilt es diese konsequent durchzuziehen. Das heißt, alle Ausreden, die wir bis zu diesem Zeitpunkt genutzt haben, gehören der Vergangenheit an.

Aus meiner Erfahrung kann ich sagen, Wahlen anderer sind um einiges fordernder als eigene mutige Wahlen. Wählt jemand anders als wir selbst, kann es sein, dass sich ein Wegstück von einer Minute zur anderen verändert. Zu Beginn hat man das

Gefühl, das kann ja nicht sein. Man will es nicht wahrhaben. Trotz ständiger Wiederholung, man hatte es nicht besser gewusst, bleibt eine große Leere.

Diese Leere und diese Verletztheit spürte ich zwei Wochen ganz intensiv. Ich ging durch die tiefste Tiefe in meinem Leben. Heute, einige Zeit danach, ist mir bewusst, dass exakt diese Wahl eines nahestehenden Menschen mich um Meilen weitergebracht hat. Denn mit dieser Wahl, musste ich einiges, was sich nicht gut anfühlte, anschauen. Alltagsroutinen und gewisse Charaktereigenschaften sind in Erklärungsnotstand geraten. Und dann nach zwei Wochen wählte ich: Stopp!

Die Welt dreht sich weiter, auch wenn äußere Einflüsse kurzerhand die Regie über die eigene glückliche Welt übernehmen. Auch wenn gefühlt, das Licht am Ende des Tunnels nie mehr zu leuchten scheint. Die Welt dreht sich weiter, denn es sind Prüfungen. Prüfungen, die dazu einladen uns anzuschauen, was die nächsten Schritte auf dem Weg zur eigenen Wahl sein werden. Jammern oder aufstehen und weitergehen?

Was für ein Gefühl, aufzustehen und weiterzugehen! Was für ein Gefühl, die richtigen Menschen zum richtigen Zeitpunkt an der Seite zu spüren! Was für ein Gefühl, zu erkennen, dass die einfachen und wundervollen Tools und Werkzeuge, die ich selbst trainiere, so wirkungsvoll funktionieren! Was für ein Gefühl, das Licht am Ende des Tunnels in strahlendem Glitzern zu sehen! Was für ein Gefühl, das Jammerer-Dauerschleife-Abonnement gekündigt zu haben und kraftvoll, selbstbestimmt und eigenverantwortlich den Weg zur eigenen Wahl weiterzugehen!

Weshalb machen wir uns also so viele Gedanken, was andere von uns wollen oder von uns erwarten? Sind wir selbstbestimmt und verantwortungsvoll auf unserem eigenen Weg, können wir uns vor dem Einfluss anderer befreien. Ein ungesundes Machtverhältnis kann sich dadurch verschieben und neue Wege können sich vor den eigenen Augen sichtbar zeigen. Hört man auf, andere für Fehler verantwortlich zu machen, die man selbst gemacht hat oder für Wahlen, die man wegen fehlenden Mutes nicht gefällt hat, werden sich viele Möglichkeiten für ein glückliches Leben offenbaren.

Es stürmt nichts, gar nichts, einfach so in ein Leben herein. Auch nicht, wenn es sich so anfühlt. Oft gibt es Anzeichen dafür, auch wenn diese erst Jahre danach erkannt werden. In meinem Fall war es eine Familiengeschichte, die sich über Generationen hinweg einen Weg suchte und auch fand. Auch wenn ich darüber Bescheid wusste und immer spürte, wenn es quer lief, habe ich versucht, es auf die Seite zu schieben. Man sieht nicht gerne seine eigenen dunklen Punkte; bis sie plötzlich aus heiterem Himmel so sichtbar werden, dass keine Kontrolle mehr darüber möglich ist.

Was für ein Augenblick. Was für eine Erfahrung. Was für ein Prozess, der ausgelöst wurde. Was für eine Dankbarkeit, die sich mehr und mehr bemerkbar machte. Damit will ich überhaupt nicht die Trauer und die Verletzung schmälern. Im Gegenteil! Diese Schmerzen haben mir aufgezeigt, was wirklich wichtig ist. Dies ist der Weg zur eigenen Wahl.

Ein erster Schritt kann sein, sich einzugestehen, dass eigene Gedanken die Denkmuster von anderen beinhalten können. Diese gilt es zu erkennen und dann herauszufinden, ob sie mit sich selbst stimmig sind. Ob es sich lohnt, dies für sich anzuschauen, ist individuell von den eigenen Bedürfnissen abhängig. Hat man keine Lust auf Veränderung, dann sollte man vor dieser Detektivarbeit die Finger lassen.

Es gestaltet sich also viel einfacher, wenn man von Natur aus neugierig ist. Eine Prise Mut ist auch von Vorteil. Sich einzugestehen, dass man lange Zeit falsch gedacht und gehandelt hat, kann das Weltbild ziemlich aufrütteln. Hat man es erkannt, gibt es fast kein Zurück mehr. Denn ab diesem Augenblick verändert sich etwas. Neue Nervenverbindungen entstehen, welche automatisch neue Handlungen auslösen. Und durch diese neuen Handlungen kann man ganz neue Gefühle erfahren. Ein Stück Lebensprozess nimmt eine neue Wegspur ein. Die Schritte auf dieser neuen Wegspur sind vielleicht zu Beginn noch etwas holprig. Vielleicht zweifelt man auch noch ein paar Mal daran. Doch mit jedem Tag, der verstreicht, fühlt es sich leichter an. Es ist ein Gefühl, wie das Schweben einer Feder. Das Vertrauen in sein eigenes *Sein* wird täglich kraftvoller, denn ein eigenes Erkennen lässt uns mit viel Freude den Weg zur eigenen Wahl Schritt für Schritt weitergehen.

Von HERZen wünsche ich Ihnen viel Freude und Inspirationen auf Ihrem Weg zur eigenen Wahl,

Ihre *Patricia Zurfluh*

Quellen-/Literaturverzeichnis

Etrillard, Stéphane (2017): Wenn ich weiß, wer ich bin, kann ich sein, wie ich möchte. Goldegg Verlag
Zurfluh, Patricia (2015): Warum lebe ich MEIN Leben?. Novum Verlag

PATRICIA ZURFLUH

Patricia Zurfluh ist Coach und Trainerin des Weges zur eigenen Wahl. Sie zeigt ihren Kunden schnell auf, wie sie mehr Klarheit erreichen, Freiheit erlangen und Leichtigkeit gewinnen. Als Inhaberin der *Allegra* Akademie (allegra-akademie.com) ist sie zutiefst überzeugt, dass jeder Mensch sein Leben selbstbestimmt und eigenverantwortlich leben kann. Sie ist die Erfinderin der kraftvollen Methode AfformNumerologie®, welche die persönlichen Themen, wie Lebensfreude, Glück, Berufung und Harmonie, Schritt für Schritt im Leben erkennen lässt.

www.patriciazurfluh.com